# जैविक खेती के सिद्धांत

# जैविक खेती के सिद्धांत

मयंक कुमार राय
रणबीर सिंह
सी.बी. सिंह
रेनू सिंह

SSPH

सतीश सीरियल पब्लिशिंग हाउस
403, एक्सप्रेस टॉवर, वाणिज्यिक परिसर, आजादपुर, नई दिल्ली–110033
दूरभाषः 011–27672852 फेक्सः 91–11–27672046
ईमेलः info@satishserial.com, hkjain1975@yahoo.com
वैबसाईटः www.satishserial.com

*Published by :*

**SATISH SERIAL PUBLISHING HOUSE**

403, Express Tower, Commercial Complex, Azadpur, Delhi-110033 (INDIA)
Phone : 011-27672852 Fax : 91-11-27672046
E-mail : info@satishserial.com, hkjain1975@yahoo.com



ISBN 978-93-86200-93-8



Composed, Designed & Printed in India

# लेखकों का परिचय

**मयंक कमार राय,** सरदार वल्लभ भाई पटेल कृषि एवं प्रौद्योगिकी विश्वविद्यालय (मेरठ) के अधीन कृषि विज्ञान केन्द्र, गौतम बुद्ध नगर, नोएडा (उ.प्र.) में विभागध्यक्ष एवं प्राध्यापक पद पर कार्यरत है। आपने कृषि कीट विज्ञान में एम.एस.सी. एवं पी.एच.डी. की उपाधियाँ एवं विदेशों में प्रशिक्षण प्राप्त किया है। आपको 40 राष्ट्रीय कृषि वैज्ञानिक पुरस्कारों को प्राप्त कराने का गौरव प्राप्त है। डॉ. राय को स्नात्तकोर स्तर के विद्यार्थियों को पढ़ाने, राष्ट्रीय एवं अंतराष्ट्रीय कार्यक्रम आयोजित करने के साथ–साथ अभी तक 2 पुस्तकों, 40 शोध पत्र, 50 से अधिक लोकप्रिय आलेख तथा 5 तकनीकी प्रपत्रों का प्रणयन किया है।

**रणबीर सिंह,** वरिष्ठ तकनीकी अधिकारी के पद पर भारतीय कृषि अनुसंधान संस्थान, नई दिल्ली के जल प्रौद्योगिकी केन्द्र में कार्यरत हैं। इससे पूर्व आपने कृषि अभियांत्रिकी संभाग में पिछले 18 वर्षों तक कृषि यंत्रों एवं मशीनों के निर्माण, खेतों में प्रयोग, रख–रखाव प्रबंधन, फसलोत्पादन तथा कृषि यंत्रों के तकनीकी हस्तान्तरण का कार्य किया है। आपने एम. एस.सी. (कृषि) एवं नेट (सस्यविज्ञान) तथा एम.ए. अर्थशास्त्र में उपाधियाँ ली हैं। श्री सिंह ने 82 से अधिक वैज्ञानिक व लोकप्रिय कृषि लेख लिखे हैं तथा 6 पुस्तकों तथा 14 प्रपत्रों का आलेखन भी किया है। इन्होंने कई सेमिनारों/कार्यशालाओं/संगोष्ठिओं में राष्ट्रीय एवं अन्तर्राष्ट्रीय स्तर पर भाग लिया है तथा दो कृषि समितियों के आजीवन सदस्य भी हैं। उन्हें कृषि लेखन कार्य के लिए पूसा संस्थान के अतिरिक्त उनकी पुस्तक **"भारतीय कृषिः चुनौतियाँ एवं अवसर"** के प्रणयन हेतु गृह मंत्रालय के **"राजभाषा गौरव पुरस्कार"** 2015 से महामहिम राष्ट्रपति जी के कर कमलों द्वारा पुरस्कृत व सम्मानित भी किया जा चुका है। श्री सिंह को सामाजिक विज्ञान पुस्तक लेखन पर भारतीय कृषि अनुसंधान परिषद द्वारा **"डॉ. राजेन्द्र प्रसाद पुरस्कार"** 2016 भी प्रदान किया गया है। सम्प्रति आप भा.कृ.अ.प.–भा.कृ.अ.सं. नई दिल्ली स्थित जल प्रौद्योगिकी केन्द्र में जल संसाधन संरक्षण एवं उसके दक्षतापूर्ण प्रबंधन पर कार्य कर रहे हैं।

**सी.बी. सिहँ** आपने पी.एच.डी. की उपाधि भारतीय कृषि अनुसंधान संस्थान से सस्य विज्ञान में ली है। इन्होंने अंतर्राष्ट्रीय स्तर पर बार्यो डिवर्सिटी इंटरनेशनल आ.कृ.अनु.प. कोलेब्रेटिव प्रोजेक्ट एवं सीसा, आ. कृ.अ.स. कोलेब्रेटिव प्रोजेक्ट के उप–परियोजना अन्वेशक के रूप में क्षेत्रीय केन्द्र, भा.कृ.अनु.स.पूसा समस्तीपुर (बिहार) में वरिष्ठ वैज्ञानिक (सस्य विज्ञान) कार्य किया है। डॉ. सिहँ ने पूसा हेल्प लाइन व किसान

कॉल सेन्टर के स्तर–स्तर पर विशेषज्ञ का कार्य संभाला है। नोवोड बोर्ड कृषि मंत्रालय गुडगाँव में संयुक्त निदेशक (तिलहन) के पद पर 3 वर्षो तक कार्य किया। उन्होंने 200 से अधिक वैज्ञानिक एवं लोकप्रिय कृषि लेख लिखे है तथा 30 से अधिक पुस्तक अध्याय लिखे है तथा कई बुलेटिन का सम्पादन किया है। डॉ. सिहँ ने राष्ट्रीय एवं अन्तर्राष्ट्रीय प्रशिक्षण कार्यक्रमों / सेमिनार / कार्यशालाओं / संगोष्ठियों आयोजित करने व भाग लेने के अलावा विभिन्न सरकारी, असरकारी संस्थानों की कमेटी के विशेषज्ञ / सदस्य के रुप में अपना योगदान दिया है। वे 5 प्रोफेशनल सोसाइटी के आजीवन सदस्य तथा उन्हें कृषि लेखन कार्य के लिए पूसा संस्थान के अतिरिक्त उनकी पुस्तक "**भारतीय कृषिः चुनौतियाँ एवं अवसर**" के प्रणयन हेतु गृह मंत्रालय के "**राजभाषा गौरव पुरस्कार**" 2015 से महामहिम राष्ट्रपति जी के कर कमलों द्वारा पुरस्कृत व सम्मानित भी किया जा चुका है। श्री सिंह को सामाजिक विज्ञान पुस्तक लेखन पर भारतीय कृषि अनुसंधान परिषद द्वारा "**डॉ. राजेन्द्र प्रसाद पुरस्कार**" 2016 भी प्रदान किया गया है।

**डॉ. रेनू सिंह,** वरिष्ठ वैज्ञानिक (पर्यावरणीय विज्ञान) पर्यावरण विज्ञान एवं जलवायु समुत्थानशील कृषि केन्द्र, भारतीय कृषि अनुसंधान संस्थान में कार्यरत हैं। आपने जीवविज्ञान में बीएससी तथा पर्यावरण विज्ञान में एम.एस.सी., एम.टेक. एवं पी.एच.डी. की उपाधियाँ एवं देश–विदेशों में गहन प्रशिक्षण प्राप्त किया है। डॉ. सिंह ने वर्ष 2003 से स्नात्तकोतर स्तर के विद्यार्थियों को पढ़ाने, राष्ट्रीय एवं अन्तर्राष्ट्रीय प्रशिक्षण कार्यक्रम आयोजित करने के साथ–साथ अभी तक 5 पुस्तकों, 14 पुस्तक अध्याय, 28 शोध पत्र, 25 से अधिक लोकप्रिय आलेख तथा 6 तकनीकी प्रपत्रों का प्रणयन किया है। आपने 2017 तक 4 एम.एस.सी. एवं 2 पी.एच.डी. छात्रों का मार्गदर्शन भी किया है। डॉ. सिंह भारत के विभिन्न वि. वि. में परीक्षक तथा बी.एस.सी., एम.एस.सी. एवं पी.एच.डी. पर्यावरण विज्ञान की मूल्यांकनकर्ता भी हैं। डॉ. सिंह भारत सरकार की पर्यावरण विज्ञान एवं जलवायु परिवर्तन की बहुत सी परियोजनाओं को सफलतापूर्वक सम्पादन कर चुकी हैं।

# प्रस्तावना

कृषि भारतीय जीवन पद्धति का एक अभिन्न अंग है। क्योंकि भारत की लगभग 70 प्रतिशत जनसंख्या आज भी कृषि एवं पशुपालन पर पूर्णतः निर्भर है। वर्तमान में बदलते वैश्विक परिदृश्य तथा जलवायु परिवर्तन के फलस्वरूप कृषि क्षेत्र के समक्ष कई चुनौतियाँ आ खड़ी हैं, जिनका समाधान अनुसंधान से ही ढूंढा जा सकता है। आधुनिक खेती में प्रति इकाई क्षेत्रफल से फसलोत्पादन के लिये अनियंत्रित मात्रा में रासायनिक उर्वरकों, कीटनाशी, खरपतवारनाशी आदि रसायनों का अंधाधुंध उपयोग किया जाता है। ये रसायन शीघ्र अपघटित नहीं होते हैं तथा पर्यावरण में लम्बे समय तक रहकर जल एवं मृदा को प्रदूषित करते हैं। प्रायः ऐसे रसायन आहार श्रृंखला द्वारा मनुष्यों के भोजन में पहुँचकर विभिन्न स्वास्थ्य संबंधी समस्याओं का कारण भी बनते हैं। इन रसायनों के कारण मृदा में उपस्थित सूक्ष्मजीवों की संख्या प्रभावित होती है एवं लाभदायक कीटों का भी ह्रास होता है। कीटनाशकों के लगातार प्रयोग से प्रतिरोधी कीटों का विकास हो सकता है तथा इनका प्रबंधन और भी कठिन हो जाता है। रासायनिक उर्वरकों के प्रयोग से मृदा में कार्बनिक तत्वों की कमी आ जाती है तथा मृदा में उपस्थित सूक्ष्मजीवों पर विपरीत प्रभाव पड़ता है। इन सभी कारणों से आधुनिक खेती का अनुप्रयोग हम सर्वदा के लिए नहीं कर सकते हैं अतः जैविक खेती इसका उत्तम विकल्प है। जैविक खेती से मानव व पर्यावरण को दीर्घकालीन लाभ पहुँचता है। इससे जल प्रदूषण नहीं होता है, मृदा उर्वरता बनी रहती है, पर्यावरण एवं मित्र कीटों को कोई हानि नहीं होती है तथा उच्च गुणवत्ता के कारण बाजार में अधिक मूल्य मिलता है।

आधुनिक जैविक खेती की परिकल्पना, प्रादुर्भाव और विकास के संबंध में जानकारी से पता चलता है कि भारत के किसानों के लिये जैविक खेती की अवधारणा कोई नयी नहीं है। आज के भारतीय किसानों की पिछली पीढ़ियाँ व ऋषि–मुनि मृदा की उर्वरता बढ़ाने के लिये जिस प्रणाली का उपयोग करती थीं, उसी का वैज्ञानिक रूप जैविक खेती कहलाता है। गोबर की खाद, कम्पोस्ट खाद, नीम की खाद, दलहनी फसलों का उत्पादन, सनई, ढैंचा जैसी उर्वरक के रूप में प्रयोग की जाने वाली फसलों का चक्रण इत्यादि विधियों कृषि उत्पादन में वृद्धि के लिये सदियों से भारत में प्रयोग की जाती रही हैं, लेकिन वर्तमान वैज्ञानिक जैविक खेती का प्रदुर्भाव यूरोप से माना जाता है। अधिकांश यूरोपीय देशों में 1980 के दशक के अंतिम दौर में

जैविक खेती की शुरुआत हुई है। संक्षेप में जैविक खेती एक ऐसी खेती की पद्धति है, जिसके द्वारा प्रकृति के साथ सन्तुलन बनाते हुए उत्पादन प्राप्त किया जाता है। इस प्रकार की खेती में लगे हुए किसानों तथा पर्यावरण पर विपरीत प्रभाव डाले बिना, उच्च गुणवत्ता वाली अच्छी उपज प्राप्त करना ही जैविक खेती का मूल सिद्धांत है। कार्बनिक खादों का अधिकाधिक उत्पादन एवं उनका उपयोग गोबर की खाद, कम्पोस्ट खाद, जलीय खरपतवारों की कम्पोस्ट, हरी खाद, वर्मीकम्पोस्ट, नील हरित शैवाल, तालाबों की मिट्‌टी इत्यादि का जैविक खेती के लिए उपयोग आवश्यक है। जीवाणुयुक्त कल्चर जैसे; राइजोबियम, एजोटोबैक्टर, एजोस्पाइरिलम, एजोला, फॉस्फोरस घोलक सूक्ष्मजीवी माइर्कोराईजा आदि का उपयोग भी जैविक खेती में सम्मिलित है। जैविक खेती में प्रकृति, कृषि एवं पशुपालन के बीच एक स्वस्थ सन्तुलन बनाते हुए विभिन्न स्रोतों से प्राप्त ज्ञान एवं विकसित प्रौद्योगिकियों का उपयोग किया जाता है। जैविक खेती द्वारा उत्पादन लागत में कमी कर सकते हैं क्योंकि जैविक खादों, जैविक उर्वरकों एवं जैविक कीटनाशी का उत्पादन किसान निजी स्तर पर भी कर सकते हैं। जैविक खेती पद्धति से गाँवों में स्वच्छता को बढ़ावा दिया जा सकता है। अतः जैविक खेती हेतु गांव में उपलब्ध संसाधनों का ही उचित उपयोग करके एवं परम्परागत उन्नत बीजों, कम्पोस्ट खाद व हानिकारक कीटों के नियंत्रण हेतु स्थानीय उपायों को उपयोग करते हुए, संश्लेषित उत्पादों से दूरी बनाएं, ताकि केंचुआ, तितली, मधुमक्खी, मेंढक एवं पक्षी आदि किसान के मित्रों की भूमिका निभा सकें और हमें टिकाऊ खाद्यान्न सुरक्षा प्राप्त हो सकें। इसके अतिरिक्त आज जैविक उत्पादों की विश्व स्तर पर तेजी से मांग बढ़ रही है। इससे प्राप्त जैविक खाद्य पदार्थ स्वास्थ्य की दृष्टि से बहुत उपयोगी होते हैं। किसान इस विधि से उत्पादन करके विदेशी मुद्रा भी अर्जित कर सकते हैं।

लेखकगण उन सभी पूर्व कृतियों का आभार व्यक्त करते हैं जिनसे प्रस्तुत पुस्तक में संदर्भ लिया गया है, साथ ही उन सभी का वैज्ञानिकों, का भी आभार व्यक्त करते हैं, जिनके द्वारा पूर्व में किये गये अनुसंधान कार्यों का वर्णन इस पुस्तक में किया गया है।

# विषय सूची


लेखकों का परिचय ........ v

प्रस्तावना ........ vii

1. भारत में जैविक खेती का सिंहावलोकन ........ 1
2. जैविक खेती की प्रौद्योगिकियाँ ........ 27
3. जैविक खेती में प्रबंधन क्रियायें ........ 41
4. जैविक खेती अपनाने की वैज्ञानिक विधियाँ ........ 47
5. जैविक खेती में जैविक खादों का योगदान ........ 59
6. जैविक खेती में केंचुआ खाद का योगदान ........ 73
7. जैविक खेती में हरी खाद का योगदान ........ 83
8. जैविक खेती में खलियों का योगदान ........ 91
9. जैविक खेती में जैव उर्वरकों को योगदान ........ 93
10. जैविक खेती में कृषि वानिकी का योगदान ........ 107
11. जैविक खेती हेतु फसल अवशेषों का योगदान ........ 117
12. जैविक विधियों द्वारा फसल सुरक्षा ........ 129
13. भारत में जैविक खेती पर आधारित सरकारी प्रयास ........ 163
14. भारत में जैविक प्रमाणीकरण एवं विपणन ........ 167
15. सन्दर्भ पुस्तकें एवं पत्र पत्रिकाएं ........ 179

अध्याय 1

# भारत में जैविक खेती का सिंहावलोकन

अपनी खेती, अपनी खाद।

अपना बीज, अपना स्वाद।।

जैविक खेती, देसी खेती।

जैविक खेती, सात्विक खेती।।

वर्ष 2011 की जनगणना के अनुसार भारत की जनसंख्या 121.019 करोड़ थी, जिसमें से 75 प्रतिशत जनसंख्या ग्रामीण क्षेत्रों में रहती है, जो आज भी प्रत्यक्ष एवं अप्रत्यक्ष रूप से कृषि पर ही निर्भर एवं जीविकोपार्जन प्राप्त करती है। देश के कुल क्षेत्रफल का लगभग 43 प्रतिशत भाग कृषि से सम्बंधित गतिविधियों के लिए प्रयोग किया जाता है। वर्ष 2016–17 के अन्तर्गत भारत का अनुमानित खाद्यान्न उत्पादन 27.5 करोड़ टन था।

**चित्र 1.** जैविक खेती में पशुपालन का योगदान

भारत एक कृषि प्रधान देश है और कृषि भारतीय अर्थव्यवस्था की मेरूदण्ड/रीढ़ की हड्डी (बैकबोन) है अर्थात कृषि भारत का प्राण है। भारत में प्राचीन काल से पारम्पारिक रूप से मानव स्वास्थ्य के अनुकूल तथा प्राकृतिक पर्यावरण के अनुरूप खेती की जाती थी, जिसमें प्रकृति के जैविक और अजैविक तत्वों के बीच आदान–प्रदान का चक्र निरन्तर चलता रहता था। जिसके परिणामस्वरूप भूमि, जल, वायु तथा पर्यावरण प्रदूषित नहीं होता था। हमारे देश में प्राचीन काल से ही कृषि में पशुपालन भी साथ–साथ किया जाता था, जिससे न केवल खेत जोतने के लिए बैल मिलते थे। बल्कि खेती के लिए पर्याप्त मात्रा में गोबर भी प्राप्त होता था, जो फसल उत्पादन के लिए सर्वोत्तम खाद सिद्ध होता था। परन्तु बदलते परिवेश में कृषि के साथ पशुपालन धीरे–धीरे कम हो गया तथा भारतीय कृषि में विभिन्न प्रकार के रासायनिक उर्वरकों व फसल सुरक्षा रसायनों का उपयोग तीव्र गति से बढ़ गया, जिसके फलस्वरूप जैविक और अजैविक पदार्थो के चक्र

का संतुलन प्रदूषित होकर लोगों के स्वास्थ्य को प्रभावित कर रहा है। इसके अतिरिक्त भारत की स्वतंत्रता के बाद तीव्र गति से बढ़ती जनसंख्या एक गंभीर समस्या बनकर उभरी थी, जिसमें भोजन आपूर्ति हेतु खाद्य उत्पादन बढ़ाने की होड़ में खेती में फसलों के विभिन्न प्रकार के उच्च उत्पादन क्षमता वाली किस्मों के बीज, रासायनिक उर्वरकों, वृद्धि नियामकों, कीटनाशकों, आधुनिक कृषि उपकरणों एवं सिंचाई की व्यवस्था आदि का उपयोग किया गया था। जिसके परिणामस्वरूप मृदा में अम्लीयता व क्षारीयता बढ़ी, मृदा लाभकारी जीवों का विनाश हुआ, मृदा उर्वरता व जल स्तर में गिरावट आयी तथा पर्यावरण प्रदूषण में वृद्धि हुई।

आज भारतीय कृषि के सामने बढ़ती जनसंख्या के कारण कृषित भूमि का विखण्डन, पर्यावरण प्रदूषण, जलवायु परिवर्तन, सिंचाई जल में कमी, सुनामी, बाढ़, सूखा, अनुपजाऊ भूमि, जनसंख्या भार, कुपोषण एवं खाद्य सुरक्षा आदि समस्याएं उत्पन्न हुई हैं। इसके साथ ही साथ प्राकृतिक संसाधनों का अंधाधुंध दोहन, कृषित भूमि पर अनियंत्रित फैलते विषालकाय बहुमंजिली भवन, जंगलों की कटान, प्रदूषण के कारण विषैला होता पर्यावरण इत्यादि अनेक प्रकार की गंभीर समस्याएं उत्पन्न हो रही हैं। आधुनिकता की दौड़ में किसानों ने प्रति इकाई क्षेत्र से अधिक उत्पादन एवं आय प्राप्त करने के चक्कर में प्राकृतिक संसाधनों का अनियंत्रित दोहन कर लिया है। जिसका परिणाम हमारे सामने प्रति इकाई क्षेत्र से उत्पादन लेने की लागत बढ़ रही है तथा उत्पादन भी कम गुणवत्ता वाला पैदा हो रहा है। आधुनिक कृषि में हम प्राचीन पद्धतियों द्वारा कम लागत में तैयार होने वाले देसी खादों के स्रोतों जैसे; पशुओं के गोबर और मल–मूत्र से तैयार देसी खाद, ग्रामीण व शहरी क्षेत्रों से प्राप्त कम्पोस्ट, फसल व पेड़–पौधों के अवशेष से तैयार खाद एवं विभिन्न प्रकार की खलियों से तैयार खादों को भी भुला बैठे हैं तथा फसलों में पोषक तत्व प्रबंधन, व्याधि जीव नियंत्रण एवं खरपतवार नियंत्रण के अतिरिक्त फसल बढ़वार हेतु भी विभिन्न रसायनों का प्रयोग कर रहे हैं। जिनका मृदा, मानव व पशु स्वास्थ्य पर प्रतिकूल प्रभाव पड़ रहा है तथा पर्यावरण प्रदूषित हो रहा है। आज हम कितना स्वास्थ्यवर्धक भोजन खा रहे हैं हमें स्वयं भी नहीं पता, क्योंकि कभी फलों, सब्जियों को इंजेक्शन द्वारा आकार बढ़ाने की बातें सामने आती हैं, तो कभी रासायनिक उर्वरकों के प्रयोग से सब्जियों के हानिकारक होने की, और कभी सब्जियों को स्वच्छ व सुन्दर दिखाने के लिये कृत्रिम रंगों से रंगने की। मटर व परवल जैसी सब्जियों को हरे रंग से रंगकर बेचना तो आम प्रचलन हो गया है। जैसे ही आप सब्जियों को धोयेंगे तो सारा जल हरा हो जायेगा। हर जगह मानव स्वास्थ्य से खेलेंगे, तो क्या उपाय शेष रह गया है जिससे हमकों स्वास्थवर्धक और शुद्ध भोजन मिले। संभवतः इन्हीं कारणों ने हमें फिर भूतकाल में झांकने को विवश कर दिया है। आज से कई दशक पहले सब्जियों में हानिकारक रसायन पाये जाने की बात नहीं के बराबर होती थी, लेकिन विकास की अंधी दौड़ ने हर क्षेत्र को इतना हानिकारक बना दिया है कि आज हम पर्यावरण को प्रदूषण से बचाने के लिए हर बातों के समाधान के पीछे प्राचीन समय में झांकने लगे

हैं और सबसे अच्छी बात यह है कि भूतकाल की बातों को अपना कर हमें वही सफलता मिल रही है जिसकी हम आशा कर रहे हैं – ऐसा ही उपयोगी समाधान सामने आया है, जैविक खेती का, जिसमें अच्छी उपज के लिये केवल जैविक खादों व नाशकों का प्रयोग किया जाता है, और आज तो बाजारों में जैविक खेती पद्धति द्वारा तैयार उत्पाद बहुतायत में उपलब्ध हैं। ऐसे उत्पादों के ऊपर स्पष्ट शब्दों में लिखा होता है ऑर्गेनिक फूड। आधुनिक खेती में बढ़ती उत्पादन लागत एवं जहरीले कीटनाशकों के चलते किसानों को जैविक खेती की और भी अधिक प्रेरित किया जा रहा है। जैविक खेती का मुख्य उद्देश्य कम से कम लागत मूल्य में अधिक उत्पादन लेना तथा भूमि का उपजाऊपन बनाए रखकर स्वादपूर्ण खाद्य पदार्थो का उत्पादन करना है। जैविक खाद्यान्न (आर्गेनिक फूड) के लाभों को देखते हुए आजकल इसका प्रचलन दिनोंदिन बढ़ रहा है। परिणामस्वरुप फलों एवं सब्जियों की जैविक खेती का भविष्य भी उज्जवल दिख रहा है।

**चित्र 2.** जैविक उत्पाद

जैविक खेती से उत्पन्न जैविक उत्पादों के उपयोग से एक ओर जहाँ स्वास्थ्य जीवन के साथ–साथ आर्थिक लाभ तो होगा ही, वहीं दूसरी ओर हम अपनी अमूल्य–धरोहर भूमि, जल स्रोतों और पारिस्थितिकी की रक्षा कर प्रकृति और पर्यावरण के बीच पूर्ण सामंजस्य भी बना पायेंगे। आशा है यदि इस प्रकार से सब राज्य पृथ्वी और उसके पर्यावरण की रक्षा के लिये ऐसे प्रण लेकर कार्य करें और रासायनिक उर्वरकों का प्रयोग बन्द कर दें, तो निश्चित रूप से हम अपनी अमूल्य–धरोहर को बचा पायेंगे अन्यथा बाद में पछताने से कुछ नहीं होगा और हमें फिर लौटना पडेगा प्राचीन भारतीय जैविक खेती की ओर। 21 वीं सदी में भारत के अतिरिक्त विश्व स्तर पर भी जैविक उत्पादों का बाजार भी अधिक बढ़ा है। इसलिए समय की मांग है कि 1960–70 के दशक की हरित क्रांति में प्रचलित हुए रसायनों के प्रयोग में सावधानी रखते हुए जैविक खेती पर ध्यान देना चाहिए। भारत में जैविक खेती पर अनुसंधान प्रयोगों एवं खेती करने वाले किसानों के अनुभवों से सिद्ध हो चुका है कि जैविक खाद के उपयोग से भूमि की जल धारण क्षमता बढ़ती है, भूमि की उर्वरा–शक्ति भी बढ़ती है तथा किसानों की उत्पादन लागत भी कम आती है एवं आमदनी में वृद्धि होती है।

## जैविक खेती अवधारणा

जैविक खेती उत्पादन की एक ऐसी पद्धति है जिसमें रासायनिक उर्वरकों, कीटनाशकों, शाकनाशकों व वृद्धि नियामकों आदि का उपयोग बिल्कुल नहीं होता है। बल्कि इनके स्थान पर खेती में जैव उर्वरकों, फसल चक्र में दलहनी फसलों को जोड़ना, हरी खाद, फसल अवशेष प्रबन्धन, कम्पोस्ट, पशुमल खाद एवं बीमारियों, कीट–पंतगों व खरपतवारों का

**चित्र 3.** जैविक खेती की अवधारणा

नियंत्रण इत्यादि, जैविक विधियों से करते हैं। जिससे न केवल भूमि की उर्वरा–शक्ति लम्बे समय तक बनी रहती है, बल्कि पर्यावरण प्रदूषित नहीं होता है तथा कृषि लागत घटने व उत्पाद की गुणवत्ता बढ़ने से किसान को अधिक लाभ भी मिलता है, जो पर्यावरण की शुद्धता, जल व वायु की शुद्धता, भूमि का प्राकृतिक स्वरूप बनाने वाली, जलधारण क्षमता बढ़ाने वाली, दीर्घकालीन स्थिर व अच्छी गुणवत्ता वाली पारम्पारिक पद्धति है। विश्व के विभिन्न भागों में जैविक खेती की भिन्न–भिन्न अवधारणाएं हैं।

अतः इंटरनेशनल फूड स्टैण्डर्ड 'कोडेक्स एलिमेण्टेरियस' द्वारा 'इण्टरनेशनल फेडरेशन ऑफ ऑर्गेनिक एग्रीकल्चर ऑर्गेनाइजेशन' के साथ मिलकर जैविक खेती की वैश्विक परिभाषा इस प्रकार दी गयी है। **"एक सम्पूर्ण उत्पादन प्रबंधन तंत्र जो कृषि–पारिस्थितिकी तंत्र के साथ जैवविविधता, जैविक पुनर्चक्रण तथा मृदा की जैविक क्रियाओं को प्रोत्साहित करता है, जैविक खेती कहलाता है।"** इसमें कृत्रिम उत्पादों के स्थान पर प्रबंधन तकनीकों के प्रयोग पर बल दिया जाता है। जैविक खेती में सस्य क्रियाओं, जैविक एवं यांत्रिक तकनीकियों को सम्मिलित किया गया है।

## जैविक अवधारणा का उद्‌गम

अंग्रेजी भाषा में ऑर्गेनिक शब्द का प्रयोग खेती के लिए पहले नार्थबोर्न (1940) ने अपनी पुस्तिका Look To The Land में किया था। उनके अनुसार ऑर्गेनिक खेती में पूरा फार्म जीवंत मृदा तथा संतुलित जैविक प्रक्रियाओं सहित स्वपोषित तथा जैविक रूप से सम्पूर्ण होना चाहिये। इस पुस्तक में जैविक शब्द स्पष्ट रूप से जैविक खाद या उनके

उपयोग से नहीं जुड़ा था बल्कि पूरे फार्म प्रबंधन की सम्पूर्ण समेकित प्रक्रिया को इंगित करता था। आज अनेक देशों में ऑर्गेनिक या जैविक शब्द कृषि की उस विद्या से जुड़ा है जिसमें रसायनों के प्रयोग को नकारते हुए प्राकृतिक संसाधनों व उचित प्रबंधन द्वारा फसल उत्पादन किया जाता है।

## जैविक अवधारणा के बदलते स्वरूप

लगभग एक शताब्दी की विकास यात्रा के बाद जैविक खेती अब कृषि की मुख्यधारा से जुड़ रही है तथा सामाजिक, आर्थिक, वाणिज्यिक व पर्यावरणीय दृष्टि से बहुपयोगी साबित हो रही है। हालांकि प्रारंभ से लेकर अब तक इनके अनेक रूप विकसित हुए हैं परन्तु आधुनिक जैविक खेती आंदोलन जैविक खेती के पूर्ण स्वरूप से बिल्कुल भिन्न है और स्वस्थ मृदा, स्वस्थ खाद्य तथा स्वस्थ समाज के अतिरिक्त पर्यावरणीय टिकाऊपन तथा उत्तरोत्तर बढ़ता उत्पादन आज के प्रमुख विकास पहलू हैं।

वर्ष 1070 के दशक में इसके पुनर्जन्म से लेकर आज तक इस आन्दोलन ने कई आयाम तय किये हैं जिसमें विविधता, पर्यावरण से जुड़ी प्रक्रिया तथा संस्थागत क्षमता का विकास प्रमुख है। वर्ष 1972 में आइफोम की स्थापना से आन्दोलन की बहुत बल मिला तथा इसके विकास के लिए अंतर्राष्ट्रीय संस्थागत तंत्र की शुरूआत हुई। 1990 के दशक में जैविक खेती विकास अपने उच्चतम स्तर पर थी।

## जैविक खेती की परिभाषाएं

1. **संयुक्त राज्य कृषि विभाग के अनुसार** जैविक खेती की परिभाषा

   ''जैविक कृषि वह पद्धति है जो कि संश्लेषित आदानों (जैसे; रासायनिक उर्वरकों, पीड़कनाशियों, हार्मोन्स एवं पशु आहार आदि) में रासायनिक अवयवों आदि में उपयोग का परित्याग या बहिष्कृत करती है एवं इनके स्थान पर मुख्य रूप से फसल चक्र, फसल अवशेष, पशु खाद, प्रक्षेत्र के बाहर से प्राप्त कार्बनिक अवशिष्ट एवं जैविक पोषक तत्व उपलब्ध एवं पादप सुरक्षा पर आधारित या निर्भर होती है।''

   Organic farming is a system which avoids or largely excludes the use of synthetic inputs (such as fertilizers, pesticides and hormones, feed additives etc.) and to the mximum extent feasible rely upon crop rotation, crop residues, animal manures, off farm organic waste, mineral grade rock additives and biological system of nutrient mobilization and plant protection (**By United State Department of Agriculture).**

2. **फूड एण्ड एग्रीकल्चर ऑर्गेनाइजेशन के अनुसार** जैविक खेती की परिभाषा

   "जैविक खेती एक अनोखा उत्पादन प्रबंधन है जो कि कृषि पारिस्थितिक स्वास्थ्य एवं जैव विविधता के साथ–साथ जैव–चक्र एवं मृदा के जैविक क्रियाओं को प्रोत्साहित करती है एवं बढ़ाती है। यह तभी सम्भव होता है, जब प्रक्षेत्र में सस्य, जैविक एवं यांत्रिक विधियों का उपयोग करके कृषि की जाती है। इसमें किसी भी प्रकार के प्रक्षेत्र से बाहर के संश्लेषित आदानों (रासायनिक) उर्वरकों व कीटनाशकों का उपयोग वर्जित है।"

   Organic is an unique production management system which promotes and enhances agro ecosystem health including bio-diversity cycles and soil biological activity. This is accomplished by using on farm agronomic, biological, mechanical and methods in exclusion of all synthetic off farm inputs (By FAO).

3. कोडेक्स एलमेंटरीसिस आयोग के अनुसार जैविक खेती की परिभाषा

   जैविक खेती एक समग्र उत्पादन प्रबंधन प्रणाली है जो कि जैव पारिस्थितिकी, कृषि, विविधता सहित स्वास्थ्य, जैविक चक्र और मृदा जैविक गतिविधियों को भी बढ़ावा देती है।

4. जैविक खेती फसल उत्पादन की ऐसी पद्धति है जिसमें रासायनिक उर्वरकों, कीटनाशी, कवकनाशी, शाकनाशी एवं वृद्धि नियामकों आदि का प्रयोग नहीं होता है। इस प्रकार की खेती में जैव उर्वरकों, जैविक खादों फसल चक्र में दलहनी फसलों का समावेश, हरी खाद, फसल अवशेष प्रबंधन, पशुमल–मूत्र तथा खपरतवार व फसल सुरक्षा हेतु जैविक विधियों का प्रयोग करते हैं।

5. जैविक खेती फसल उत्पादन की वह पद्धति है जिसमें भूमि की उर्वरता, सजीवता बनाये रखने के लिये जीव एवं जीवांश का समावेश सुनिश्चित करते हुए जल एवं जैव विविधता का संरक्षण किया जाता है।

6. कृत्रिम उर्वरकों, पीड़कनाशी एवं खरपतवारनाशी आदि का प्रयोग किए बिना अच्छी गुणवत्ता वाली फसलें पैदा करने को ही जैविक खेती कहते हैं।

7. जैविक खेती कृषि की वह पद्धति है, जिसमें पर्यावरण को स्वच्छ एवं प्राकृतिक संतुलन को कायम रखते हुए भूमि, जल एवं वायु को प्रदूषित किए बिना दीर्घकालीन व स्थिर उत्पादन प्राप्त किया जाता है। इस पद्धति में रसायनों का उपयोग कम से कम किया जाता है।

8. जैविक खेती कृषि की वह विद्या है जिसमें मृदा को स्वस्थ व जीवंत रखते हुए केवल जैव अपशिष्ट तथा जीवाणु खाद के प्रयोग से प्रकृति के साथ समन्वय रख कर टिकाऊ उत्पादन किया जाता है।

9. दार्शनिक परिभाषा के अनुसार जैविक खेती का अर्थ प्रकृति के साथ जुड़कर खेती करना है। इस प्रक्रिया में सभी अवयव व प्रणालियां एक–दूसरे से जुड़ी हैं। चूंकि जैविक खेती का अर्थ है सभी अंगों के बीच आदर्श समन्वित संबंध अतः हमें मिट्‌टी, जल, जीव, पौधे, जैविक चक्र, पशु व मानव तथा उनके आपसी संबंधों की गहन जानकारी होनी चाहिये। इन समस्त संबंधों तथा सबका सम्मिलित सहयोग जैविक खेती का मूल आधार है।

10. जैविक खेती से तात्पर्य फसल उत्पादन की उस पद्धति से है जिसमें रासायनिक उर्वरकों, कीटनाशियों, व्याधिनाशियों, शाकनाशियों, पादप वृद्धि नियामकों का प्रयोग नहीं किया जाता है बल्कि उचित फसल चक्र, फसल अवशेष, पशुओं के गोबर व मलमूत्र, फसल चक्र में दलहनी फसलों का समोवश, हरी खाद और अन्य जैविक विधियों द्वारा भूमि की उपजाऊ शक्ति बनाए रखकर पौधों को पोषक तत्वों की प्राप्ति कराना एवं जैविक विधियों द्वारा कीट–पतंगों और खरपतवारों का नियंत्रण कराना होता है।

### जैविक खेती की आवश्यकता

हरित क्रांति तकनीकियों ने हमें खाद्यान्न उत्पादन में तो आत्मनिर्भर बनाया है परन्तु अधिकाधिक उपादानों के प्रयोग से वर्षभर बढ़ती लागत, घटते लाभ एवं बढ़ती मृदा एवं पर्यावरण समस्याओं ने न केवल कृषि उत्पादन के विभिन्न पहलुओं को प्रभावित किया है बल्कि प्राकृतिक सन्तुलन में भी असामंजस्य उत्पन्न कर दिया। इन सब परिस्थितियों में जैविक खेती का अधिकाधिक प्रयोग ही एक मात्र उपाय है।

संक्षेप में जैविक खेती की आवश्यकता निम्नलिखित कारकों से सिद्ध होती है, जैसे;

- कृषि उत्पादन में टिकाऊपन लाया जा सके।
- मृदा की जैविक गुणवत्ता बनाए रखी जा सके।
- प्राकृतिक संसाधनों का संरक्षण किया जा सके।
- पर्यावरण प्रदूषण को रोका जा सके।
- मानव स्वास्थ्य की रक्षा की जा सके।
- उत्पादन लागत को कम किया जा सके।

## विश्व में जैविक खेती का परिदृश्य

जैविक शब्द की खेती के संदर्भ में प्रयोग सर्वप्रथम नार्थबार्न ने अपनी पुस्तक 'लुक टू दि लैण्ड' में वर्ष 1940 में किया था। इस पुस्तक में उन्होंने लिखा–'खेत जैविक रूप से पूर्ण,

जीवित तथा स्वयं में एक संतुलित जैव इकाई होने चाहिए। विश्व के अनेक देशों में पिछले 20 वर्षों में जैविक खेती का प्रचलन बढ़ा है। पश्चिमी देशों में किसानों से अधिक वहाँ के उपभोक्ताओं को जैविक खेती द्वारा पैदा किए गए खाद्यान्न, सब्जी, फल का अधिक क्रेज है कि वे अधिक कीमत देकर उसको खरीदना व उपभोग करना चाहते हैं। स्वास्थ्य और पर्यावरण के प्रति बढ़ती जागरुकता के साथ ही विश्व भर में जैविक खाद्य उत्पादों का बाजार भी तेजी से बढ़ रहा है। वर्ष 2015–16 के दौरान विश्व के 179 देशों में लगभग 50.9 मिलियन हेक्टेयर कृषि भूमि क्षेत्रफल पर जैविक खेती की गयी थी। मण्डी अनुसंधान कम्पनी ''ऑर्गेनिक मॉनीटर'' का अनुमान है कि वर्ष 2015 में ऑर्गेनिक खाद्य का विश्व बाजार 81.6 बिलियन अमरीकी डॉलर का था। जैविक कृषि आन्दोलन के अन्तर्राष्ट्रीय महासंघ की वर्तमान वार्षिक प्रतिवेदन 2014 के अनुसार जहाँ वर्ष 2000 में केवल 86 देशों में जैविक खेती अपनाई जा रही थी, वहीं 2014 के दौरान यह 170 देशों में प्रारम्भ हो चुकी है और लगभग 20 लाख किसान इससे जुड़ चुके हैं। इस प्रकार 2014 के दौरान विश्व भर में लगभग 7.8 करोड़ हेक्टेयर भूमि पर जैविक खेती की जा रही थी। जबकि 2006 तक विश्वभर में मात्र 6.3 करोड़ भूमि पर जैविक खेती हो रही थी। ये आंकड़े इस क्षेत्र में उपलब्ध सम्भावनाओं का भी अनुमान देते हैं, क्योंकि अभी भी यह जैविक खेती के अन्तर्गत आने वाली विश्व की कुल भूमि का मात्र 2 प्रतिशत है। खाद्य एवं कृषि संगठन के 15 वें सत्र के दौरान कृषि समिति ने 'जैविक खेती' विषय पर चर्चा की है और निष्कर्ष निकाला है कि जैविक खती को स्थायी कार्यक्रमों के अंतर्गत एक वैध स्थान देने की जिम्मेदारी एफ.ए.ओ. की है (सारणी 1)।

**सारणी 1**. विश्व के प्रमुख देशों में जैविक कृषि के अंतर्गत भूभाग (000 हेक्टेयर)

| देश | 2006 | 2007 | 2008 | 2009 | 2010 | 2011 | 2012 | 2013 | 2014 |
|---|---|---|---|---|---|---|---|---|---|
| आस्ट्रेलिया | 12294 | 11988 | 11988 | 12002 | 1164.7 | 11200 | 12002 | 9728 | 17150 |
| अर्जेन्टीना | 2358 | 2777 | 4006 | 4327 | 4144 | 3796 | 3585 | 3217 | 3016 |
| यूएसए | 1188 | 1728 | 1736 | 1949 | 1949 | 1949 | 1949 | 2179 | 2179 |
| चीन | 2302 | 1605 | 1855 | 1856 | 1393 | 1905 | 1905 | 2100 | 1931 |
| स्पेन | 737 | 805 | 1130 | 1331 | 1434 | 1625 | 1757 | 1610 | 1663 |
| इटली | 1148 | 1150 | 1002 | 1106 | 1114 | 1107 | 1167 | 1317 | 1388 |
| भारत | 185.9 | 1030.3 | 1018 | 1180 | 780 | 1084.3 | 500 | 500 | 720 |
| पाकिस्तान | 20.3 | 22 | 22.4 | 22.4 | 23.8 | 24.4 | 24.9 | 25 | 25 |

**स्रोतः** खाद्य एवं कृषि संगठन, 23 जुलाई 2017 www-fao-org/statistics/en

## भारत में जैविक खेती का विकास एवं परिदृश्य

भारत में जैविक खेती नयी नहीं है क्योंकि यह परम्परागत देशी खेती की ही उन्नत विधि है। भारत के किसान जैविक खादों का प्रयोग बहुत पहले से ही करते आ रहे हैं। प्राचीन युग में इस खेती को ऋषि खेती, अग्निहोत्री खेती तथा स्वास्तिक खेती के नाम से जाना जाता था। परम्परागत ज्ञान व अपने अनुभवों इत्यादि के आधार पर खेती के आवश्यक देशी विधियों के प्रयोग की वैज्ञानिक व्यवस्था को ही जैविक खेती कहा जाता है। हमारे यहाँ इस क्षेत्र में अनुसंधान कार्य पहले से ही किये जाते रहे हैं। वर्ष 1920 में भारत में पहली बार एक प्रसिद्ध वैज्ञानिक एन.बी. जोशी द्वारा दलहन राइजोबियम पर एक शोध अध्ययन किया गया था। लेकिन इस दिशा में कोई गति प्रदान नहीं हो सकी। स्वतंत्रता के बाद वर्ष 1954 में पहली बार देश में जैव उर्वरक का व्यवसायिक उत्पादन प्रारम्भ हुआ था। केन्द्र सरकार द्वारा इसकी महत्ता समझते हुए वर्ष 1963 में जैव उर्वरक पर सघन शोध कार्य शुरू करवाया गया। हरित क्रांति का दौर शुरु हो जाने के कारण बाद के वर्षों में इस बात पर अधिक ध्यान नहीं दिया गया। वर्ष 1986 में नील हरित शैवाल पर विशेष अध्ययन को ध्यान में रखते हुए केन्द्र सरकार द्वारा जैव तकनीकी विभाग भारतीय कृषि अनुसंधान संस्थान, नई दिल्ली में स्थापना की गई। इसके बाद 1990 में राइजोबियम जनन द्रव्य के एकत्रीकरण के लिये भी विभाग द्वारा शोध कार्यों को सम्पन्न कराया गया। भारत में जैविक कृषि का पुनः आविष्कार हुआ है और यह दिन–प्रतिदिन लोकप्रिय होती जा रही है। किसान, उद्यमी, अनुसंधानकर्ता, प्रशासक, नीति–निर्माता और उपभोगता भी देश में जैविक खेती के संवर्धन तथा विकास में निरन्तर व्यापक रुचि दिखा रहे हैं। प्राचीन काल से भारतीय कृषि पारम्पारिक रूप से पर्यावरण के अनुकूल तथा प्राकृतिक वातावरण के अनुरूप रही है और इसमें पशुपालन का भी समान महत्व रहा है। वर्तमान में आधुनिक खेती के दुष्प्रभावों के फलस्वरूप उत्पन्न समस्याओं के कारण भारत में जैविक खेती का प्रचलन बहुत तेजी से बढ़ रहा है। जैविक खेती से प्राप्त खाद्य पदार्थो की गुणवत्ता में कहीं कोई बहस नहीं है, लेकिन इसकी उत्पादकता को लेकर कठिन आशंकायें हैं। अन्तर्राष्ट्रीय जैविक कृषि आन्दोलन संघ (आई.एफ.ओ.ए.एम.) की वार्षिक प्रतिवेदन 2014 के अनुसार भारत में वर्ष 2013 तक 52 लाख हेक्टेयर भूमि ऐसी थी, जहाँ पर कम से कम 3 वर्षों से किसी भी प्रकार के रासायनिक उर्वरक या कीटनाशक का प्रयोग नहीं हुआ, जबकि शेष जंगल के ऐसे क्षेत्र हैं, जहाँ से वनोपज का संग्रह किया जाता है। विश्व में 2.4 मिलियन जैविक उत्पादकों में से जैविक उत्पादक सबसे ऊँची संख्या में, अर्थात 5.85 लाख हैं। इसका मुख्य कारण प्रत्येक उत्पादक का छोटी भूमि धारण करना है। वर्तमान में जैविक प्रमाणन के अन्तर्गत कृषि योग्य भूमि के संबंध में भारत विश्व के उच्च 10 देशों में से नौवें स्थान पर है। भारत में जैविक उत्पादन और क्षेत्रफल का विवरण सारणी–1 एवं 2 में दर्शाया गया है।

**सारणी** 2. भारत में जैविक खेती के अन्तर्गत कुल प्रमाणित उत्पादन, क्षेत्रफल और कृषित क्षेत्रफल

| वर्ष | 2010–11 | 2011–12 | 2012–13 | 2013–14 | 2014–15 | 2015–16 |
|---|---|---|---|---|---|---|
| कुल प्रमाणित उत्पादन (मि.टन) | 3.88 | 0.69 | 1.34 | 1.24 | 1.10 | 1.35 |
| कृषित क्षेत्र एवं वन्य कटाई सहित कुल प्रमाणित क्षेत्रफल (मि.है.) | 4.43 | 5.55 | 5.21 | 4.72 | 4.90 | 5.71 |
| कुल प्रमाणित वन्य कटाई क्षेत्रफल (मि. है.) | 4.19 | 4.47 | 4.71 | 3.99 | 3.70 | 4.22 |
| कुल प्रमाणित कृषित क्षेत्रफल (मि.है.) | 0.24 | 1.08 | 0.50 | 0.72 | 1.20 | 1.49 |

**स्रोतः** एपेडा और एनसीओएफ की वार्षिक रिपोर्ट

**सारणी 3.** वर्ष 2013–14 में जैविक खेती करने वाले प्रमुख राज्य, क्षेत्रफल एवं फसलें

| क्र.सं. | राज्य | क्षेत्रफल | जैविक खेती द्वारा उगाई जा रही प्रमुख फसलें |
|---|---|---|---|
| 1. | मध्य प्रदेश | 232887 | सोयाबीन, गेहूँ, सब्जियां |
| 2. | महाराष्ट्र | 85536 | कपास, धान, गेहूँ, दलहन, तिलहन, सब्जियां, मसाले |
| 3. | राजस्थान | 66020 | कपास, गेहूँ, बीजीय मसाले, सब्जियां |
| 4. | सिक्किम | 60843 | कपास, धान, गेहूँ, दलहन, तिलहन, सब्जियां, मसाले |
| 5. | ओड़िसा | 49813 | मक्का, ज्वार, सब्जियां, मसाले, सब्जियां |
| 6. | गुजरात | 46863 | धान, कपास, रागी, सब्जियां |
| 7. | उत्तर प्रदेश | 44670 | कपास, दलहन, तिलहन, सब्जियां |
| 8. | कर्नाटक | 30716 | धान, गेहूँ, मक्का, सब्जियां |
| 9 | केरल | 15020 | मसाले, गेहूँ, मक्का, ज्वार, दलहन, तिलहन, सब्जियां |
| 10. | गोवा | 12853 | फल एवं सब्जियां |

**स्रोतः** एपीडा (2013–14)

भारत में सर्वप्रथम मध्य प्रदेश में वर्ष 2001–02 के दौरान जैविक खेती को आन्दोलन चलाकर प्रत्येक जिले के प्रत्येक विकास खण्ड के एक गाँव में जैविक खेती प्रारम्भ की गई और इन गाँवों को जैविक गाँव नाम दिया गया। इस प्रकार प्रथम वर्ष में कुल 313 गाँवों में जैविक खेती की शुरूआत की गई। इसके बाद 2002–03 में द्वितीय वर्ष में प्रत्येक जिले

के प्रत्येक विकास खण्ड के 2–2 गाँव, वर्ष 2003–04 में 2–2 गाँव अर्थात् 1565 गाँवों में जैविक खेती प्रारम्भ की गई। वर्ष 2006–07 में पुनः प्रत्येक विकास खण्ड में 5–5 गाँव में जैविक खेती का कार्यक्रम लिया जा रहा है। मई 2002 में राष्ट्रीय स्तर का कृषि विभाग के अन्तर्गत में भोपाल में जैविक सम्मेलन आयोजित की गई जिसमें राष्ट्रीय विशेषज्ञों एवं जैविक खेती करने वाले अनुभवी अपनाने हेतु प्रोत्साहित किया गया, जिससे गाँव का अन्तिम व्यक्ति भी जैविक खेती से भलीभाँति परिचित हो सके। जैविक खेती के दीर्घावधि लाभ को देखते हुए, भारत सरकार ने देश में इसके संवर्धन के लिए अनेक महत्वपूर्ण कदम उठाए हैं। सभी प्रकार के स्टेकहोल्डर्स तथा सरकार के समर्थन से जैविक खेती आन्दोलन भारत में व्यापक रूप से विस्तरित हुआ है।

## भारत में जैविक आन्दोलन

वर्ष 1994 की सेवाग्राम घोषणा के बाद भारत में जैविक खेती का तेजी से विस्तार हुआ है। सरकारी और गैर सरकारी स्तर पर अनेक प्रयासों ने इसे एक दिशा दी है। राष्ट्रीय जैविक उत्पादन कार्यक्रम के अंतर्गत मानक और प्रमाणीकरण कार्यक्रम स्थापित किये गये हैं। राष्ट्रीय जैविक खेती परियोजना के अंतर्गत जैविक प्रबंधन के प्रचार–प्रसार तथा जैविक खेती के विस्तार हेतु अनेक योजनायें शुरू की गई हैं। नौ से अधिक राज्यों ने जैविक खेती उन्नयन कार्यक्रम को अपनाया और वांछित नीतियों की घोषणा की है।

भारत का सिक्किम प्रदेश लगभग 75 हजार हेक्टेयर क्षेत्रफल के साथ पहला जैविक राज्य बन गया है। सिक्किम ने अपने जैविक आन्दोलन को केवल खेती तक सीमित न रखते हुए इसका विस्तार पर्यटन के क्षेत्र तक किया है। जैविक पर्यटन के अन्तर्गत राज्य भर में ऐसे रिसोर्ट खड़े हो गए हैं, जहाँ पर्यटकों को खेत से स्वच्छ जैविक सब्जियों को तोड़ कर खिलाई जाती है। कई जैविक फार्म भी पर्यटकों को आकर्षण का केन्द्र बन रहे हैं। लेकिन सिक्किम को यह उपलब्धि रातोंरात प्राप्त नहीं हुई। पहली बार 2003 में इसकी घोषणा होने के बाद कानूनी रूप से चरणबद्ध विधियों से इसके लिए बनाई योजना को लागू किया गया। सर्वप्रथम देश में पहले सिक्किम के कृषि विभाग ने उसी वर्ष एक कार्ययोजना और एक अवधारणा–पत्र तैयार किया जिसका शीर्षक था, गोइंग फॉर ऑर्गेनिक फार्मिंग इन सिक्किम प्लान, मई 2003। इस पत्र में योजना के लक्ष्य जो निर्धारित किए गए वे निम्नलिखित थे–

**चित्र 4**. भारत में पहला गौरवांवित्त जैविक राज्यः सिक्किम, **स्रोतः** गुगल के सौजन्य से

- सिक्किम को एक ऑर्गेनिक राज्य के रूप में बढ़ावा देना।
- कृत्रिम खाद एवं कीटनाशक के प्रयोग को हतोत्साहित करने के लिए योजना बनाना और धीरे–धीरे जैविक खाद से पौधों के पोषक तत्वों की आपूर्ति करना, साथ ही जैविक विधियों से पौधों में बीमारियों और कीड़ों के प्रकोप को कम करना।
- सिक्किम में वास्तविक जैविक खेती की पूर्व शर्त के रूप में मूलभूत आवश्यक ढ़ाँचा खड़ा करना और वैधानिक ढ़ाँचा तैयार करना।
- जैविक खाद्य उत्पादों के लिए बाजार विकसित करना और साथ ही सम्बद्ध रणनीतियाँ तैयार करना।
- सिक्किम में जैविक खेती के लिए सरकार ने आगे बढ़ने के लिए रोडमैप तैयार किया। जैविक खेती के लाभों और नुकसान को ध्यान में रखते हुए और खाद्य एवं कीटनाशकों के उपलब्धता प्रयोग के अनुसार दो बातें निश्चित की गई थीं, पहली कृत्रिम खादों से बदला जाए और पौधों की सुरक्षा के लिए जैविक विधियों को अपनाया जाए। दूसरा, वर्तमान में जैविक खेती को लेकर कोई राष्ट्रीय नीति, मानव, मान्यता देने की व्यवस्था या विपणन का तंत्र नहीं है, इसलिए राज्य का अपना एक मूलभूत ढ़ाँचा तैयार किया जाए जिसे विधि द्वारा समर्थन प्राप्त हो।

इसके बाद 17 सितम्बर, 2003 को राज्य सरकार की गजट अधिसूचना के द्वारा सिक्किम राज्य जैविक बोर्ड का गठन किया गया। हालांकि उसके पहले ही मई 2003 में सरकार ने राज्य में जैविक खादों पर सब्सिडी हटाने की घोषणा कर दी थी और 2006–07 के बाद खुदरा कारोबारियों के लिए परिवहन और हैंडलिंग को सब्सिडी को भी समाप्त कर

दिया गया। इसके साथ ही सरकार ने रासायनिक उर्वरकों का प्रयोग पूरी तरह बन्द करने और उसके स्थान पर जैविक स्रोतों का प्रयोग करने के लिए एक सप्तवर्षीय योजना बनाई और उसी के अनुसार उपलब्ध संसाधनों का आवंटन प्रारम्भ किया गया। इस दिशा में पहला चरण अपनाते हुए सरकार ने पूर्वी सिक्किम में स्थित नाजीताम और दक्षिण सिक्किम में स्थित मेलीदारा के दो सरकारी फार्मों को जैविक खेती निपुणता केन्द्र के तौर पर विकसित किया और वहाँ जैविक खेती के लिए आवश्यक शोध और अनुकूलन कार्य प्रारम्भ किया।

### भारत में जैविक खेती का भविष्य

भारत जैविक खेती की असीम संभावना वाला देश है। मानसूनी प्रकृति के कारण इसके विभिन्न भागों में पर्याप्त जलवायुविक विविधता देखने को मिलती है। यहाँ की मृदा भी अनेक विविधताओं से युक्त है जिसे आठ प्रमुख और 27 गौण प्रकार की मृदाओं में विभक्त किया गया है। पादप जैव विविधता की दृष्टि से भी भारत विश्व के सर्वाधिक सम्पन्न देशों में से एक है। संक्षेप में जैविक खेती के भविष्य विवरण निम्नलिखित हैं:

1. गोबर के उपले न बनाकर यदि इसकी खाद बनाकर खेती में प्रयोग की जाए तो, इस खाद से पर्याप्त मात्रा में नत्रजन, फॉस्फोरस एवं पोटाश तत्वों की आपूर्ति की जा सकती है।
2. कृषि वानिकी में नीम, सिरसा, महुआ, जामुन वृक्षों आदि को फसलों के साथ उगाया जा सकता है।
3. स्वयं सब्जी उत्पादक भी कार्बनिक खादों से उगाई गई सब्जियाँ अपने घर के लिए प्रयोग करते हैं जबकि रसायनों वाली सब्जियाँ बाजार हेतु बिकाऊ सब्जियाँ होती हैं। जैविक प्राकृतिक संसाधन सुरक्षित रह सकते हैं तथा जैविक खेती अपनाने से देश स्वावलम्बी बनेगा।

## भारत में जैविक खेती के लिए कृषि पद्धतियां

जैविक उत्पादों का बाजार मूल्य अधिक मिलने के कारण किसानों का जैविक खेती की ओर संख्या में आकर्षित होना स्वाभाविक है। किसानों के बीच जैविक कृषि की बढ़ती लोकप्रियता को देखते हुए 45 फसलों/फसल पद्धतियों पर आधारित जैविक कृषि पद्धतियों का विकास किया गया है। इनका प्रचार प्रसार राष्ट्रीय जैविक कृषि केन्द्र, परम्परागत कृषि विकास योजना तथा राष्ट्रीय बागवानी मिशन के माध्यम से किया जा रहा है।

## जैविक खेती के सिद्धांत

जैविक कृषि आन्दोलन के अंतर्राष्ट्रीय संघ (IFOAM) परिभाषा में जैविक कृषि के मूलभूत सिद्धांत निम्न प्रकार से हैं:

1. **स्वास्थ्य का सिद्धांत** : जैविक खेती मिट्टी, पौधों, पशुओं, मानव तथा धरती के स्वास्थ्य को टिकाऊ व अक्षुण्ण रखते हुये सबको एक अभिभाज्य इकाई के रूप में मान्यता देती है। मानव समुदाय के उत्कृष्ट स्वास्थ्य की परिकल्पना बिना स्वस्थ वातावरण के नहीं हो सकती है। स्वस्थ मृदा ही स्वस्थ फसलों को जन्म देती है। स्वस्थ फसलों से पशुओं व मानव का स्वास्थ्य सुनिश्चित होता है। सभी जीव स्वरूपों के बीज पूर्ण समन्वय ही संपूर्ण स्वास्थ्य की कुँजी है। जैविक खेती के सभी स्वरूप जैसे फसल उत्पादन, खाद्य प्रसंस्करण, वितरण तथा उपयोग सभी छोटे से छोटे जीवों से लेकर मानव तक पर्यावरण स्वास्थ्य को सुदृढ़ता प्रदान करते हैं। इसमें रसायन के प्रयोग का कोई स्थान नहीं हैं। इसलिए पर्यावरण स्वास्थ्य सबसे महत्वपूर्ण है।
2. **पर्यावरणीय सिद्धांत** : जैविक खेती जीवंत पर्यावरण, प्राकृतिक जीव चक्र व उनके बीच अक्षुण्ण, समन्वय के सिद्धांत पर आधारित है। इसके अनुसार संपूर्ण उत्पादन प्राकृतिक प्रक्रियाओं तथा प्राकृतिक स्रोतों के पुनः प्रयोग पर निर्भर है। प्रत्येक जीव का पालन–पोषण उत्पादन प्रक्रिया के पर्यावरण के साथ सामंजस्य कर सुनिश्चित किया जा सकता है। इसका उद्देश्य पर्यावरण की गुणवत्ता को कायम रखते हुए प्राकृतिक स्रोतों का संरक्षण करते हुए स्थानीय स्रोतों के पुनः प्रयोग से बाह्य आदानों की आवश्यकता को घटाना है और प्राकृतिक ऊर्जा स्रोतों के अधिकाधिक दोहन से ऊर्जा संरक्षण भी करना है। इन सभी उद्देश्यों की प्राप्ति के लिए फार्म का आवास निर्माण जैव विविधता का समावेश व साधारण तथा प्राकृतिक संसाधनों का उचित प्रयोग प्रमुख कार्यशील बिन्दु हैं।
3. **समता का सिद्धांत** : जैविक खेती साझा पर्यावरण तथा समान जीवन अवसर को सुनिश्चित करते हुये सभी संबंधों में समभाव प्रतिष्ठित करती है। इस सिद्धांत के अंतर्गत वे सभी लोग जो जैविक खेती से जुड़े हैं, मानवीय मूल्यों को सर्वोपरि रखते हुये किसान, प्रसंस्करणकर्ता, वितरक तथा उपभोक्ता इत्यादि के साथ न्यायपूर्ण संबंध व सम्मान सुनिश्चित करें। जैविक खेती सभी के लिए अच्छे जीवनयापन अवसर तथा खाद्यान्न सुरक्षा की गारंटी के साथ गरीबी उन्मूलन की दिशा में प्रयासरत रहने की प्रेरणा देती है। इस सिद्धांत के अन्तर्गत यह भी सुनिश्चित किया जाता है कि पशुओं को भी अच्छा आवास तथा पर्यावरण मिले, जिससे वे अच्छे वातावरण में अपनी सभी प्राकृतिक आवश्यकतायें भली–भांति पूरी कर सकें। प्रकृति द्वारा दिये गये सभी संसाधनों का उत्पादन व उपयोग इस प्रकार किया जाये कि वे पर्यावरण, सामाजिक तथा आर्थिक रूप से न्यायसंगत व स्वीकार्य हो तथा आने वाली पीढ़ियों के लिए संसाधनों को संजोकर रखें।
4. **परिचर्या का सिद्धांत** : जैविक खेती एक ऐसी जीवंत और लचीली प्रक्रिया है जो सभी आंतरिक तथा बाह्य कारकों के साथ शीघ्र ही सामंजस्य बना लेती है। जैविक

प्रबंधन में विभिन्न अवयवों की कार्य क्षमता बढ़ाकर उत्पादन बढाया जा सकता है, परन्तु हमेशा यह सुनिश्चित किया जाना चाहिए कि संसाधनों का दोहन किसी के स्वास्थ्य की कीमत पर न हो। इसके लिए समय–समय पर नई तकनीकियों का समावेश और पुरानी तकनीकों का मूल्यांकन आवश्यक है।

## संक्षेप में जैविक खेती के सिद्धांत

1. दीर्घ समय तक उत्पादकता की सुरक्षा 2. बिना रसायनों के फसल सुरक्षा 3. उचित प्रबन्धन तकनीक को अपनाना 4. फसल का उत्पादन इस प्रकार किया जाये जिससे फसल से जो भी भोज्य पदार्थ प्राप्त हों, उनमें रसायनों की मात्रा नहीं हो। 5. पर्यावरण स्वस्थ एवं सुरक्षित रहे तथा परिस्थितिकीय स्थायित्व बना रहे। 6. जैव विविधता व मृदा की उर्वरा शक्ति न केवल बनी रहे अपितु इन्हें बढ़ाने में सहयोग दे। 7. मृदा को जीवित बनाये रखना 8. सभी पोषक तत्वों को उपलब्ध बनाये रखना 9. मृदा संरक्षण के लिए जैविक पलवार का प्रयोग 10. उपज को अधिक एवं गुणवत्ता युक्त बनाये रखना।

## जैविक खेती के प्रमुख घटक/अवयव

1. **कार्बनिक खादें** : गोबर की खाद, कम्पोस्ट, नाडेप कम्पोस्ट, मुर्गी खाद, हरी खाद,फसलों एवं पशुओं के अवशेष आदि।
2. **फसल अवशेष** : पत्तियाँ, पुआल, भूसा, फार्म अवशिष्ट आदि।
3. **जैव उर्वरक** : राइजोबियम कल्चर, एजोटोबैक्टर, एजोस्परिलिम, माइर्कोराईजा, नील हरित शैवाल, फॉस्फेटिक वैम, एसीटोबैक्टर, पी. एस.बी. आदि।

**चित्र 5.** जैविक खेती के घटक

4. **पशुओं के अवशिष्टः** मछली की खाद, वर्मी कम्पोस्ट, वर्मीवाश, हड्डी का चूरा आदि।
5. **जैव कीटनाशी** : बी.टी.जीन, ट्राइकोडर्मा, ट्राइकोग्रामा, फैरोमोन, ट्रैप, एन.पी.वी., नीम, करंज, महुआ के विभिन्न उत्पादों का प्रयोग किया जाता है। इससे न केवल पर्यावरण की सुरक्षा होगी बल्कि वातावरण एव जल प्रदूषण से मुक्ति भी मिलती है।

6. **बायोडायनामिक खादें**: गोबर की खाद, गाय के सींग की खाद।
7. **तरल खाद** : तरल खाद बनाने के लिये 12 से 15 किलोग्राम गाय की गोबर के साथ जल व गो–मूत्र तथा दलहनी फसलों की पत्तियों को एक ड्रम में लगभग 60 से 90 दिन तक छोडकर फिर एक लीटर खाद को 7 लीटर जल में मिलाकर फसलों पर छिड़काव करें।
8. **पूरक स्रोत** : चीनी मिल की खाद, सीवर की खाद, कार्पेट अवशिष्ट।
9. **सस्य तकनीक** : फसल चक्र, गर्मी की जुताई, ट्रैप फसलें, मृदा सूर्य तापशोधन, एग्रोनेट का प्रयोग।
10. **कृषिवानिकी** : खेतों की मेंड़ पर वृक्ष लगाना।
11. **जैविक पदार्थ का पुनः प्रयोग** : इसमें फसल तथा अन्य फसलों के अवशिष्ट को मिट्टी में दबा दिया जाता है और प्राकृतिक रुप से धीरे–धीरे सड़ने दिया जाता हैं।
12. जैव प्रौद्योगिकी एवं ट्राँसजैनिक तकनीक का प्रयोग।
13. प्रतिरोधी प्रजातियों का प्रयोग।

## जैविक खेती की सफलता के सोलह संस्कार

- ❒ अपना बीज बनाकर राख+नीम की पत्ती मिलाकर भंडार में रखना।
- ❒ वर्षा जल खेत में संचय हो, ऐसी तकनीक लगातार रखना।
- ❒ गोबर को धूप में दूर एकत्र कर अच्छी खाद बनाकर रखना।
- ❒ भूमि को सीधी धूप व वर्षा से बचाने के लिए पलवार से ढक कर रखना।
- ❒ अग्निहोत्र, पंचगव्य, जीवामृत, नम मृदा से भूमि को जीवित रखना।
- ❒ भूमि, जल व वायु को समझकर खेती करने का ध्यान रखना।
- ❒ प्रकृति–पडोसी जल, पेड़, प्राणी को खेती के सहायक रखना।
- ❒ नीम, करंज, बकायन, आक, सीताफल, धतुरा एवं गोमूत्र कीट नियंत्रण के लिए रखना।
- ❒ दलहनी फसल व हरी खाद को फसल चक्र में आवश्यक रखना।
- ❒ साफ व स्वस्थ बीज निराई–गुड़ाई से खरपतवार पर नियंत्रण रखना।
- ❒ कुछ वृक्ष/लताएं व एक बीघा के लिए 1 गाय + 1 नीम रखना।
- ❒ केंचुआ व मधुमक्खी को खेत में रहने का वातावरण बनाये रखना।
- ❒ प्रतिदिन खेत में भ्रमण कर रोग, कीट, खरपतवार पर निगरानी व फसल से स्नेह रखना।

- बीज उपचार, अच्छी खाद, सिंचाई, फसल चक्र समय पर बुवाई व कटाई का ध्यान रखना।
- उत्पाद की गुणवत्ता, श्रेणीकरण व सुन्दर संवेष्ठन का ध्यान रखना।
- बीज से बाजार तक चौपाल से इंटरनेट तक वैदिक से वर्तमान तक जानकारी रखना।

## जैविक खेती के उद्देश्य

जैविक खेती का मुख्य उद्देश्य ऐसी टिकाऊ उत्पादन प्रक्रिया का निर्माण करना है जो प्राकृतिक संसाधनों व प्रक्रियाओं पर आधारित हो। इस प्रक्रिया के कुछ प्रमुख उद्देश्य निम्न हैंः

- मृदा का स्वास्थ्य बनाए रखना ताकि भविष्य में उसकी क्षमता बनी रहे।
- भविष्य में किसानों का रसायनिक उर्वरकों, कीटनाशकों, कवकनाशी आदि पर निर्भरता कम करना।
- खाद के रूप में पौध पोषण घर में तैयार कर सकें।
- खलिहान पर जानवरों के आवास में उपलब्ध कूडा–करकट का उपयोग कर अच्छी व सस्ती खाद तैयार करना।
- पौधों के पोषण तत्वों को मुख्यतः जैविक खादों से पूर्ति कर शेष मात्रा में रसायनिक उर्वरकों का उपयोग करना।
- मानव निर्मित कृत्रिम उत्पादनों, जीव रसायन इत्यादि के प्रयोग पर प्रतिबन्ध।
- जैव अवशेषों के पुनः प्रयोग से पोषण प्रबंधन तथा मृदा उर्वरा नियंत्रण।

जैविक खेती के गुण

1. जैविक खेती सरल, सस्ती स्वावलम्बी और स्थाई है।
2. जैविक खेती प्रदूषण विहिन भूमि, जल, वायु एवं पर्यावरण से जन स्वास्थ्य व रोग मुक्त रखती है।
3. इसमें रसायनों का उपयोग कम से कम होता है।
4. वर्षा आधारित व सिंचित कृषि में उत्पादकता बढ़ना संभव हैं।
5. जैविक खेती से उत्पादन लागत कम की जा सकती है और उत्पादन की गुणवत्ता में वृद्धि की जा सकती है।
6. जैविक कृषि मृदा को बंजर होने से रोकती है।

7. मृदा संरचना में अदभुत सुधार, पोषक तत्वों की उपलब्धता बढ़ाकर पौधों की सन्तुलित बढ़वार एवं भूमि की उर्वरा–शक्ति को निरन्तरता बनाये रखती है।
8. पर्यावरण पारिस्थिकीय मित्रवत् भी है।
9. किसान आसानी से अपना सकते हैं।

## जैविक खेती के लाभ

1. मृदा के लाभदायक सूक्ष्म जीव व जन्तुओं की रक्षा होती है।
2. मानव एवं पशुओं के स्वास्थ्य को कोई खतरा नहीं पैदा होता है।
3. जैविक खेती अपनाकर किसान विषरहित स्वस्थ खाद्यान्नों का उत्पादन कर सकते हैं।
4. देश व प्रदेश वासियों को विषरहित स्वस्थ भोजन उपलब्ध कराया जा सकता है।

**चित्र 6.** जैविक खेती हेतु जैविक खाद

5. जैविक खेती से उत्पादित खाद्यान्नों का उपभोग करने से मनुष्यों में बीमारियों के प्रतिरोधक क्षमता में वृद्धि होती है।
6. जैविक खेती से पशुओं को विषरहित चारा उपलब्ध कराया जा सकता है।
7. जैविक खेती अपनाकर किसान स्वावलम्बी बन सकता है।
8. विदेशों पर निर्भरता कम की जा सकती है।
9. जैविक खेती अपनाने से मृदा में जल धारण क्षमता में वृद्धि की जा सकती है।
10. भूमि में पोषक तत्वों की वृद्धि भूमि सुधार,उत्पादन एवं उत्पादकता में वृद्धि सम्भव है।
11. प्राकृतिक संसाधनों का उचित संदोहन करना।
12. दूसरी हरित क्रॉंति का सपना साकार करना।
13. जैविक खेती अपनाकर किसान अपने उत्पाद का बाजार में अधिक मूल्य प्राप्त कर सकते हैं।

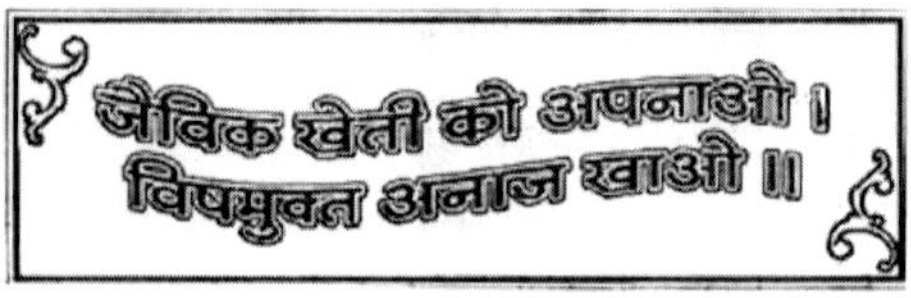


**चित्र 7.** आवश्यक जैविक खेती

14. जैविक खेती अपनाकर विदेशी मुद्रा प्राप्त की जा सकती है।
15. विकासशील कृषि की एक अच्छी विधि है।

16. कृषि उत्पादकता को उच्च स्तर पर रखते हुए पूरी प्रक्रिया को दीर्घकालीन टिकाऊ रखने में सहायक।
17. उपभोक्ता की माँग में वृद्धि।
18. गुणवत्ता में सुधार।
19. मृदा एवं जल प्रदूषण से बचाव।

## आधुनिक रसायनिक खेती के नुकसान

- खेती में संश्लेषित रसायनों प्रयोग करने से जैव विविधता में गिरावट।
- भूमि की भौतिक, रसायनिक एवं जैविक दशाओं में कमी।
- भूमि में सूक्ष्मजीवों की संख्या एवं क्रियाशीलता में कमी।
- जल जैसे प्राकृतिक स्रोतों में कमी।
- फसल सुरक्षा के लिए अपनाए जाने वाले रसायनों से मानव स्वास्थ्य एवं वातावरणीय समस्याओं में वृद्धि।
- अजैविक पदार्थों तथा औद्योगिक उत्पादन के कारण उत्पन्न प्रदूषण से मानव स्वास्थ्य पर प्रतिकूल प्रभाव।

**चित्र 8.** रासायनिक खेती में उवर्रकों का प्रयोग

## जैविक खेती की समस्यायें / बाधाएँ

भारत में जैविक खेती अपनाने और जैविक खेती के विस्तार में किसानों एवं अन्य प्राणधारियों द्वारा सामना की जा रही मुख्य बाधाएं, निम्नलिखित हैः

1. जैविक बीजों की कमी।

2. जैविक खाद और जैविक उर्वरकों की सीमित उपलब्धता।
3. जैविक क्षेत्र में संगठनों के मध्य कमजोर जुड़ाव।
4. भूमि संसाधनों का प्रयोग कार्बनिक खेती से पारम्पारिक खेती की ओर तो तुरन्त हो सकता है लेकिन इसका उल्टा होना कठिन है।
5. यदि तेजी से वर्तमान कृषि को कार्बनिक कृषि में बदला जाए तो प्रारम्भिक फसलों की पैदावार कुछ कम हो सकती है।
6. पहले प्रयोग किए गए रसायनों के कारण जैविक नियंत्रण, मिट्टी की शक्ति कमजोर हो सकती है जिसे प्राप्त करने में 3 से 4 वर्ष लग सकते हैं।
7. आधुनिक कृषि को छोडकर जैविक खेती के लिए काफी कम किसान तैयार हैं क्योंकि किसानों का यह मानना है कि कहीं उनका प्रति हेक्टेयर उत्पादन इतना कम न हो जाए कि लागत भी प्राप्त नहीं हो।
8. सरकारी सहयोग के बिना किसान कार्बनिक खेती को अपनाने से डरते हैं।
9. जैविक खेती से उत्पादन कम होता है अतः लागत अधिक हो सकती है।
10. किसान से उपभोगता तक प्रभावी विपणन तंत्र की कमी।
11. किसानों को जैविक उत्पादों का उचित बाजार भाव अधिक नहीं मिलता है और न सरकार की तरफ से इनके मूल्य निर्धारित किये गये हैं।

## जैविक खेती में सावधानियाँ

1. जैविक खेती राष्ट्रीय मानक के अनुसार करें।
2. जैविक खेती हेतु देशज बीजों का या अपने खेत से प्राप्त बीजों का ही उपयोग करें।
3. जैनेटिक प्रौद्योगिकी से प्राप्त बीजों एवं रसायनिक विधि से उपचारित बीजों का प्रयोग न करें।
4. कोई भी रसायनिक उर्वरक एवं कीटनाशी का प्रयोग न करें।
5. जैविक खरपतवार को मल्चिंग के रूप में प्रयोग करें।
6. एक ही फसल को प्रत्येक वर्ष न दोहराएं। फसल चक्र के अनुसार खेती करें।
7. शहरों से आने वाले प्रदूषित जल का उपयोग सिंचाई हेतु न करें।
8. कीट/रोग नियंत्रण जैविक विधि से ही करें।
9. जैविक पदार्थों को जलाकर खेत की सफाई न करें।
10. तैयार फसल को परम्परागत उत्पादों के मिश्रण से बचायें।

## भारत में जैविक खेती की सम्भावनाएं

जैसा कि अब सर्वविदित है देश के कृषित क्षेत्रफल का लगभग 40 प्रतिशत भाग सिंचित है तथा 60 प्रतिशत असिंचित है। सिंचित भाग में तो उर्वरकों का उपयोग होता ही है पर असिंचित, वर्षाधीन कृषि के किसान, प्रायः, इनमें जैविक खादों (गोबर की खाद, वर्मीकम्पोस्ट, नाडेप कम्पोस्ट, हरी खाद व मुर्गी की खाद) का ही प्रयोग करते हैं। अपने पहाड़ी तथा पूर्वोत्तर क्षेत्र के राज्यों में अभी उर्वरकों का उपयोग जैविक खेती के लिए विकसित किया जा सकता है।

## जैविक खेती से किसानों की आय में वृद्धि

जैविक खाद्य का प्रचलन दिन–प्रतिदिन बढ़ रहा है। जैविक खाद्य पदार्थ अपने उत्कृष्ट पौष्टिक गुणों के कारण अंतर्राष्ट्रीय बाजार में बहुत लोकप्रिय हैं। सेहत का सीधा संबंध खानपान से है। स्वस्थ रहने के लिए लोग अब तेजी से जैविक खाद्य पदार्थ अपना रहे हैं। इन्हें सेहत की दृष्टि से अच्छा माना जाता है। शहरी क्षेत्रों में जैविक उत्पादों की बिक्री की अधिक संभावनाएं हैं। साथ ही जैविक उत्पादों के निर्यात को बढ़ाकर किसानों की आय को बढ़ाया जा सकता है। जैविक खेती में फसलों का उचित प्रकार से प्रबंधन किया जाये तो अच्छी आमदनी प्राप्त हो सकती है। आजकल जैविक खाद्य पदार्थों में मौसमी फल व सब्जियों की अधिक मांग रहती है। साथ ही चावल, गेहूँ, शहद, ग्रीन टी की मांग भी दिनोंदिन बढ़ रही है। जैविक खाद्य पदार्थों की कीमत सामान्य खाद्य पदार्थों की अपेक्षा 40 से 50 प्रतिशत तक अधिक रहती है।

### जैविक व पारम्पारिक खेती की तुलना

जैविक खेती टिकाऊ तथा उत्पादन क्षमता कम होने के साथ–साथ छोटे किसानों के लिए बहुत लाभकारी है। अनेक परीक्षणों से यह सिद्ध हो चुका है कि भारत जेसे देश के छोटे खेतिहर किसानों के लिए जैविक खेती सबसे उत्तम व लाभकारी प्रक्रिया है। जैविक खेती खाद्यान्न सुरक्षा के साथ गरीबी उन्मूलन में भी सहायक है–

1. जैविक खेती पारंपारिक खेती की तुलना में कम लागत में की जा सकती है क्योंकि इसमें बाह्य उत्पादों का प्रयोग नहीं होता।
2. खेती व उनके आस–पास जैव विविधता तथा प्राकृतिक संसाधनों का संरक्षण करके तथा उत्पादन लागत में कमी करके जैविक खेती के लाभ को बढ़ाया जा सकता है।
3. जैविक खेती हमें स्वस्थ खाद्य उपलब्ध कराती है जबकि पारम्पारिक खेती में प्रयोग किये जाने वाले रसायनों से खाद्य व वातावरण दोनों प्रदूषित होते हैं।

4. जैविक खेती पूरी कृषि प्रक्रिया को दीर्घकालीन टिकाऊ रूप देती है, क्योंकि इसमें जैव संरक्षण पर विशेष ध्यान दिया जाता है व प्राकृतिक संसाधनों का चक्रीय प्रयोग किया जाता है।

## जैविक व संरक्षण खेती की तुलना

यद्यपि ये दोनों ही प्राकृतिक प्रक्रियाओं पर आधारित हैं लेकिन संरक्षण कृषि में रसायनिक निवेशों का प्रयोग निषिद्ध नहीं है। उदाहरण के लिए शाकनाशी विशेषकर परिवर्तन की अवस्था में संरक्षण कृषि का एक महत्वपूर्ण घटक हैं जिनसे खरपतवारों की जनसंख्या में नया सन्तुलन बनाया जा सकता है। साथ ही प्रणाली में मृदा जीवन के महत्व की दृष्टि से, जिसमें उर्वरक भी सम्मिलित है, इन उर्वरकों का उपयोग अत्यन्त सावधानी से किया जाना चाहिए। सामान्य तौर पर संरक्षण कृषि को अपनाने वाले किसान, परम्परागत किसानों की तुलना में कम रसायनिक निवेशों को उपयोग करते हैं तथा कुछ समय बाद इन रसायनिक निवेशों की मात्रा और भी घट जाती है।

**सारणी 4.** जैविक खेती और आधुनिक खेती में अन्तर

| क्रमांक | जैविक खेती | आधुनिक खेती |
|---|---|---|
| 1. | पोषक तत्वों की आपूर्ति गोबर, कम्पोस्ट, हरी खाद, जैव उर्वरक एवं फसल चक्र द्वारा की जाती है। | पोषक तत्वों की आपूर्ति विभिन्न रसायनिक उर्वरकों द्वारा की जाती है। |
| 2. | सस्य क्रियाओं, फसल एवं जैव कीटनाशी द्वारा कीट व बीमारियों का नियंत्रण किया जाता है। | विषैले रसायनों का प्रयोग करते हैं। |
| 3. | वन, मछली, भूजल एवं अन्य प्राकृतिक संसाधनों का कम दोहन किया जाता है। | प्राकृतिक संसाधनों का अधिक दोहन किया जाता है। |
| 4. | भोज्य पदार्थ की गुणवत्ता बनी रहती है। | गुणवत्ता में कमी होती है। |
| 5. | पर्यावरण प्रदूषण में कमी आती है। | पर्यावरण प्रदूषण बढ़ता है। |

## जैविक खेती के लिए प्रमाणीकरण

जैविक प्रमाणीकरण एक सत्यापन विधि है जो यह सुनिश्चित करती है कि उत्पाद जिन्हें ''जैविक'' कहा जा रहा है, उनके उत्पादन में जैविक विधियों द्वारा निर्धारित निश्चित मापदंडों का पालन सुनिश्चित किया गया है। इस प्रकार से जैविक प्रमााणीकरण प्रणाली में उत्पादन विधि को प्रमाणित किया जाता है। जैविक खेती के अन्तर्गत कृषि उत्पादन, प्रसंस्करण, पैकेजिंग, परिवहन तथा वितरण का प्रमाणीकरण किया जाता है। इस प्रक्रिया

में अनेक मानक नियम व शर्तो को पूरा करना आवश्यक होता है। एक ही खेत में 3 वर्ष तक जैविक प्रक्रिया अपनाने पर किसान को जैविक प्रमाणीकरण प्रमाण पत्र दिया जाता है। यह प्रमाण पत्र राज्य बीज एवं जैविक उत्पादन प्रमाणीकरण संस्था द्वारा निरक्षण के पश्चात दिया जाता है। निम्नलिखित दो विधियों से आवेदन किया जा सकता है:

1. व्यक्तिगत जैविक प्रचालक (ओपरेटर)।
2. जैविक समूह प्रमाणीकरण

उपरोक्त दोनों प्रकार में पंजीयन हेतु प्रारूप वेबसाइट पर उपलब्ध होते हैं।

## भारत सरकार द्वारा जैविक खेती को प्रोत्साहन

देश में जैविक खेती के उत्पादों के निर्यात को सुदृढ़ करने के लिए वित्त मंत्रालय ने वर्ष 2000 में ''नेशनल प्रोग्राम ऑन ऑर्गेनिक प्रोडक्शन''की शुरुआत की तथा 'नेशनल स्टैण्डर्ड फॉर ऑर्गेनिक प्रोडक्शन' द्वारा जैविक खेती के राष्ट्रीय मानकों का निर्धारण किया है।

**चित्र 9.** जैविक उत्पाद हेतु प्रोत्साहन

इसमें बासमती धान, गन्ना, तिलहन, दलहन, कपास, मसाले, चाय, फल एवं सब्जियां सम्मिलित हैं। ''नेशनल प्रोग्राम ऑन ऑर्गेनिक प्रोडक्शन'' द्वारा देश में कुल 26 संस्थाओं को जैविक खेती के प्रमाणीकरण का अधिकार दिया गया है। इसकी जानकारी www.apeda.gov.in वेबसाइट पर दी गयी है।

## भारतीय कृषि अनुसंधान परिषद द्वारा जैविक खेती हेतु अनुसंधान

आधुनिक खेती द्वारा प्राकृतिक स्रोतों (भूमि, जल, जैव–विविधता) को होने वाले वाली क्षति तथा भविष्य में जलवायु परिवर्तन की समस्या के समाधान के रूप में जैविक खेती के विकल्प को ध्यान में रखते हुए भा.कृ.अनु.प. ने दसवीं पंचवर्षीय योजना के समय जैविक खेती के विभिन्न पहलुओं पर अनुसंधान करने हेतु नेटवर्क प्रोजेक्ट ऑन ऑर्गेनिक फार्मिंग की शुरूआत 13 केन्द्रों पर की। इस योजना का क्रियान्वयन गाजियाबाद स्थित 'नेशनल सेन्टर ऑफ ऑर्गेनिक फार्मिंग' द्वारा किया जा रहा है। 12 वीं पंचवर्षीय योजना के समय 7 अन्य केन्द्रों को भी इस योजना से जोड़ा गया है। इस योजना का उद्देश्य देश के विभिन्न क्षेत्रों में जैविक खेती पर शोध पर किसानों को उनकी उन्नत प्रौद्योगिकियाँ उपलब्ध कराना है। वर्तमान में कृषि एवं किसान कल्याण मंत्रालय, भारत सरकार द्वारा चलाये जा रहे कार्यक्रम उन्नत भारत अभियान द्वारा भी प्राकृतिक खेती को प्रोत्साहित किया जा रहा है। किसानों के बीच जैविक खेती की बढ़ती लोकप्रियता को देखते हुए 45 फसलों/फसल पद्धतियों पर आधारित जैविक कृषि पद्धतियों का विकास किया गया है। इनका प्रचार–प्रसार राष्ट्रीय कृषि केन्द्र, परम्परागत कृषि विकास योजना तथा राष्ट्रीय बागवानी मिशन के माध्यम से किया जा रहा है।

## जैविक खेती में रोजगार के अवसर

भारत में अनेक बेरोजगार व्यक्ति जैविक बीज, जैविक खाद (विभिन्न प्रकार के कम्पोस्ट व वर्मीकम्पोस्ट), जैव उर्वरक, जैव कीटनाशी के उत्पादन एवं विपणन में रोजगार प्राप्त कर सकते हैं और स्व–रोजगार प्राप्त कर सकते हैं। जिसके लिए अनेक सरकारी एवं गैर–सरकारी संस्थाएं जैविक खेती के क्षेत्र में प्रशिक्षण, डिप्लोमा एवं डिग्री प्रदान कर रही हैं।

## जैविक खेती से आर्थिक लाभ

जैविक खेती मृदा एवं किसानों की उत्पादकता बढ़ाने में पूर्णत सहायक है तथा जैविक खेती विधि आधुनिक खेती की तुलना में बराबर या अधिक उत्पादन देती है। वर्षा आधारित क्षेत्रों में अधिक लाभदायक है। जैविक खेती से उत्पाद की लागत तो कम होती ही है, साथ ही साथ किसानों को आय अधिक प्राप्त होती है।

## जैविक खेती के लिए सिक्किम के मुख्यमंत्री जर्मनी में सम्मानित

जर्मनी के लिगा में आयोजित कार्यक्रम में सिक्किम के मुख्यमंत्री पवन चामलिंग को राज्य में जैविक खेती क्रांति के लिए लाइफ टाइम एचीवमेंट अवार्ड से सम्मानित किया गया।

इस समारोह में चामलिंग ने कहा कि 2003 में विधानसभा में राज्य में पूरी तरह जैविक खेती किए जाने की घोषणा की गई थी। इसके बाद राज्य में रसायन खाद के प्रयोग पर पूरी तरह प्रतिबंध लगा दिया गया था। विदित हो कि 18 जनवरी, 2016 को माननीय प्रधानमंत्री जी श्री नरेन्द्र मोदी ने सिक्किम को जैविक खेती वाला राज्य घोषित किया था।

## सारांश

आधुनिक खेती में अधिक से अधिक उत्पादन लेने की आशा में भारतीय किसान एक दूसरे की देखा–देखी प्रति इकाई भूमि क्षेत्र में बिना सोचे–समझे, अधिक व असन्तुलित मात्राओं में विभिन्न संश्लेषित रसायनों का प्रयोग कर रहे हैं जिसके परिणामस्वरूप मृदा स्वास्थ्य में कमी के साथ–साथ मृदा जीवों की जनसंख्या भी कम हो रही है तथा उत्पाद कम गुणवत्ता वाला उत्पन्न हो रहा है। जिसका सरल व सस्ता, समाधान है, जैविक खेती। जिसके द्वारा मृदा संसाधन को प्राकृतिक रूप में रखते हुए पर्यावरण प्रदूषण में कमी कर सकते हैं तथा उत्पादन लागत घटा सकते हैं, क्योंकि जैविक खेती में जहरीले रसायनों का प्रयोग नहीं होता है। उपभोक्ताओं में जैविक खाद्यों की सुरक्षा और गुणवत्ता, कृषि तंत्र की दीर्घकालिक सततता और समान उत्पादक होने के प्रमाण से बढ़ रही जागरुकता से अधिक से अधिक किसान जैविक खेती अपना रहे हैं। कृषि के आर्थिक, सामाजिक, स्वास्थ्य और पर्यावरण लाभों को देखते हुए भारत सरकार भी जैविक खेती को अपनाने के लिए प्रचार–प्रसार तथा जैविक खेती को प्रोत्साहित करने के लिए अनेक योजनाएं और कार्यक्रम चला रही हैं।

□□□

अध्याय 2

# जैविक खेती की प्रौद्योगिकियाँ

जैविक खेती प्राकृतिक संसाधनों एवं पर्यावरण को संरक्षित रखने की सबसे अच्छी विधि है। जिसमें हम जैव विविधता को कायम रखते हुए मृदा की संरचना तथा पारिस्थितिक तंत्र को संतुलित रख सकते हैं। खेती की इस पद्धति में रसायनिक उर्वरकों के स्थान पर गोबर की खाद, कम्पोस्ट, फसलों के अवशेषों हरी खाद एवं जैविक विधि से तैयार खाद का उपयोग करते हैं। जिससे मृदा में कार्बन की मात्रा बढ़ जाती है तथा उसकी उर्वरा–शक्ति भी संरक्षित रहती है। कीट व रोग नियंत्रण के लिए उपयुक्त फसल चक्र, यांत्रिक एवं जैविक नियंत्रण विधियों का प्रयोग किया जाता है। स्वास्थ्य के प्रति बढ़ती जागरुकता के साथ जैविक उत्पाद की मांग अधिक बढ़ रही हैं। जैविक उत्पाद प्रमाणीकरण के लिए विभिन्न एजेंसियाँ काम कर रही है। हमारे देश में बहुत से ऐसे किसान हैं, जो यह नहीं जानते हैं कि जैविक खेती के अपनाने की क्या तकनीक है। जैविक खेती की प्रौद्योगिकियों को निम्न प्रकार से वर्गीकृत किया है।

## 1. फसल विविधीकरण (Crop Diversification)

भारत में फसल विविधीकरण प्रक्रिया कृषि क्षेत्र में जैविक खेती के विकास के लिए एक अच्छा विकल्प है। फसल उत्पादन के विविधीकरण का अर्थ विविध प्रकार की फसलों का उत्पादन न होकर बहु–उत्पादन की प्रणाली है या एक सस्य वर्ष में विभिन्न फसलों को उगाने की प्रक्रिया को ही फसल विविधीकरण की संज्ञा दी गई है या कृषि की परम्परागत तकनीकों के अतिरिक्त वैकल्पिक कृषि करना फसल विविधीकरण है या फसल विविधीकरण का अभिप्राय है, अनाजों, दलहनों, तिलहनों, रेशा, चारा, ईंधन, आदि की निरन्तर बदलती माँग पूर्ति हेतु और मृदा स्वास्थ्य एवं कृषि परिस्थितियों में सुधार के उद्‌देश्य से सन्तुलित फसल प्रणाली हेतु वर्तमान फसल पद्धति में आवश्यक परिवर्तन लाना। फसल विविधीकरण एक ऐसी सत्य योजना है जिसके अनुसार कम लाभ व देर से पकने वाली फसलों के स्थान पर और अधिक लाभ के लिए फसल प्रणाली व उन्नत किस्मों में बदलाव करना, घरेलू एवं अन्तर्राष्ट्रीय बाजारों में निर्यात ओर प्रतिस्पर्धा में सुधार, पर्यावरण सुधार एवं कृषि औद्योगिकी, मत्स्य, वानिकी एवं पशुपालन का समेकित करने के लिए ऐसी अनुकूल स्थितियां पैदा करना जिससे प्रति इकाई तथा समय में उत्पादन, उत्पादकता तथा लाभ में

वृद्धि की जा सके। फसल विविधीकरण में अन्तःफसल पद्धति का विशेष योगदान है। दलहनी फसलों का फसल पद्धतियों में समावेश करने से कुल उत्पादकता बढ़ती है जैसेः लगातार धान–गेहूँ पद्धति में गेहूँ की उपज 30 क्विंटल प्रति हेक्टेयर से धान के बाद बरसीम समावेश करने से 50 क्विंटल प्रति हेक्टेयर हो जाती है। इस प्रकार धान, कपास, तथा गन्ना के साथ दलहनी फसल उगाने से फसल पद्धति की सकल उत्पादकता में काफी वृद्धि हो जाती है। साथ ही साथ मृदा की भौतिक, रसायनिक तथा जैविक गुणों में अभूतपूर्व सुधार हो जाता है। दलहनी फसलों की अन्तः फसली खेती मुख्यः सिंचित क्षेत्रों में गन्ना के साथ तथा बारानी क्षेत्रों में मोटे अनाजों के साथ की जाती है। धान–गेहूँ फसल पद्धति वाले क्षेत्रों में कपास, बरसीम, गन्ना, ज्वार तथा सूर्यमुखी आदि फसलों को फसल क्रम में समावेश करने से गेहूँ की फसल के प्रमुख खरपतवार गेहुँसा/फेलेरिस माइनर/मडूंसी का प्रभावी नियंत्रण हो जाता है तथा उपज में वृद्धि हो जाती है। विभिन्न फसल चक्रों में फसल विविधीकरण का कुल उत्पादकता प्रभाव सारणी 1 में दर्शाया गया है।

**सारणी** 1. फसल विविधीकरण का कुल उत्पादकता पर प्रभाव

| **फसल प्रणाली** | | **उत्पादकता (टन प्रति हेक्टेयर)** | | |
|---|---|---|---|---|
| | **पहली फसल** | **दूसरी फसल** | **तीसरी फसल** | **चावल तुल्यांक** |
| चावल–गेहूँ–हरी खाद | 5.65 | 4.92 | – | 11.69 |
| चावल–आलू–भिंडी (बीज) | 5.56 | 21.80 | 0.36 | 20.02 |
| चावल–आलू–लोबिया | 5.63 | 22.05 | 0.88 | 22.55 |

**स्रोतः** यादव एवं साथी (2000) इंडियन जर्नल ऑफ एग्रोनामी 45 (1) : 37–40

फसल विविधीकरण की प्रक्रिया वर्तमान युग के लिए बहुत आवश्यक है क्योंकि भारत में ऐसे बहुत से क्षेत्र हैं जहाँ जल एवं अन्य सुविधाओं का अभाव है जिसके कारण कृषि कार्यों में बाधा उत्पन्न होती है। इसके अतिरिक्त भूमि कम होना, पूँजी का अभाव तथा रसायनिक खादों का समय पर उपलब्ध न होना भी इसकी आवश्यकता को बढ़ाते हैं। कई स्थानों पर फसलों के विविधीकरण की आवश्यकता अधिक से अधिक फसलों को प्राप्त करने की दृष्टि से पड़ती है। फसल विविधीकरण को अपनाने के लिए किसानों की जिन प्रवृत्तियों तथा अनिवार्य आर्थिक–सामाजिक प्रवृत्तियों को महत्व दिया जाता है, वे निम्नलिखित हैंः

- फसल विविधीकरण की प्रक्रिया में उन क्षेत्रों को सम्मिलित किया जाता है जहाँ मौसम की प्रवृत्ति असहज होती है। वर्षा की मात्रा कभी कम या कभी अधिक होती है। सिंचाई के साधनों का विकास अधिक नहीं होता है। ऐसे स्थान पर किसान एक मौसम में कई फसलों का उत्पादन करते हैं। सूखे की सम्भावना वाले क्षेत्रों में किसान बहुधा फसल विविधीकरण को अपनाते हैं।

- फसल विविधीकरण प्रक्रिया तथा फसल प्रणाली की परम्परा के कारण भी किसान कई फसलों का उत्पादन एक साथ करते हैं। जिससे परिवारों की आवश्यकताओं को पूरा किया जा सकता है। इन क्षेत्रों में फसल विविधीकरण की प्रक्रिया में उच्च सघनता पाई जाती है।
- फसल विविधीकरण प्रक्रिया को किसानों द्वारा नाइट्रोजन स्थिरीकरण के लिए भी अपनाया जाता है जैसे–फसल चक्र में दलहनी फसलों को उगाना एवं सनई, ढैंचा की हरी खाद बनाना, जिससे मृदा की उर्वरता में क्रमशः वृद्धि होती है। कृषि वैज्ञानिकों द्वारा फसल विविधीकरण अपनाने का सुझाव दिया जाता है।

**चित्र 1.** अन्तः फसलीय फसल विविधीकरण

- यह अधिक रोजगार अवसरों का सृजन श्रमिकों को अधिक कार्य मिलता है। बाजार में कृषि उत्पादों के लिए वर्षभर की गतिविधियों से किसान जुडे रहते हैं।
- फसल विविधीकरण प्रक्रिया से किसानों को आर्थिक लाभ प्राप्त होता है।

## फसल विविधीकरण की आवश्यकता

वर्तमान खेती में निम्नलिखित कारणों के कारण फसल विविधीकरण की आवश्यकता है–

1. भूमि जल का अत्यधिक एवं असंतुलित दोहन एवं घटता भूजल स्तर।
2. भूमि के स्वास्थ्य में दिनों–दिन गिरावट।
3. कीटों, खरपतवारों एवं रोगों का बढ़ता प्रकोप।
4. खेती में डीजल, बिजली एवं रसायनों को असंतुलित एवं अत्यधिक मात्रा में प्रयोग।
5. खेती में बढ़ती लागत और घटता आर्थिक लाभ।

## संक्षेप में फसल विविधीकरण के लाभ

- फसल उत्पादन एवं आमदनी में वृद्धि एवं जीवन स्तर में सुधार होता है।
- प्राकृतिक संसाधनों का संरक्षण जैसे;जल की बचत, मिट्टी की गुणवत्ता में सुधार होता है।

- वायुमण्डलीय नत्रजन का दलहनी फसलों से मिट्टी में स्थिरीकरण।
- जोखिम (रिस्क) में कमी आदि।
- सीमांत व लघु किसानों एवं कृषि श्रमिकों को वर्षभर रोजगार एवं आय में वृद्धि।
- कीट, बीमारी एवं खरपतवार की मात्रा में कमी।
- छोटे खेत या कम जोत में अधिक आय प्राप्त करना।
- मौसम के प्रभाव से बचाव एवं पर्यावरण प्रदूषण को कम करना।
- पशुधन के लिए चारे की गुणवत्ता में सुधार एवं उपलब्धता की सुनिश्चितता।
- प्रतिकूल परिस्थितियों में मूल्य के उतार–चढ़ाव से बचाव।

## फसल विविधीकरण को प्रभावित करने वाले कारक

- संसाधन आधारित कारकः सिंचाई, वर्षा एवं मृदा उपजाऊपन।
- तकनीकी आधारित कारकः बीज, खाद, जल तकनीकी, विपणन, भंडारण एवं प्रसंस्करण।
- घरेलू कारकः भोजन, चारा, ईंधन, निवेश करने की क्षमता।
- मूल्य संवर्धित कारकः लागत मूल्य, आय, आर्थिक मूल्य, नीतियां।
- संस्थागत एवं आधारभूत ढ़ांचाः खेत के आकार, किरायेदारी व्यवस्था, अनुसंधान, संस्थान, विपणन प्रणाली एवं सरकारी नियामक नीतियां इत्यादि।

## फसल विविधीकरण में कठिनाइयाँ

- पारम्पारिक फसल चक्र में लगाव।
- दूसरे फसल उत्पाद बेचने में समस्या।
- बाजार भाव में अधिक उतार चढ़ाव।
- सरकारी खरीद मूल्य का अभाव।
- अन्य फसल उत्पादों के नुकसान का भय जैसेः शीघ्र नष्ट होने वाले उत्पादों को शीघ्र बेचने की चिन्ता आदि।

## फसल विविधीकरण की संभावनाएं

- कृषि फार्म में अकृष्य क्रियाओं की तरफ झुकाव।
- कम लाभ वाली फसल या उद्यम से अधिक लाभ फसल का उद्यम की तरफ झुकाव।
- विभिन्न सम्पूरक प्रक्रियाओं में विविधीकृत संसाधनों का प्रयोग।

## 2. जैविक विधियों द्वारा मृदा प्रबंधन

मृदा प्रमुख प्राकृतिक संसाधन है। शहरीकरण, औद्योगिकीकरण या कृषि का आधुनिकीकरण सभी दशाओं में मृदा की आवश्यकता है। आज मानव की इन्हीं आवश्यकताओं की पूर्ति के लिए मृदा का भरपूर दोहन किया जा रहा है जिससे उसका रूप ही नहीं गुणवत्ता भी घटती जा रही है। भूमि पर बढ़ते दबाव के कारण भूमि का मुख्य गुण अर्थात उसकी उर्वरता या उपजाऊपन ही कम होता जा रहा है। इस प्रकार प्रतिवर्ष 5 से 10 प्रतिशत भूमि बंजर होती जा रही है। कृषि में केवल भूमि का उपयोग ही नहीं किया जाता है बल्कि इसकी उर्वरा–शक्ति बढ़ाने के लिए जल, उर्वरक, कीटनाशी रसायनों एवं जुताई–गुड़ाई का भी प्रयोग होता है। ये ऐसे अवयव हैं जो धीरे–धीरे मृदा की गुणवत्ता को कम करते हैं। इसके अतिरिक्त किसानों ने फसल चक्र अपनाना छोड़ दिया है वह निरन्तर धान–गेहूँ, गन्ना जैसी फसलें ही उगाने लगे हैं जिससे मृदा में उपलब्ध आवश्यक पोषक तत्व कम होने लगे हैं और मृदा उर्वरता में कमी आने लगी है। विभिन्न वैज्ञानिक अध्ययनों से ज्ञात हुआ है कि एक अच्छी 1 टन मृदा में 4 कि.ग्रा. नाइट्रोजन, 1 कि.ग्रा. फॉस्फोरस एवं 2 कि.ग्रा. पोटाश और 2 कि.ग्रा. कैल्शियम तथा अन्य सूक्ष्म पोषक तत्व होने चाहिएं। मृदा में संगठन और संरचना को कृषि के अनुकूल बनाये रखने के लिए फसल चक्र, जैविक व कम्पोस्ट खाद एवं हरी खाद आदि की फसलों को उगा सकते हैं, इससे मृदा की किस्म और गुणवत्ता में सुधार होता है।

### मृदा स्वास्थ्य को प्रभावित करने वाले कारक

1. **मृदा में पोषक तत्वों की हानि व कुप्रबंधन :** पोषक तत्वों की हानि से मृदा उर्वरा शक्ति कम होने के साथ पोषक तत्वों का आपसी संतुलन बिगड़ जाता है क्योंकि सभी पोषक तत्वों की क्षति एक अनुपात में नहीं होती है। फसल उत्पादन हेतु पोषक तत्वों का समुचित प्रबंधन मृदा स्वास्थ्य को ध्यान में रखते हुए आवश्यक है।
2. **फसल उगाने की प्रणाली :** भारत में फसल उगाने की तीन प्रणालियां प्रचलित हैं, जैसे; इकहरी खेती, मिश्रित खेती एवं फसल चक्र। इकहरी खेती में एक निश्चित खेत पर प्रत्येक वर्ष एक ही फसल उगायी जाती है। यदि एक ही फसल एक ही खेत पर काफी समय तक लगातार उगाई जाये तो मृदा विकृत हो जाती है जिससे मृदा स्वास्थ्य में लगातार गिरावट होती जाती है।
3. **पोषक तत्वों का दोहन :** सघन खेती में मृदा से पोषक तत्वों का दोहन अत्यधिक मात्रा में होता है। मृदा किस्म, फसल चयन, और वैज्ञानिक फसल प्रबंधन न करके मृदा स्वास्थ्य को ठीक रखा जा सकता है।
4. **रसायनिक उर्वरकों का प्रयोग :** कृषि रसायनों का अत्यधिक प्रयोग मृदा स्वास्थ्य और फसल उत्पादन व गुणवत्ता को घटाते हैं। समन्वित पोषक तत्व प्रबंधन कीट एवं रोग प्रबंधन तकनीकी अपनाकर इससे बचा जा सकता है।

5. **सिंचाई जल गुणवत्ता** : मृदा में लवणों का सांद्रण, जल की किस्म एवं गुणवत्ता को प्रभावित करते हैं, जैसे; घरेलू गंदे जल में जीवांश पदार्थ की अधिक मात्रा होती है। इस जल से सिंचाई करने पर मृदा में जीवांश पदार्थ की मात्रा बढ़ जाती है जिससे इसके प्रयोग करने से मृदा में Cd, Cu, Pb आदि की अधिकता होने से सीवेज की जैविक ऑक्सीजन और रसायनिक ऑक्सीजन मांग अधिक होने के कारण मृदा में ऑक्सीजन की कमी हो जाती है और कार्बन डाई ऑक्साइड की मात्रा बढ़ जाती है जिससे पौधों की जड़ों व मृदा सूक्ष्म जीवों की ऑक्सीजन की आपूर्ति घट जाती है जिसका प्रभाव मृदा और फसल पर पड़ता है।

एक अनुमान के अनुसार लगभग 80–90 लाख टन पोषक तत्वों की प्रति वर्ष भूमि से हानि हो रही है। इसलिए आवश्यक है कि मृदा को सुरक्षित रखने तथा सदुपयोग के लिए प्रभावी उपाय अपनाये जायें, जैसे मृदा उर्वरता प्रबन्धन। जिसके अन्तर्गत निम्न अवयवों का होना आवश्यक है, जैसे;

## 1. जैविक फसल पोषक तत्व प्रबन्धन

जैविक फसलोत्पादन के लिए कार्बनिक खादों एवं जैव उर्वरक आदि द्वारा फसलों को पोषक तत्वों की इस प्रकार की आपूर्ति करते हैं जिससे उत्पादन क्षमता में वृद्धि हो एवं पोषक तत्वों की हानि कम हो। जैविक खेती में फसल पोषण हेतु जैविक खाद एवं जैविक उर्वरकों का संक्षिप्त विवरण निम्न प्रकार है–

### 1.1 कार्बनिक (जैविक) खादों का प्रयोग

जैविक खेती में पोषक तत्व प्रबंधन करने के लिए गोबर की खाद, कम्पोस्ट, वर्मीकम्पोस्ट, मुर्गियों की खाद, सुअर एवं भेड़–बकरियों की खाद, गोबर गैस स्लरी एवं हरी खाद इत्यादि कार्बनिक खादों की श्रेणी में आती हैं। कार्बनिक खादों के उपयोग से मृदा में वायु का संरचण होता है एवं प्राकृतिक ढ़ेले बनने में भी सहायता मिलती है। जिससे पोषक तत्वों के उपयोगी अवस्थाओं में पौधों द्वारा ग्रहण कर लिया जाता है। इसके उपयोग से मृदा की उत्पादकता तथा उर्वरा–शक्ति बढ़ा सकते हैं। इनके प्रयोग से घर के कूड़ा–करकट का भी निवारण हो जाता है। मृदा की उर्वरता को बनाए रखने के लिए तथा भविष्य में मृदा के उपजाऊपन को क्षति न हो इसके लिए यह आवश्यक है कि जैविक खाद का खेती में निरंतर प्रयोग हो। यदि सभी स्रोतों को मिला लिया जाए तो केवल 2 टन प्रति हेक्टेयर औसत की जैविक खाद भारत में उपलब्ध है जो सामान्य प्रस्तावित 10–12 टन प्रति हेक्टेयर की मांग से बहुत कम है।

**सारणी 2.** जैविक खादों में तुलनात्मक पोषक तत्व

| क्रमांक | जैविक खाद | मुख्य पोषक तत्व (प्रतिशत) | | |
|---|---|---|---|---|
| | | नत्रजन | फॉस्फोरस | पोटाश |
| 1. | गोबर की खाद | 0.5 | 0.25 | 0.5 |
| 2. | वर्मीकम्पोस्ट | 2.5 | 1.5–2.0 | 1.5–2.0 |
| 3. | नाडेप कम्पोस्ट | 0.5–1.5 | 0.5–0.9 | 1.2–1.4 |
| 4. | शहरी कम्पोस्ट | 1.5 | 1.0 | 1.5 |

## 1.2 जैव उर्वरक का प्रयोग

मृदा स्वास्थ्य को बनाए रखने के लिए जैविक उर्वरक अति आवश्यक है, जैसे; राइजोबियम एवं एजोटोबैक्टर वायुमण्डलीय नाइट्रोजन का यौगिकीकरण करके भूमि में जमा कर पौधों को उपलब्ध कराते हैं। पी.एस.बी. मिट्टी में फॉस्फोरस को घुलनशील अवस्था में परिवर्तित कर पौधों के लिए फॉस्फोरस उपलब्ध कराता है। इनका प्रयोग करने से कम लागत में अधिक फसल उत्पादन होता है तथा उर्वरक की बचत होती है जो हमारे लाभ को बढ़ावा देते हैं। इनकी उपयुक्त मात्रा अधिक उर्वरक की मात्रा कई गुना लाभदायक है। जैव उर्वरक मृदा में अघुलनशील एवं स्थाई फॉस्फोरस की उपलब्धता को बढ़ा देते हैं। दलहनी फसलों में राइजोबियम कल्चर का प्रयोग करके रसायनिक उर्वरकों की खपत में 20 प्रतिशत कमी कर सकते हैं और उपज को 10–12 प्रतिशत बढ़ा सकते हैं। अनाज वाली फसलों जैसे गेहूँ, सरसों, गन्ना, कपास आदि में एजोटोबैक्टर जीवाणु तथा बाजरे में एजोस्पिरीलम जीवाणु का प्रयोग कर सकते हैं। इसके अतिरिक्त धान में नील हरित शैवाल एवं एजोला फर्न जैव टीके प्रयोग कर सकते हैं।

**सारणी 2.** विभिन्न फसलों हेतु उपयुक्त जैव उर्वरक

| जैविक उर्वरक | फसलें |
|---|---|
| राइजोबियम | दलहनी फसलें जैसे;सोयाबीन, चना, अरहर, मूँग, उर्द, मसूर, बरसीम व मूँगफली आदि। |
| एजोटोबैक्टर | गेहूँ, मक्का, धान, ज्वार, गन्ना, कपास, आलू, बैंगन, सरसों, तिल, टमाटर आदि। |
| एजोस्पिरिलम | मक्का, गन्ना, हरे चारे वाली फसले। |
| नील हरित शैवाल एवं एजोला | धान |
| पी.एस.बी./फॉस्फोरस सोलुबलाइजिंग बैक्टिरिया | विभिन्न खाद्य एवं दलहनी फसलें। |

**सारणी 3.** विभिन्न फसलों के लिए राइजोबियम की प्रजातियाँ

| प्रजातियाँ | फसलें |
|---|---|
| मेलिलोटाई | रिजका, मैथी |
| ट्राइफोलाई | बरसीम |
| लेग्युमिनोसेरम | मटर, मसूर, दलहनी फसलें |
| फेजियोलाई | राजमा |
| जेपोनिकम | सोयाबीन |
| अनामित जातियां | लोबिया,बीन, मूंगफली |

## 2. खेतों में फसल–अवशेष का प्रयोग

विभिन्न फसल अवशेष जैसे गेहूँ, अवशेष, कपास के डण्ठल, गन्ने की सूखी पत्तियाँ तथा धान का भूसा इत्यादि की बड़ी मात्रा उपलब्ध होती है परन्तु कुछ आर्थिक बाधाएं जैसे फसल अवशेषों का पशुचारे व ईधन के रुप में प्रयोग आदि से केवल कुछ मात्रा में फसल अवशेषों का खेत में पुनर्चक्रण होता है। साथ ही अगली फसल की बुवाई में बाधा उत्पन्न करने के कारण उन्हें खेत में ही जला दिया जाता है। कई प्रयोगों से ज्ञात हुआ कि गेहूँ व धान का भूसा डालने से उत्पादन बढ़े या नहीं परन्तु मृदा उर्वरता पर धनात्मक प्रभाव पड़ता है। अतः फसल अवशेषों के प्रयोग से मृदा उर्वरता व उत्पादकता को बढ़ाकर संधारित उत्पादन के उद्देश्य को प्राप्त किया जा सकता है। फसल अवशेष की जुताई करके मृदा में दबाने से खेत की उर्वरा शक्ति बढ़ती है। लोबिया व ढैंचा आदि फसलों से हरी खाद केवल दो महीनों के समय में बन जाती है जिससे खेत में लगभग 25–30 कि.ग्रा. नाइट्रोजन साथ ही फॉस्फोरस एवं पोटाश का भण्डारण भी बढ़ाया जा सकता है। फसल अवशेष अपने पोषक मान के अतिरिक्त भूमि के गुणों में सुधार और प्रदान किए गए उर्वरकों की क्षमता में वृद्धि करते हैं। इनके प्रयोग से मृदा से तत्वों का ह्रास लींचिग, वोलेटीलाइजेशन और स्थिरीकरण जैसे रसायनिक प्रक्रमों द्वारा रुक जाता है। धान का पुआल, बाजरे का बूलर, सरसों की तूरी एवं डंठल, मूँग एवं उड़द के सूखे पौधे, सड़ा बेकार भूसा आदि को सड़ाकर खेतों में प्रयोग करना चाहिए। फसल के अवशेषों को खेतों में ही प्रयोग करके, ग्रामीण एवं शहरी अपशिष्ट का पुनर्चक्रण तथा कम्पोस्ट बनाकर उसकी पोषण मात्रा में वृद्धि कर किसानों को जैविक खाद के प्रति आकृष्ट किया जा सकता है। अतः फसल कटाई के बाद खेत में बचे अवशेष घास–फूँस, पत्तियाँ व ठूंठ आदि को कल्टीवेटर या रोटावेटर से अवशेषों को काटकर मिट्टी में मिला देना चाहिए। इस प्रकार अवशेष खेत में विघटित होना प्रारम्भ कर देंगे और लगभग एक माह में स्वयं सड़कर आगे बोई जाने वाली फसल को पोषक तत्व प्रदान कर देंगे।

## 3. हरी–खाद का प्रयोग

सनई एवं ढैंचा भारत की सर्वाधिक प्रचलित हरी खाद है। अन्य हरी खाद की फसल सेम, लोबिया, बरसीम हैं। मुख्य फसल के बीच के खाली स्थान से खेत में अधिक जैव पदार्थ पैदा करने वाली फसल लगा देनी चाहिए तथा उसे 60–75 दिनों के बाद इसमें हल की सहायता से मिट्टी में दबा देनी चाहिए। ये फसलें मुख्यतः गाँठ–जड़ें वाली होनी चाहिए जिससे कार्बन के साथ–साथ नाइट्रोजन भी मृदा में बढ़ जाये। वर्तमान में भारत में लगभग 6.3 मिलियन हेक्टेयर पर हरी खाद की फसलें उगाई जाती हैं। हरी खाद की फसल जहाँ एक ओर प्रचुर मात्रा में वायुमण्डलीय नत्रजन को मृदा में स्थिर करती है, वहीं दूसरी ओर इनके मृदा में सड़ने से मृदा को कार्बनिक पदार्थ मिलता है जिससे मृदा के भौतिक व रसायनिक गुणों में सुधार होता है लाभकारी सूक्ष्म जीवाणुओं की गति विधियों में सक्रियता आती है। हरी खाद देने से मृदा में लगभग 40–60 कि.ग्रा. नत्रजन प्रति हेक्टेयर मिल जाती है। गेहूँ–धान फसल चक्र में ढैंचा को हरी खाद के रुप में उगाकर प्रति हेक्टेयर लगभग 72–75 कि. ग्रा. नत्रजन की धान की फसल में पूर्ति होती है। विभिन्न हरी खाद का जैविक खेती में योगदान निम्न सारणी 4 में दर्शाया गया है।

**सारणी 4.** विभिन्न हरी खाद वाली फसलों का नाइट्रोजन यौगिकरण में योगदान

| फसल का नाम | वानस्पतिक नाम | उगाने की ऋतु | हरे पदार्थ की औसत उपज (टन / हेक्टेयर) | हरे पदार्थ में नाइट्रोजन (प्रतिशत) | मृदा में नाइट्रोजन का योगदान (कि.ग्रा.) |
|---|---|---|---|---|---|
| सनई | क्रोटोलेरिया जंसिया | खरीफ, जायद | 15 | 0.43 | 84 |
| ढ़ैंचा | सैस्बेनिया एक्युलिएटा | खरीफ, जायद | 14 | 0.42 | 77 |
| मूँग | विगना रेडियटा | खरीफ, जायद | 6 | 0.53 | 39 |
| लोबिया | विगना अंगुईकुलेटा | खरीफ, जायद | 11 | 0.49 | 56 |
| ग्वार | साइमोपासिस ट्रेट्रागोनोलोवा | खरीफ, जायद | 14 | 0.34 | 62 |
| सेंजी | मैलीलोटस अल्बा | रबी | 21 | 0.51 | 134 |
| खेसारी | लेथाइरस सेटाइवम | रबी | 9 | 0.54 | 61 |
| बरसीम | ट्राईफोलियम एलक्जेन्ड्रिनम | रबी | 11 | 0.43 | 61 |

**स्रोतः** यावलकर एवं साथी (1996)

## 4. दलहनी फसलों को उगाना

दलहनी फसलें जैसे; चना, मटर, मसूर, अरहर, सोयाबीन, लोबिया, उड़द, मूँग, बरसीम, लुसर्न आदि उगाने से पौधों की जड़ों को ग्रन्थिकाओं में पाये जाने वाले सहजीवी जीवाणु वायुमण्ड़ल की स्वतंत्र नत्रजन का स्थिरीकरण करके मृदा की उर्वरा–शक्ति बढ़ाते हैं। इन दलहनी फसलों को उगाने से पत्तियाँ तथा फसल अवशेष भूमि पर गिरने से मृदा में कार्बनिक पदार्थ की मात्रा भी बढ़ जाती है। विभिन्न दलहनी फसलें नाइट्रोजन की विभिन्न मात्रा मृदा के अन्दर छोड़ती हैं जो अगली फसल के काम आती हैं। चारे वाली दलहन फसल, दाने वाली दलहनी फसलों की अपेक्षा मृदा में अधिक मात्रा में नाइट्रोजन छोड़ती हैं औसतन 50 से 60 कि.ग्रा. प्रति हेक्टेयर नत्रजन अगली फसल को मिल जाती है, जैसे; बरसीम से 60 से 120 कि ग्रा., उड़द से 55 कि.ग्रा., मूँगफली से 60 कि. ग्रा., चना से 68 कि.ग्रा., आदि।

## 5. फसल चक्र में दलहनी फसलों का प्रयोग

धान गेहूँ, ज्वार/मक्का–गेहूँ, बाजरा–गेहूँ आदि फसल चक्र भूमि से काफी मात्रा में पोषक तत्व ग्रहण करते है जिसके कारण भूमि का स्वास्थ्य दिनोंदिन गिरता जा रहा है। इसके लिए यह आवश्यक है कि वर्तमान फसल चक्रों को बदलकर कुछ नये फसल चक्रों का प्रयोग किया जाये जैसे; धान–गेहूँ–मूँग, बाजरा–गेहूँ–मूँग, मक्का–आलू–मूँग, मक्का–गेहूँ–मूँग, परती–सरसों–मूँग आदि। फसल चक्र में दो अनाज वाली फसलों के बीच एक दलहनी फसल लगाने से भूमि में नाइट्रोजन की मात्रा कम नहीं होती एवं भूमि की उर्वरा–शक्ति पर अनुकूल प्रभाव पड़ता है।

## 6. सुरक्षा फसल (कवर क्रॉप)

मृदा में सुधार की तीन विधियाँ हैं: सुरक्षा फसलों को उगाना, आसानी से सड़ने वाली वानस्पतिक सामग्री का प्रयोग और जैविक मृदा संशोधन (खाद, घास और फसल अवशेष आदि मिलाना)। मृदा की उत्पादन क्षमता बढ़ाने के लिए सुरक्षा फसलों का प्रयोग किया जाना चाहिए। ये फसलें मृदा में जैविक पदार्थ बढ़ाने के साथ–साथ मृदा कटाव को भी रोकती हैं तथा खरपतवार के नियंत्रण में भी सहायक होती हैं।

## 7. सस्य प्रबंधन

अनाज वाली फसलों को नत्रजन की अधिक आवश्यकता होती है तथा दलहनी फसलों को कम। इसी तरह किस फसल को कब और कितनी मात्रा में पोषक तत्व दिये जायें, यह भी महत्वपूर्ण है जैसे धान इत्यादि फसल को नत्रजन देने का समय और अन्तराल महत्वपूर्ण हैं, जिसके द्वारा हम नत्रजन की उपयोग क्षमता बढ़ा सकते हैं। उर्वरक देते समय जल का

स्तर, फसल की अवस्था इत्यादि बातों को ध्यान में रखना होता है। दलहनी फसलों के बाद उगाने वाली अनाज की फसल में हम नत्रजन की मात्रा को कम कर सकते हैं।

## 8. फसल चक्र

फसल चक्र ऐसा लेना चाहिए जिससे मृदा की उर्वरा–शक्ति बनी रहे। दलहनी फसल के बाद गाँठ वाली फसल लेना चाहिए क्योंकि दलहन फसल की जड़ों में स्थिर गाँठें वायुमण्डलीय नाइट्रोजन को स्थिर करती हैं, तथा पौधों को उपलब्ध कराती हैं। कम गहराई जड़ों वाली फसल के बाद अधिक गहराई वाली फसल लेनी चाहिए जिससे पोषक तत्व हर परत से पौधे को मिल सकें। अधिक पोषक तत्व लेने वाली फसल के बाद कम पोषक तत्व वाली फसल लगायें।

## 9. खरपतवार नियंत्रण

शुद्ध बीज का प्रयोग, सड़ी हुई गोबर की खाद, सिंचाई नाली व मेंड़ों की सफाई, गर्मी की जुताई, अन्तःवर्ती फसल, निराई–गुड़ाई, जल भराव एवं सूर्य की किरणें द्वारा सोलेराइजेशन तथा उत्तम फसल प्रणाली द्वारा खरपतवार को नियंत्रित किया जा सकता है। खरपतवार को खाने वाले कीट, मछलियों, रोगाणु तथा परजीवी जैसे;जाइग्रोगामा बीटल से पारथेनियम घास का नियंत्रण किया जा सकता है।

## 10. संरक्षण जुताई

मृदा की सतह को प्राकृतिक रूप से बनाये रखकर व पहली फसल के अवशेष भूमि की सतह पर छोड़ते हुए अगली फसल के लिए खेत तैयार करना संरक्षण टिलेज कहलाता है। इससे वायु व जल से होने वाला मृदा का कटाव नियंत्रित होता है व अतिरिक्त जल का बहाव (रन ऑफ) भी कम होता है।

## 11. शून्य जुताई

मृदा प्रबन्धन के लिए कम से कम जुताई करनी चाहिए क्योंकि कम समय के लिए तो ये लाभकारी परिणाम देती है पर अगर हम लम्बे समय तक करते रहें, तो इससे हमारी मृदा में कार्बन की मात्रा कम हो जायेगी तथा मृदा की भौतिक अवस्था भी खराब हो जायेगी। लगातार जुताई करने से धरती के निचले हिस्से में कठोर पर्त बन जायेगी जिससें जल का आगमन निचली परतों में रुक जायेगा और खेत जल मग्न हो जाएगा।

## 12. मृदा संरक्षण

आये दिन बाढ़ व आँधी से लाखों टन मृदा कार्बन अपने स्थान में स्थानान्तरित हो जाती है और वह मृदा बंजर हो जाती है। अतः हमें मृदा को जल व वायु कटाव से बचाना चाहिए,

इसके लिए हमें मृदा रहित फसल जैसे; मूँगफली एवं दलहनी फसलें उगानी चाहिए, इसके अलावा खेत के चारों ओर पेड़ों की कतारें लगाकर हम जल और वायु के परिवहन की दर को कम कर सकते हैं तथा मृदा कटाव में अपनी मृदा को सुरक्षित कर सकते हैं।

## 13. मृदा सुधारकों का प्रयोग

अम्लीय मृदाओं के लिए चूना एवं क्षारीय मृदाओं के लिए जिप्सम आवश्यक मृदा सुधारकों का प्रयोग करना अति आवश्यक है। मृदा प्रबन्धन के लिए मृदा सुधारकों की समय पर उपलब्धता होनी चाहिए तथा सरकार द्वारा किसानों को इन भूमि सुधारकों का प्रयोग करने के लिए प्रोत्साहित करना आवश्यक है।

## 14. उचित जल निकास

समुचित जल–निकास न होने पर मृदा में उपस्थित पोषक तत्व अन्तः स्यंदन व वर्हिस्रवण (लीचिंग) द्वारा मृदा की अधोसतह में चले जाते हैं। उचित जल निकास न होने में वायु संचार की कमी हो जाती है जिससे मृदा में कार्बन डाई–ऑक्साइड की मात्रा बढ़ जाने से पौधों की जड़ों का विकास रुक जाता है। मृदा में वायु के अभाव में सूक्ष्म जीवाणुओं की क्रियाशीलता भी कम हो जाती है। मृदा में उचित जल निकास होने की दशा में मृदा की उर्वरता अधिक हो जाती है।

## 3. जैविक विधियों से फसल सुरक्षा

फसलों को पोषक तत्वों की जितनी आवश्यकता होती है; उससे कहीं अधिक आवश्यकता इनकी सुरक्षा की होती है। फसलों में जैविक प्रतिबल उत्पन्न करने वाले कारकों में मुख्यतः खरपतवार, कीट एवं बीमारी होती हैं। इनके प्रभाव से फसलों की 30–70 प्रतिशत पैदावार कम हो जाती है। इसलिए जैविक खेती में इनकी रोकथाम देशी विधियों से करनी चाहिए। इसके लिए निम्नलिखित विधियों को अपना सकते हैं:

### 3.1 जैविक खरपतवार प्रबंधन

फसल में खरपतवार स्थान, जल एवं पोषक तत्वों के लिए प्रतियोगिता करते हैं। इन खरपतवारों पर बीमारी व कीड़े भी पलते हैं, जो फसलों को भी नुकसान पहुँचाते हैं। कोशिश करनी चाहिए कि खेतों में ये खरपतवार न उगें। अगर उग भी आएं, तो बीज बनने से पहले ही इनको उखाड़ देना चाहिए। खरपतवारों को रोकने के लिए साफ व स्वच्छ बीज की बुवाई करें। खेत में अच्छी प्रकार से सड़ी हुई कम्पोस्ट या गोबर की खाद ही डालें। खड़ी फसल में खरपतवारों की मार शुरू के 20 से 30 दिन से अधिक होती है। इसलिए खरपतवारों के

उगते ही निराई–गुड़ाई कर देनी चाहिए। सौर ऊर्जा की गर्मी के असर से खेतों में पाए जाने वाले 90 प्रतिशत से अधिक खरपतवार के बीज या तो बेअसर हो जाते हैं या मर जाते हैं। सौर ऊर्जा का खरपतवार पर असर पूरे वर्ष और उससे अधिक समय तक रहता है। सौर ऊर्जा की गर्मी के असर से अधिकांश खरपतवार को असरकारी विधि से रोक सकते हैं।

## 3.2 जैविक कीट प्रबंधन

फसलों में तीन प्रकार के कीड़े नुकसान पहुँचाते हैं। पहली प्रकार के कीट पौधों का रस चूस कर वायरस का संक्रमण फैला कर नुकसान पहुँचाते हैं। इस प्रकार के कीटों में मोयला या चेंपा, हरा तेला, थ्रिप्स, लाल मकड़ी, सुन्दर झिंगा आदि उदाहरण हैं। इन कीड़ों के कई दुश्मन हैं, जैसे; लेडी बर्ड बीटल, क्राइसोपा व मकड़ी। दूसरे प्रकार के कीड़ों में सूंडियां हैं, जो फसलों को काटकर कुतर कर नुकसान पहुँचाती हैं। इनकी रोकथाम के लिए ट्राइकोग्रामा, मड वैस्प, रोबर मक्खी, मेंटिस व पक्षी आदि दुश्मन हैं। तीसरे प्रकार के कीड़े मिट्टी में रहते हैं। ये फसल की जड़ों को काट कर खाते हैं। इनमें दीमक व सफेद लट हैं। कच्ची देशी खाद व फसलों के बिना सड़े अवशेष खेत में डालने से दीमक का आक्रमण बढ़ता है। इसलिए अच्छी प्रकार से सड़ी कम्पोस्ट खेत में बुवाई से एक महीने पहले ही मिला दें। दीमक नमी से दूर भागती है, इसलिए खेत में नमी की कमी न होने दें। दीमक की रोकथाम के लिए नीम तेल 4 लीटर प्रति हेक्टेयर दूसरी एवं तीसरी सिंचाई के साथ देवें। सूत्रकर्मियों के लिए नीम की खली 1 टन प्रति हेक्टेयर बुवाई पूर्व खेत में मिश्रित करें। कीट भक्षी पक्षी जैसे; गोरैया, मैना, नीलकंठ, किंग–क्रो आदि के बैठने के लिए प्रति हेक्टेयर 15 स्टैण्ड लगाएं। नीम की पत्तियों का रस, नीम का तेल, नीम की खली व नीम के तेल में उपलब्ध अजाडिरेक्टिन बहुत असरकारी प्रकार से कीटनाशक का कार्य करता है। यह सभी प्रकार के कीड़ों को नियंत्रण में कर लेता है।

## 3.3 जैविक विधि से रोगों का प्रबंधन

जैविक विधियों से रोगों की रोकथाम असंभव है। इसलिए रोगों से बचने के लिए किसानों को कुछ प्रमुख विधियों को अपनाना चाहिए।

- उक्ठा, तथा जड़ गलन रोग की रोकथाम के लिए गर्मियों में खेतों की गहरी जुताई करनी चाहिए। इससे भूमि में छिपे जीवाणु मर जाते हैं।
- फसल चक्र एवं रोग रोधी किस्में लगायें।
- एक ही फसल की लगातार बुवाई नहीं करनी चाहिए। इससे फसल में लगे कीटाणुओं को अगले मौसम में पोषक पौधे नही होने से भोजन के अभाव में वे मर जाएंगे।

- रोगरोधी उन्नत किस्मों के बीजों की बुवाई करनी चाहिए, क्योंकि इनमें रोगों से लड़ने की शक्ति होती है।
- बीज को तेज धूप में सुखाएं। इससे बीज में उपलब्ध जीवाणु मर जाते हैं।
- ट्राइकोडर्मा मित्र फफूंद है। यह रोग फैलाने वाली फफूंद की बढ़वार रोक देती है। इसलिए बीज को ट्राइकोडर्मा फफूंद 6–8 ग्राम प्रति कि.ग्रा. बीज की दर से उपचारित करके बुवाई करें। इससे मृदा जनित रोगों से छुटकारा मिल सकता है।
- उक्ठा एवं जड़ गलन, कॉलर रोट रोग की रोकथाम के लिए खड़ी फसल में ट्राइकोडर्मा 5 कि.ग्रा. को 100 कि.ग्रा. गोबर की खाद में मिलाकर संवर्धन कर भुरकाव करें।
- फसल में रोगग्रस्त फसलों के पौधों को उखाड़ कर जला देना चाहिए। इससे अगली फसल पर रोग का संक्रमण कम होगा।

जैविक खेती देशी खेती की उन्नत विधि है, इसमें रसायनिक उर्वरकों, कीटनाशकों, वृद्धि नियामकों के स्थान पर खेत में गोबर की खाद, कम्पोस्ट, वर्मीकम्पोस्ट, जैव उर्वरक, फसल अवशेषों एवं फसल चक्र आदि के द्वारा फसलों में पोषक तत्व देते हैं तथा विभिन्न जैविक विधियों को अपनाकर फसल सुरक्षा करते हैं।

❑❑❑

अध्याय 3

# जैविक खेती में प्रबंधन क्रियायें

हमारे देश में हरित क्रांति के दौरान तीव्र गति से बढ़ी जनसंख्या की खाद्य सुरक्षा हेतु कृषि में नई किस्मों का प्रवेश एवं रसायनों का असंतुलित व अनियंत्रित प्रयोग होने से पर्यावरण प्रदूषित एवं मृदा की उर्वरा शक्ति कम होने लगी है जो आज तक जारी है। जो मानव स्वास्थ्य के साथ–साथ सभी जीवों के स्वास्थ्य को प्रभावित कर रहा है। कृषि में रसायनिक उर्वरकों, शाकनाशी, कीटनाशी व रोगनाशी के अत्यधिक प्रयोग से लाभदायक जीवाणु मर गए तथा भूमि अनुपजाऊ होती गई। मृदा की उर्वरा शक्ति की कमी के कारण किसान उत्पादन बढ़ाने के लिए महंगे कृषि रसायनों का प्रयोग कर रहे हैं, जिसके कारण किसानों की आर्थिक स्थिति कमजोर हो रही है। मानव के स्वास्थ्य पर दूषित खाद्य पदार्थों के सेवन के कारण बुरा प्रभाव पड़ रहा है। पशुओं को दूषित चारा खिलाने पर दूध उत्पादन में कमी के साथ बाँझपन जैसी समस्याएं देखी जा रही हैं। इन समस्याओं से समाधान का एक ही विधि ाअपनानी सम्यक होगी, वह है जैविक खेती। वर्तमान में जैविक खेती की जाए तो मृदा स्वास्थ्य, पशु स्वास्थ्य, मानव स्वास्थ्य तथा जैव विविधता को सुरक्षित रखा जा सकता है।

**चित्र 1**. जैविक खेती में प्रबंधन क्रियाओं के साथ

जैविक खेती की प्रबन्ध क्रियायें आधुनिक कृषि क्रियाओं से भिन्न होती हैं। इसका प्रमुख उद्देश्य प्रदूषण रहित वातावरण में प्राकृतिक संसाधनों को नुकसान न पहुँचाते हुए रसायनिक संसाधनों के स्थान पर फार्म पर ही उपलब्ध संसाधनों का उपयोग करते हुए टिकाऊ फसल उत्पादन प्राप्त करना होता है। जैविक खेती प्रबंधन में क्षेत्रीय परिस्थितियों को ध्यान में रखते हुए उपलब्ध जैविक स्रोतों के संतुलित उपयोग पर बल दिया जाता है, इस हेतु जैविक यांत्रिक विधियों का भी उपयोग किया जाता है, क्योंकि कृत्रिम सामग्री का उपयोग जैविक खेती में वर्जित है। इसकी सफलता के लिए फसलोत्पादन एवं पशुपालन का समेकित उपयोग किया जाना अत्यावश्यक है तथा जैविक खेती से फसल की उत्पादकता बनाए रखने के लिए हमें निम्नलिखित बातों पर ध्यान देना आवश्यक होता है, जैसेः

## 1. भूमि का चुनाव

जैविक खेती की सफलता खेत की मृदा के प्रकार एवं उसके उपजाऊपन पर निर्भर करता है। जैविक खेती प्रारम्भ करने से पहले तीन वर्षों तक किसी भी प्रकार के रसायन का प्रयोग खेत में नहीं करना चाहिए। क्योंकि वैज्ञानिक शोधों से पता चला है कि खेतों में तीन वर्षों तक रसायनों के अवशेष मौजूद रहते हैं, ऐसा करने से मृदा के अकार्बनिक रसायन पूरी तरह से समाप्त हो जाते हैं।

## 2. कर्षण क्रियायें

जैविक खेती में अनावश्यक गहरी जुताई से बचना, मिट्टी के अपक्षय को कम करना, खरपतवार प्रबन्धन की क्षमता बढ़ाना एवं कार्बनिक पदार्थो के समय पर विघटन में सहायता करना शामिल है ताकि पोषक तत्वों के पुनः आवर्तन को बढ़ावा मिल सके। क्योंकि मिट्टी में होने वाली अधिकांश जैविक क्रियायें, सूक्ष्म जीव तथा जैव पदार्थ इसी सतह में होते हैं। केवल गर्मियों में खेत की गहरी जुताई करने से खरपतवार के बीज, कीटों के लार्वा, अंडे आदि नष्ट हो जाते हैं।

## 3. पोषक तत्व प्रबन्धन

पोषक तत्व प्रबन्धन में पोषक तत्वों की पूर्ति के लिए जैविक पदार्थो पर निर्भर रहना पड़ता है, जैसे; गोबर की खाद, कम्पोस्ट, जैव उर्वरक, हरी खाद, बायोडायनेमिक खाद आदि। दलहनी फसलों की हरी खाद से प्रति हेक्टेयर 25 से 80 कि.ग्रा. नाइट्रोजन 45 से 60 दिनों में सुगमतापूर्वक उपलब्ध हो जाती है। यदि फसल चक्र में हरी खाद वाली फसलों का समावेश किया जाये तो मृदा को 20 से 25 टन प्रति हेक्टेयर कार्बनिक पदार्थ उपलब्ध हो जाता है जिससे मृदा की संरचना एवं उर्वरता में महत्वपूर्ण सुधार होता है। अन्य जैविक सरोंप्य (बायो इनोकुलेन्ट) के प्रयोग से विभिन्न फसल चक्रों में 20 से 40 कि.ग्रा. प्रति हेक्टेयर नाइट्रोजन एव 10 से 20 किग्रा. प्रति हेक्टेयर फॉस्फोरस की बचत संभव हो जाती है। फसलों को सर्वाधिक नाइट्रोजन पोषक तत्व की अधिक आवश्यकता होती है क्योंकि नाइट्रोजन का भूमि में एकत्रित करके अधिक समय तक नहीं रखा जा सकता है। इसलिए जैविक खेती में नाइट्रोजन की आपूर्ति हेतु निम्न उपाय कारगर सिद्ध होते हैं, जैसे;

- एक वर्षीय फसल चक्र में कम से कम एक दाल वाली फसल को अवश्य शामिल करना चाहिए क्योंकि दाल की फसल की जड़ों में राइजोबियम जीवाणु की गांठें होती हैं, वे वायुमंडलीय नाइट्रोजन को मृदा में स्थिर करती हैं जो यूरिया का काम करती हैं।
- फसलों के अवशेषों में लगभग आधा प्रतिशत नत्रजन होता है, इसलिए इनको कम्पोस्ट बनाकर उपयोग करना चाहिए।

- गोबर व पेड–पौधों के अवशेषों से वर्मी कम्पोस्ट बनाकर खेतों में प्रयोग करना चाहिए क्योंकि इसमें पोषक तत्वों की मात्रा सामान्य कम्पोस्ट की तुलना में अधिक होती है।
- दलहनी फसलों के बीजों को राइजोबियम जीवाणु खाद से उपचारित करके बुवाई करनी चाहिए।
- सनई, ढैंचा, ग्वार व लोबिया आदि फसलों को हरी खाद के रूप में प्रयोग करके मृदा में नत्रजन बढ़ाई जा सकती है।
- नीम, अरंडी व करंज की खलियों का प्रयोग करके भी मृदा में नत्रजन पूर्ति की जा सकती है। इसके लिए खेत में बुवाई के एक महीने पहले 10 से 12 टन खली प्रति हेक्टेयर दर से खेत में मिला देनी चाहिए।
- मुर्गी की बीट, भेड़, बकरियों की मेंगनी, हड्डी की खाद आदि के प्रयोग से भूमि में पोषक तत्वों की उपलब्धता बढ़ जाती है।
- पशुओं के पेशाब में गोबर से अधिक नत्रजन होती है। इसलिए पशुओं के बैठने के स्थान पर रॉक फास्फेट की कुछ मात्रा डाल देनी चाहिए। इस पेशाब में मिले फॉस्फेट को सुपर कम्पोस्ट बनाने में प्रयोग कर सकते हैं। इससे कम्पोस्ट में नत्रजन की मात्रा में अधिक वृद्धि होती है।

## 4. जैविक विधि से खरपतवार प्रबन्धन

खरपतवार मृदा से नमी, सौर ऊर्जा तथा उपलब्ध पोषक तत्वों का उपयोग कर लेते हैं। जैविक खेती में खरपतवार नियंत्रण हेतु भौतिक, कल्चर, सस्य एवं जैविक विधियाँ सम्मिलित हैं। जैविक विधि से खरपतवारों की रोकथाम के लिए सर्वप्रथम प्रमाणित बीजों की बुवाई करें। खेत में अच्छी प्रकार से सड़ी गोबर की खाद या कम्पोस्ट ही डालनी चाहिए। खड़ी फसल में खरपतवारों द्वारा नुकसान शुरु के 20–30 दिनों में अधिक होता है, इसलिए फसल उगते ही निराई–गुड़ाई कर देना चाहिए। जैविक खेती के अंतर्गत गर्मी के मौसम में खेतों की जुताई करके खेत खुला छोड़ देने से खरवतवारों के बीजों तथा रोगाणुओं की संख्या में कमी आती है। वर्मीकम्पोस्ट का प्रयोग सर्वोत्तम रहता है, क्योंकि इसमें खरपतवार के बीज पूर्ण रूप से नष्ट हो जाते हैं। साथ ही गोबर की खाद या कम्पोस्ट खाद की तुलना में केंचुआ खाद फसल को अधिक पोषण प्रदान करती है। जैविक खेती में फसल चक्र अपनाकर, आच्छादन द्वारा, हरी खाद के प्रयोग से, केंचुए की खाद या कम्पोस्ट खाद द्वारा तथा पशुओं द्वारा चराकर प्रभावी खरपतवार नियंत्रण किया जाता है। खरपतवारों को मिट्टी में पलटने से मृदा संरक्षण एवं जैविक पदार्थो से संचय में सहायता मिलती है। फसल चक्र में परिवर्तन से खरपतवारों में कमी संभव है। उत्तर भारत में प्रचलित धान–गेहूँ फसल चक्र में गेहूँ का प्रमुख खरपतवार मंडूसी है। यदि धान–गेहूँ फसल चक्र के स्थान पर मक्का–गेहूँ

अथवा गन्ना–गेहूँ चक्र को अपनाया जाये तो खरपतवारों की संख्या में कमी आ सकती है। यदि गेहूँ के साथ सरसों या मक्का के साथ सोयाबीन की अंतवर्तीय फसल प्रणाली अपनायी जाये तो खरपतवारों का नियंत्रण कर सकते हैं। इनके अतिरिक्त फसलोत्पादन में पलवार (फसल अवशेषों जैसे सूखी पत्तियाँ, सूखी घास, भूसा व पुआल एवं प्लास्टिक की चादर इत्यादि)का उपयोग करें तो, खेत की मृदा सतह तक सूर्य का प्रकाश नहीं पहुँच पाता है, जिससे खरपतवार कम उगते हैं। साथ ही सेाथ वाष्पोत्सर्जन द्वारा जल की हानि से बचाव होता है, मृदा की ऊपरी परत में सूक्ष्मजीवों की संख्या बढ़ती है और मृदा में पोषक तत्वों व कार्बनिक पदार्थों की मात्रा बढ़ती है। यदि खेत में पोषक तत्वों तथा नमी की बहुतायत हो, तो खरपतवार का प्रकोप तेजी से होता है। ऐसी स्थिति में पोषक तत्वों को कार्बनिक खाद के रुप में दिया जाये तथा ड्रिप विधि से सिंचाई करें तो खरपतवारों की संख्या कम हो सकती है।

## 5. हरी खाद का प्रयोग

खेत की हरी खाद का प्रयोग अपरिपक्व हरे पौधों को पुष्पन अवस्था से पहले भूमि में दबाकर किया जाता है। इन्हें इनकी हरी पत्तियों के लिए उगाया जाता है। हरी खाद के प्रयोग से फसल पोषण तत्वों का चक्रीयकरण तथा मृदा की उर्वरा शक्ति भी बढ़ाती है। मृदा की संरचना तथा बनावट में सुधार होता है, मृदा की जल अवशोषण क्षमता बढ़ती है, खरपतवारों की वृद्धि नहीं होती है तथा मृदा कटाव का नहीं होता है।

## 6. जैविक उर्वरक का प्रयोग

जैव उर्वरक सूक्ष्म जीवाणयुक्त उर्वरक होता है जो वायुमण्डल में नाइट्रोजन के यौगिकीकरण द्वारा फॉस्फोरस को घुलनशील करके कार्बनिक पदार्थों का तीव्रगति से विघटन करता है तथा सूक्ष्म तत्वों जैसे जिंक, तांबा आदि का अवशोषण सुगम बनाते हैं। ये सूक्ष्मजीव फसल वृद्धि नियामक हार्मोन्स, विटामिन तथा आवश्यक अमीनों अम्लों का भी निर्माण करते हैं। जैव उर्वरक के प्रयोग से मृदा का स्वास्थ्य सुधरता है, फसल की तीव्र बढ़वार होती है तथा उत्पादन में वृद्धि होती है।

## 7. जैविक विधि से कीटों का नियंत्रण

वैज्ञानिकों ने कुछ ऐसे कीटों की खोज की है, जिनके आक्रमण से खरपतवारों को नष्ट कर सकते हैं, जैसे; मैक्सीकन बीटा एवं जाइग्रोग्रामा बायोक्लोराटा कीट गाजर घास को चुनकर खाते हैं। स्युडोमोनास, एग्रोबैक्टीरियम, जेनथोमोनास कम्पैस्ट्रीस जैसे जीवाणु और कुछ फफूँद प्रजातियां जैसे; सरकोस्पोरा, आल्टरनेरिया कोलेटोट्राइकम तथा फ्युजेरियम भी खरपतवार नियंत्रण में प्रभावी हैं।

## 8. मृदा सौरीकरण

मई–जून में खाली पड़े खेत को सिंचाई के उपरान्त पॉलीथीन से ढ़क दिया जाता है। मौसम की गर्मी के कारण नमी से भाप बनती है, जिससे मृदा की सतह का तापमान बढ़ जाता है और अधिकांश खरपतवारों के बीज नष्ट हो जाते हैं। सौर ऊर्जा की गर्मी के असर से खेतों में पाए जाने वाले 90 प्रतिशत से अधिक खरपतवारों के बीज या तो बेअसर हो जाते हैं या मर जाते हैं।

## 9. जैविक विधियों से कीट एवं बीमारियों का प्रबंधन

इसके अन्तर्गत सस्य क्रियायें, फसल चक्र, कीट बीमारी निरोधक प्रजातियाँ एवं जैव एजेन्ट के रूप में वानस्पतिक अन्य उत्पाद जैसे कि नीम की पत्तियों का रस, नीम का तेल, नीम की खली एवं सूक्ष्म जीवों के प्रयोग, ट्राइकोडर्मा एवं ट्राइकोग्रामा विभिन्न कीटों के नियंत्रण हेतु एवं हानिकारक कीटों को खाने वाले लाभदायक मित्र कीट एवं मकडियों को प्रोत्साहित करके जैविक विधि से रोकथाम कर सकते हैं। चेंपा, हरा तेला, थ्रिप्स, लाल मकड़ी आदि कीटों का नियंत्रण लेडी बर्ड बीटल, क्राइसोपा व मकड़ी द्वारा किया जा सकता है। जैविक विधियों से बीमारियों से बचने के लिए निम्न उपायों का प्रयोग करना चाहिए।

- गर्मियों में खेतों की गहरी जुताई करनी चाहिए, इससे भूमि में छिपे जीवाणु मर जाते हैं।
- प्रति वर्ष एक ही फसल चक्र नहीं अपनाना चाहिए।
- रोगरोधी उन्नत किस्मों के बीजों की ही बुवाई करनी चाहिए।
- बीज को धूप में सुखाने से बीज में उपस्थित जीवाणु मर जाते हैं।
- बीज को ट्राइकोडर्मा फफूंद से उपचारित करने से मृदा व बीज जनित बीमारियों से छुटकारा मिल जाता है।
- फसल से बीमार व रोगग्रस्त पौधों को निकालते रहना चाहिए।
- सफेद पारदर्शी व पतले 100 गेज मोटी पॉलीथीन से 4 से 6 सप्ताह के लिए ढक देने से सौर ऊर्जा द्वारा मृदा उपचारित होने मृदा जनित बीमारियाँ कम उत्पन्न होती हैं।

## 10. दक्ष जल प्रबन्धन

इसे वर्षा जल एवं सिंचाई जल प्रबन्धन में विभाजित किया जा सकता है। वर्षा जल प्रबंधन में प्रमुख रूप से वर्षा जल संचय पूरक सिंचाई एवं वाष्पोत्सर्जन की दर को कम करना होता है। जल प्रबंधन में सही सिंचाई नियमन (शेड्युल) द्वारा जल की उतनी ही मात्रा का प्रयोग किया जाता है, जितनी आवश्यक होती है।

## 11. फसल चक्र

फसल चक्र में किसी एक फसल को प्रतिवर्ष न लगाकर 2 से 3 वर्ष के अंतराल पर उगाने से मृदा की उर्वरता बनी रहती है। फसल चक्र अपनाने से किसी एक फसल विशेष द्वारा अवशोषित पोषक तत्वों को मृदा में पुनः संचय होने का समय मिलता है, क्योंकि दूसरी फसल मृदा से कई भिन्न पोषक तत्वों का अवशोषण करती है अर्थात फसल चक्र द्वारा मृदा की संरचना एवं उर्वरता के साथ–साथ कीट एवं बीमारियों का नियंत्रण काफी हद तक संभव है। फसल चक्र में विभिन्न प्रकार की फसलों का समावेश करके खरपतवार कीट एवं बीमारियों से फसल की सुरक्षा किया जाना भी संभव है जैसे; खरवतवारों के नियंत्रण हेतु खरीफ में ढ़ैंचा/सनई की हरी खाद की फसल लेने पर खरीफ के खरपतवारों को एवं रबी में चारे वाली फसलों जैसे; बरसीम, लुसर्न, जई, तिलहन फसलों में सरसों आदि को फसल चक्र में लेने पर गेहूँसा एवं जंगली जई आदि खरपतवारों को अच्छी प्रकार से नियंत्रित किया जा सकता है। सूत्रकृमियों (निमेटोड्स) की रोकथाम के लिए खेत में मुख्य सब्जी वाली फसल के साथ गेंदा की फसल लेने से अच्छा नियंत्रण होता है। धान–गेहूँ फसल चक्र के बीच में दलहनी फसलें उगाने से मृदा में नाइट्रोजन की मात्रा बनी रहती है।

हरित क्रांति के फलस्वरूप अन्न उत्पादन में देश आत्मनिर्भर हुआ, परन्तु दुष्परिणाम भी सामने आये जैसे मृदा में कार्बनिक पदार्थों कि मात्रा में कमी, मृदा क्षारियता, मृदा उर्वरता में गिरावट, रसायनों के अवशेष के फलस्वरूप मृदा, जल एवं वायु प्रदूषण तथा मानव स्वास्थ्य पर विपरीत प्रभाव। इन सभी समस्याओं के निवारण का एक मात्र उपाय जैविक खेती ही है, जिसके लिए जैविक, यांत्रिक एवं सस्य विधियों का समुचित प्रबंधन आवश्यक होता है।

❑❑❑

अध्याय 4

# जैविक खेती अपनाने की वैज्ञानिक विधियाँ

जैविक खेती कृषि की वह पद्धति है जिसमें मृदा की उत्पादन क्षमता में वृद्धि के लिये उन विधियों का उपयोग किया जाता है जिससे मृदा की जीवंतता बनी रहे तथा पर्यावरणीय हानि न हो। जैविक खेती में मृदा को भौतिक माध्यम न मानकर जैविक माध्यम माना जाता है। जैविक खेती प्राकृतिक संसाधनों एवं पर्यावरण को संरक्षित रखने की सबसे अच्छी विधि है। जिसमें हम जैव विविधता को बनाये रखते हुए मृदा की संरचना तथा पारिस्थितिक तंत्र को संतुलित रख सकते हैं। जैविक खेती देशी खेती की उन्नत पद्धति है। इसमें संश्लेषित रसायनों के स्थान पर गोबर की खाद, कम्पोस्ट, वर्मीकम्पोस्ट, जैव उर्वरक, फसलों के अवशेषों, हरी खाद द्वारा फसलों को पोषक तत्व प्रदान करते हैं तथा जैविक विधि से तैयार फसल सुरक्षा उपायों का उपयोग करते हैं, जिससे मृदा में कार्बन की मात्रा बढ़ जाती है तथा उसकी उर्वरा–शक्ति भी संरक्षित रहती है। कीट व रोग नियंत्रण के लिए उपयुक्त फसल चक्र, यांत्रिक एवं जैविक नियंत्रण विधियों का प्रयोग किया जाता है। जैविक खेती के उत्पाद की उत्पादन लागत कम आती है तथा मृदा की जल ग्रहण क्षमता, प्राकृतिक उर्वरक निर्माण क्षमता इत्यादि में वृद्धि होती है।

**चित्र 1.** जैविक खेती अपनाने की विधियाँ

जैविक खेती में इस बात का भी ध्यान रखा जाता है कि सभी प्रकार के अवशिष्टों तथा प्राकृतिक संसाधनों का खेती के विकास में उपयोग किया जाए तथा खेती उत्पाद में वृद्धि की जाए। स्वास्थ्य के प्रति बढ़ती जागरुकता के साथ जैविक उत्पाद की मांग काफी बढ़ रही है। जैविक उत्पाद प्रमाणीकरण के लिए विभिन्न एजेंसी काम कर रही हैं। हम जैविक खेती की बात तो करते हैं और किसानों को इसे अपनाने के लिए सुझाव भी देते हैं, लेकिन अपने देश में ऐसे बहुत किसान हैं, जो यह नहीं जानते कि जैविक खेती को अपनाने की क्या विधियाँ हैं। यदि किसान जैविक खेती अपनाकर उत्तम फसलोत्पादन लेना चाहते हैं, तो निम्नलिखित जैविक घटकों या विधियों को अपनाना आवश्यक होता है, जैसे;

## खेत की परती छोड़ना

मई–जून के महीनों में खेत की 30–45 सें.मी. गहरी जुताई करके उन्हें कुछ दिनों के लिए खुला छोड़ दिया जाना चाहिए। ऐसा करने से खरपतवारों के बीज तथा मृदा में पाये जाने वाले हानिकारक कीट आसानी से सूर्य की गर्मी द्वारा नष्ट हो जाते हैं।

## फसल चक्र में परिवर्तन

जैविक खेती में यह महत्वपूर्ण प्रक्रिया है। फसल चक्र में प्रति इकाई क्षेत्र से निश्चित समय में फसलोत्पादन हेतु बार–बार एक ही फसल को नहीं उगााना चाहिए। बल्कि फसल चक्र में निश्चित समय व स्थान में अनाज, दलहन, तिलहन, सब्जी, चारा आदि की फसलों को क्रम में उगाना चाहिए। ऐसा करने से एक फसल द्वारा अवशोषित पोषक तत्वों को आसानी से पुनः संचित किया जा सकता है। इसके साथ–साथ प्रतिवर्ष नई फसल उगाने से मित्र कीटों की संख्या में वृद्धि होती है, क्योंकि उन्हें विभिन्न फसलों में लगने वाले भिन्न–भिन्न कीट, भोजन या प्रजनन के लिए उपलब्ध होते हैं। धान–गेहूँ फसल चक्र में दलहनी फसल उगाने से मृदा में नाइट्रोजन की मात्रा बनी रहती है।

## जैविक खेती में जाल फसल (ट्रैप क्रॉप)

एक जाल फसल, आस–पास उग रही फसलों से कीड़े आकर्षित करती है और कीटनाशकों के उपयोग के बिना मुख्य फसल को कीटों द्वारा नष्ट होने से बचाती है। जाल फसलों को संरक्षित की जाने वाली फसल के क्षेत्र की परिधि के आस–पास या उनके बीच में लगाया जाता है। यदि किसान जैविक खेती में टमाटर की खेती करते हैं तो सूण्डी कीट के प्रकोप से फसल को बचाने के लिए गेंदा की फसल टमाटर की फसल के चारों ओर लगा देनी चाहिए। ऐसा करने से कीट गेंदे को प्रभावित करेंगे और अन्दर की फसल सुरक्षित हो जायेगी। जहाँ पर सूत्रकृमि की समस्या हो वहाँ पर भी गेंदा की फसल को उगाना चाहिए।

## जैविक खेती हेतु फसलों के बीजों का चुनाव

जैविक स्रोत से प्राप्त बीज का ही उपयोग करें। सभी फसलों के बीज एवं रोपण सामग्री जैविक रूप से प्रमाणित होना चाहिए। इसके साथ–साथ स्थानीय जलवायु के अनुकूल एवं पीड़कों के प्रति अवरोधी होना चाहिए।

## जैविक खेती हेतु बीजोपचार

जैविक खेती हेतु बीजोंपचार के लिये जैव उर्वरक या जैविक स्रोत से प्राप्त सामग्री का उपयोग करना चाहिए। नत्रजन जीवाणु खाद के लिए दलहनी फसलों को राइजोबियम

से तथा अनाज वाली फसलों को एजोटोबैक्टर या एजोस्पाइरिलम जीवाणु खाद से उपचारित करें। फॉस्फेट की उपलब्धता सुनिश्चित करने क लिए फॉस्फेट विलायक जीवाणु खाद (पीएसबी) का प्रति हेक्टेयर 3 पैकेट का उपयोग करें। इसके लिये पहले 1 से 2 लीटर जल में 200 से 300 ग्राम गुड मिलाकर घोल बनायें तथा उसमें 3 पैकेट कल्चर मिलायें। तैयार घोल का बीजों पर छिड़काव करके हल्के से मिलायें, फिर छायां में सुखाकर बुवाई करें। रोग नियंत्रण हेतु 6 से 8 ग्राम ट्राइकोडर्मा फफूंदनाशी से बीजोपचार करें। जैविक स्रोत में 20 लीटर जल में 5 कि.ग्रा. गोबर, 5 लीटर गौमूत्र और एक कि.ग्रा. मेंड की मृदा मिलाकर एक दिन के लिए रख दें और बीजोपचार करें। उत्तम अंकुरण हेतु 24 घंटे मक्का, 7 घंटे गेहूँ, 1 से 2 घंटे मूँगफली के बीजों को जल में डुबोकर रखने के बाद 4 से 5 घंटे सुखाया जाता है।

**सारणी 1.** विभिन्न फसलों में जैव उर्वरक की अनुशंसित मात्रा

| क्रमांक | जैव उर्वरक एवं अनुशंसित मात्रा | फसलें |
|---|---|---|
| 1. | एजोटोबैक्टर 200 ग्राम/पीएसबी 200 ग्राम/10 कि.ग्रा. बीज की दर | गेहूँ, मक्का, धान, ज्वार, कपास, आलु, बैंगन, टमाटर, सूरजमुखी, धान, गन्ना, हर चारे वाली |
| 2. | एजोस्पाइरीलम 200 ग्राम/पीएसबी 200 ग्राम/10 कि.ग्रा. बीज की दर | घास कुल की फसलें |
| 3. | एजोटोबैक्टर 1 कि.ग्रा.+पीएसबी 1 कि.ग्रा. का तैयार घोल/एकड़ | टमाटर, बैंगन, मिर्च, फूलगोभी तथा अन्य रोपित सब्जियों के लिए। |

## फॉस्फोरस को घुलनशील बनाने वाले जैव उर्वरक

भारतीय मृदाओं में फॉस्फोरस का स्तर मध्यम से निम्न है। कुल मृदा फॉस्फोरस का 1/5 प्रतिशत भाग ही पौधे ग्रहण कर पाते हैं। शेष भाग अघुलनशील अवस्था में रहता है। फसलों में उपयोग किये जाने वाले कुल उर्वरक का 30 प्रतिशत भाग फसल को प्राप्त होता है। शेष भाग रसायनिक क्रियाओं के द्वारा अघुलनशील हो जाता है। कुछ जीवाणु जैसे कि बैसिलस तथा स्युड़ोमोनास, कवक जैसे कि पेनिसीलियम एवं एस्परजिलस मृदा फॉस्फोरस को घोलने के साथ–साथ फसल में दिये गये उर्वरक की उपयोग क्षमता को भी बढ़ाते हैं। इन जैव उर्वरकों के प्रयोग से 15–25 प्रतिशत फॉस्फोरस उर्वरकों के प्रयोग में बचत होती है।

## फसलों के विकास के लिए अर्क

100 कि.ग्रा. गोबर, 100 लीटर गौमूत्र, 100 कि.ग्रा. मूँगफली की खली के मिश्रण को मिलाकर एक पॉलीथीन में पैक करें तथा आवश्यकतानुसार एक एकड़ में छिड़काव करें।

## अधिक पैदावार हेतु टॉनिक

एक लीटर नीम तेल, 3 कि.ग्रा. बारीक रेत, 3 कि.ग्रा. गाय का गोबर अच्छे से मिलाकर गीले बोरे में भरकर अंधेरे में 3 दिन के लिये रख दें। इसे 150 लीटर जल में मिलाकर सुबह–सुबह, छिड़काव करें।

## जैविक खादों का प्रयोग

जैविक खादों में पौधों के लिए आवश्यक सभी पोषक तत्व समाहित होते हैं। जैविक खाद न केवल पोषक तत्वों की ही आपूर्ति करती है बल्कि अनुपलब्ध पोषक तत्वों को उपलब्ध बनाकर फसलों को प्रदान करती है। आधुनिक खेती में अधिक रसायनिक उर्वरकों के उपयोग से मृदा में जीवांश कार्बन का स्तर लगातार कम होता जा रहा है तथा कृषि रसायनों के अंधाधुंध उपयोग से मृदा जीव भी नष्ट होते जा रहे हैं। अतः भविष्य में मृदा क्षमता को संरक्षित रखने तथा इनकी निरन्तरता को बनाये रखने के लिए जैविक खादों को प्रयोग करना परम आवश्यक है। इन्हें तैयार करना सरल व सस्ता होता है तथा जैविक खादों के प्रयोग से प्राप्त उत्पाद गुणवत्तायुक्त होता है। जैविक खेती में फसलों के पोषण के लिए फसलों के अवशेषों, खरपतवारों व अनुपयोगी जैव पदार्थों वर्मीकम्पोस्ट, फॉस्फोकम्पोस्ट, सुपर कम्पोस्ट, नाडेप कम्पोस्ट, गौ–मूत्र की खाद बनाने में अधिकाधिक उपयोग करें। जैविक खादों के प्रयोग से मृदा संरचना अच्छी हो जाती है तथा मिट्टी में लाभकारी जीवों की संख्या बढ़ जाती है, जो मृदा की उपजाऊ शक्ति बढ़ाने में सहायक है। किसान गोबर की खाद वैज्ञानिक विधियों से नहीं बनाकर गोबर को गांव के बाहर खुले में रोड किनारे डालते हैं, उसके नाइट्रोजन तत्व धूप से नष्ट हो जाते हैं तथा अन्य पोषक तत्व वर्षा आने पर वर्षा जल के साथ बहकर नदी/नालों में चले जाते हैं।अतः फसल अवशेषों तथा गोबर को गडढ़ा बनाकर कम्पोस्ट खाद बनानी चाहिए।

**सारणी 2.** जैविक खादों और खलियों में उपलब्ध नाइट्रोजन, फॉस्फोरस एवं पोटाश

| क्र.सं. | जैविक खाद | नाइट्रोजन (प्रतिशत) | फॉस्फोरस (प्रतिशत) | पोटाश (प्रतिशत) |
|---|---|---|---|---|
| 1. | गोबर की खाद | 0.5–1.5 | 0.3–0.9 | 0.3–1.5 |
| 2. | ग्रामीण कम्पोस्ट | 0.5–1.0 | 0.4–0.8 | 0.8–1.2 |
| 3. | शहरी कम्पोस्ट | 0.7–2.0 | 0.9–3.0 | 1.0–2.0 |
| 4. | करंज खली | 3.8–4.0 | 0.8–0.9 | 1.0–1.2 |
| 5. | नीम खली | 4.9–5.1 | 1.0–1.2 | 1.3–1.5 |
| 6. | अरंडी खली | 4.1–4.3 | 1.6–1.8 | 1.1–1.3 |
| 7. | मूँगफली खली | 7.1–7.3 | 1.3–1.9 | 1.7–1.9 |

| | | | | |
|---|---|---|---|---|
| 8. | नारियल खली | 2.8—3.0 | 1.7—1.9 | 1.7—1.9 |
| 9. | सरगुजा खली | 4.6—4.8 | 1.6—1.8 | 1.31—1.3 |
| 10. | तिल खली | 6.0—6.2 | 1.8—2.0 | 1.0—1.2 |

**स्रोतः** खेती, मार्च, 2017, पृ. 35

## मटका खाद (नीमच गोशाला विधि)

इस विधि से मटका खाद बनाने के लिए देशी गाय का 15 कि.ग्रा. ताजा गोबर, 15 लीटर गौमूत्र तथा 15 लीटर जल को एक साथ मिट्‌टी के मटके में घोल लें, उसमें 250 ग्राम गुड़ भी मिला लें। इसको कपड़ा या टाट से ढक दें। 4 से 5 दिन बाद इस घोल में 200 लीटर जल मिलाकर एक एकड़ में छिड़काव करें। यह छिड़काव बुवाई के 15 दिन बाद करें। सामान्य फसल में 3 से 4 और लम्बी अवधि वाली फसल में 8 बार छिड़कें।

## खली खाद

एक कि.ग्रा. गोबर, एक कि.ग्रा. चने की खली और 250 ग्राम नीम की खली को 20 लीटर जल में मिलाकर तीन दिन के लिए रखते हैं। इस मिश्रण को सुबह–शाम अच्छी प्रकार से मिला लेना चाहिए। फिर इसे छानकर पत्तों पर छिड़ सकते हैं और जड़ में डाला जा सकता है।

## नाडेप कम्पोस्ट

भारत में नाडेप कम्पोस्ट विधि का विकास महाराष्ट्र के किसान नारायण राव पंडरी पाण्डे के द्वारा किया गया था। इस विधि में गडढे के स्थान पर मृदा के ऊपर ईटों को टांका बनाया जाता है। टांके के अन्दर हवा का आवागमन बनाये रखने के लिए दीवार पर छेद छोड़ देते हैं। नाडेप कम्पोस्ट बनाने के लिए सामग्रियों में 1400 से 1500 कि.ग्रा. वानस्पतिक अवशेष पदार्थ, 90 से 100 कि.ग्रा. पशु का गोबर, 1750 कि.ग्रा. गौमूत्र से भिगी मिट्‌टी एवं ऋतु अनुसार जल की आश्यकता पड़ती है।

## कम्पोस्ट खाद

फसलों के अनुपयोगी अवशेष (धान/गेहूँ का भूसा, दलहनी फसलों के डंठल व पत्तियाँ, पेड़–पौधों के पत्ते इत्यादि) एवं अपघटित होने वाले अवांछनीय खाद्य अवशेषों को पशुओं के गोबर के साथ मिश्रित करके कम्पोस्ट बनाई जाती है। हरी घास की पत्तियाँ और चूल्हे की राख मिश्रण में डालने से खाद एवं कम्पोस्ट का टीका डालने से खाद बनने की प्रक्रिया तेज हो जाती है। कम्पोस्ट के प्रयोग से मृदा उर्वरा–शकित में वृद्धि होती है एवं पैदावार में वृद्धि होती है।

## सुपर कम्पोस्ट

इस खाद को बनाने के लिए निश्चित माप 15 X 6 X 3 फीट का गडढ़ा तैयार करके उसमें विधि अनुसार फसल अवशेष, घास–फूंस व गोबर को अच्छी प्रकार मिलाकर भर दें। प्रति गड्ढा 2 कट्टे सिंगल सुपर फॉस्फेट डालें। नमी की बनाये रखने के लिए समय–समय पर जल का छिड़काव आवश्यक है।

## प्रोम जैविक खाद

प्रोम जैविक खाद बनाने में गोबर की खाद तथा रॉक फॉस्फेट काम में लिया जाता है। फसलों का फॉस्फोरस तत्व की आपूर्ति के लिए उपयोग में लिये जाने वाले उर्वरकों जैसे सुपर फॉस्फेट व डीएपी के विकल्प के रूप में प्रोम को अपनाया जा सकता है।

## सान्द्र जैविक खाद

अच्छी प्रकार सड़े हुए सान्द्र जैविक खाद जापान में बहुत प्रचलित है और प्रमुखता कमजोर मिट्टी में या ऐसे खेतों में जहां रसायनिक खेती छोड़कर जैविक खेती की शुरूआत की जा रही है, में प्रयोग किये जाते हैं।

**सारणी 3.** जैविक खाद हेतु आवश्यक सामग्री

| सामग्री का नाम | मात्राएं |
|---|---|
| धान या गेहूँ का भूसा | 10 भाग |
| मछली खाद | 1 भाग |
| खली | 1 भाग |
| अण्डों के छिलके | कुल भार का 1 प्रतिशत |
| रॉक फॉस्फेट | कुल भार का 1 प्रतिशत |
| शीरा | थोड़ा सा |
| जंगल की मृदा | जीवाणु घोल (इ.एम.) |

## सान्द्र मुर्गी की खाद

मुर्गियों की सूखी बीट, खली, कुछ स्वच्छ राख एवं रॉक फॉस्फेट को 10:10:22 के अनुपात में मिलाकर पीस लें। उत्कृष्ट सान्द्र तैयार है। फसल एवं मिट्टी की आवश्यकतानुसार विभिन्न अवयवों के अनुपात में फेर बदल किया जाता है। अम्लीय मृदा के लिये इस मिश्रण में चूने का भी प्रयोग किया जा सकता है।

## गोमूत्र

गोमूत्र एक उत्कृष्ट द्रवीय खाद है तथा सीधे ही फसलों पर छिड़काव किया जा सकता है। एक लीटर गोमूत्र को 20 लीटर जल में मिलाकर आधे एकड़ फसल पर छिड़का जा सकता है। इस घोल का प्रयोग किसी भी फसल में और फसल की किसी भी अवस्था में किया जा सकता है।

## वर्मीवाश

केंचुआ खाद बनाने की प्रक्रिया के दौरान बूंद–बूंद जल ऊपर से डाल कर केंचुआ खाद के गड्ढे से निकाले हुए तरल खाद को वर्मीवाश कहते हैं। इसकों बनाने हेतु नीचे छेद युक्त सीमेंट या प्लास्टिक की टंकी में मोटे रेत की 10–15 सें.मी. मोटी परत बनायी जाती है। इस टंकी में ऊपर से बूंद–बूंद जल मिट्टी के घड़े से छोड़ा जाता है जो केंचुआ खाद से गुजर कर टंकी के नीचे वाले छेद द्वारा एकत्र किया जाता है। केंचुआ खाद की प्रक्रिया शुरू होने के 10 दिन बाद एक दिन में लगभग 4 से 5 लीटर वर्मीवाश एकत्रित किया जा सकता है। एक लीटर वर्मीवाश को 15 लीटर जल में मिलाकर शाम के समय फसलों पर छिड़काव करें।

### वर्मीकम्पोस्ट का प्रयोग

जैविक खेती में वर्मीकम्पोस्ट का प्रयोग जैव तकनीक में केंचुओं को विभिन्न जैविक अवशेषों एवं जैविक अवशिष्टों को प्राकृतिक जैविक रूप से विघटित करने, मृदा को उर्वर बनाने एवं पोषक तत्वों की उपलब्धता बढ़ाने में किया जाता है। जैविक पदार्थ से भरपूर मृदा में केंचुएं जनसंख्या वृद्धिकर प्राकृतिक जैविक क्रिया यंत्र का कार्य करते हैं जिससे लाभकारी सूक्ष्मजीवों की जनसंख्या में वृद्धि होती है, रोग कारक जीवाणुओं का नाश होता है और निष्क्रिय जैव अवशेष अनेक बहुमूल्य अवयवों जैसे; जैव उर्वरक, विटामिन, एन्जाइम, प्रतिजैविक पदार्थ एवं नियामक इत्यादि में परिवर्तित हो जाते हैं। केंचुआ खाद का प्रयोग फसल बुवाई से पहले 4.0–5.0 क्विंटल प्रति हेक्टेयर की दर से मृदा में मिलाकर किया जाता है। इसे अधिक प्रभावी बनाने के लिए मृदा में मिलाने के उपरान्त इसे पुआल, सूखी पत्तियों या कूड़ा–करकट से मृदा की ऊपरी सतह को ढक दिया जाता है।

**सारणी 4**. वर्मीकम्पोस्ट का उपयोग

| क्रमांक | फसल का नाम | मात्रा |
|---|---|---|
| 1. | सामान्य फसलें (गेहूँ, मक्का, सरसों, सोयाबीन, बाजरा आदि) | 5 टन प्रति हेक्टेयर |
| 2. | सब्जियाँ | 5 से 7.5 टन प्रति हेक्टेयर |
| 3. | फलदार वृक्ष | 5 कि.ग्रा. प्रति पौधा |
| 4. | फूलों की क्यारियां | 1 से 2 कि.ग्रा. प्रति वर्गमीटर |

## जैव उर्वरकों का प्रयोग

जैव उर्वरक एक ऐसा पादप पोषण तत्व स्रोत है, जो अति–सूक्ष्म, लाभकारी, जीवित जीवाणुओं के शक्तिशाली विभेद का पीट लिग्नाइट अथवा वुड चारकोल में मिश्रण है, जो वायुमण्डलीय नाइट्रोजन का भूमि में स्थिरीकरण कर मृदा में उपस्थित अविलेय तत्वों को विलेय बनाकर पौधों को पोषक तत्वों के रूप में उपलब्ध कराते हैं तथा मृदा फॉस्फोरस को घुलनशील बनाकर हारमोन्स, विटामिन इत्यादि पदार्थों को सन्तुलित मात्रा में बढ़ाते हैं। जैव उर्वरक तैयार करने की अनेक विधियाँ हैं। इनमें से कुछ को प्रयोगशाला के माध्यम से तैयार किया जाता है जबकि कुछ का उत्पादन किसान निजी स्तर पर कर सकते हैं। कुछ प्रमुख जैव उर्वरकों का विवरण निम्नलिखित है, जैसे;

## नत्रजन तत्व की पूर्ति हेतु जैव उर्वरक

### राइजोबियम कल्चर

सहजीवी नाइट्रोजन यौगिकीकरण जीवाणु का फसल उत्पादन में अत्यधिक योगदान है। सभी दलहनी फसलों की जड़ों में असंख्य जीवाणु होते हैं। ये जीवाणु हवा से नाइट्रोजन लेकर पौधों को खाद्य रूप में प्रदान करते हैं तथा अपना भोजन पौधे से प्राप्त करते हैं। दलहनी फसलों के लिए राइजोबियम कल्चर को प्रयोग अवश्य करें। एक हेक्टेयर क्षेत्र के लिए 200 ग्राम के तीन पैकट से बीज उपचारित करें।

### एजोटोबेक्टर जीवाणु खाद

ये जीवाणु मृदा में पाये जाते हैं तथा किसी प्रकार की गांठ नहीं बनाते हैं। बिना दाल वाली सभी फसलों के लिए उपरोक्तानुसार उपयोग करें। रोपाई वाली फसलों के लिए 10 लीटर जल में 2 पैकेट कल्चर घोल में 15 मिनट पौधे की जड़ों को डुबोकर रोपाई करें।

## एजोस्पाइरिलम जीवाणु

यह एक सूक्ष्म जीवाणु है जो वायुमण्डलीय नाइट्रोजन को मृदा में स्थिर करता है जिसे पौधे उपयोग करते हैं। ये जीवाणु पौधों की जड़ों के अन्दर पाये जाते हैं तथा खेत में नमी होने पर इनकी कार्यक्षमता बढ़ जाती है।

## पी.एस.बी. कल्चर (फॉस्फोरस घोलक जीवाणु)

रसायनिक उर्वरकों द्वारा दिये गये फॉस्फोरस का बहुत बड़ा भाग भूमि में अघुलनशील होकर फसलों को मिला नहीं पाता है। पीएसबी कल्चर फॉस्फोरस को घुलनशील बनाकर फसलों को उपलब्ध कराता है। बीजोपचार उपरोक्तानुसार करें या 2 कि.ग्रा. (10 पैकेट) कल्चर को 100 कि.ग्रा. गोबर की खाद में मिलाकर खेत में मिला दें।

## वैम कल्चर

वैम कल्चर फॉस्फोरस के साथ–साथ दूसरे सभी तत्वों की उपलब्धता बढ़ा देता है। बीजोपचार उपरोक्तानुसार करें।

## हरी खाद वाली फसलों का प्रयोग

मृदा में उर्वराशक्ति में वृद्धि हेतु सनई, ढैंचा, उड़द, मूँग, मसूर एवं बरसीम आदि फसलों को खेत में उगाकर, उसी खेत में पलटकर मृदा में मिला देने की प्रक्रिया को हरी खाद देना कहते हैं। मुख्यतः दलहनी फसलों को उसी खेत में उगाकर जुताई कर मिट्टी में मिला देते हैं। हरी खाद वाली फसलों की हरी पत्तियाँ या जैविक पदार्थ मृदा में जैविक तत्वों की वृद्धि करते हैं तथा पोषक तत्वों की उपलब्धता बढ़ाते हैं। इसके अतिरिक्त जीवों द्वारा रसायनिक प्रक्रिया में तीव्रता आती है तथा पोषक तत्वों का संरक्षण भी बढ़ता है। यह ध्यान रहे कि फसल पलटते समय पौधे नरम हों और हर स्थिति में फूल आने के पूर्व फसल पलट दी जाये अर्थात पलटाई का उचित समय हरी खाद वाली फसलों में फूल आने का समय होता है। सिंचित अवस्था में मानसून आने के 15 से 20 दिन पूर्व और असिंचित अवस्था में मानसून आने के तुरन्त बाद, तैयार खेत में हरी खाद की फसलों के बीज बोने चाहिए। हरी खाद की फसल का चयन करते समय यह ध्यान रखना चाहिए कि वे शीघ्र बढ़ने वाली हो, कीट प्रतिरोधक क्षमता वाली हो, शीघ्र विघटनकारी हो, पत्ते व टहनियाँ काट लेने पर भी वह जीवित रहती हो एवं अधिक मात्रा में जैविक कचरा उत्पन्न करती हों।

**सारणी 5**. हरी खाद में नाट्रोजन (प्रतिशत)

| क्रमांक | स्थानीय नाम | वैज्ञानिक नाम | नाइट्रोजन |
|---|---|---|---|
| 1. | ढैंचा | सेस्बेनिया एक्युलियाटा | 0.41–0.43 |
| 2. | सनई | क्रोटोलेरिया जन्सिया | 0.40–0.42 |
| 3. | सेंजी | मेलिलोटस अल्वा | 0.55–0.57 |
| 4. | बरसीम | ट्राईफोलियम एलेक्जेन्ड्रिनम | 0.44–0.46 |

**स्रोतः** खेती, मार्च, 2017, पृ.35

## जैविक खेती में फसल अवशेष का प्रयोग

किसान गड्ढ़ा बनाकर वैज्ञानिक विधियों से गोबर की खाद एवं फसल अवशेषों की कम्पोस्ट बनाकर खेत में प्रयोग करें। मृदा में फसलों के अवशेषों के प्रयोग से जैविक कार्बन में वृद्धि के साथ–साथ कई पोषक तत्वों की उपलब्धता में भी वृद्धि होती है तथा मृदा की भौतिक सरंचना में सुधार होता है।

## जैविक खेती में मृदा सौरीकरण का प्रयोग

सौर ऊर्जा के ताप प्रभाव से जैसे, जंगली जई, ओरोबेंकी, जोहन्सन घास, गोखरू, हिरनखुरी, चौलाई आदि खरपतवारों को प्रभावी ढंग से नियंत्रित किया जा सकता है और मृदा जनित रोगों जैसे; विल्टिंग रोग, जड़ सड़न, और तना सड़न रोग आदि को कम किया जा सकता है। रोगाणुंग्रस्त मृदा की अच्छी प्रकार से जुताई करने के बाद उसमें गोबर की खाद मिला दें और मृदा की सिंचाई कर दें। सिंचित मृदा को सफेद पारदर्शी और पतली 25 से 50 माइक्रॉन या 100 से 200 गेज मोटी पॉलीथीन से गर्मियों के महीनों में 4 से 6 सप्ताह तक ढक दें। इस तकनीक के अच्छे प्रभाव और ताप संचय के लिए भूमि की जुताई अच्छी प्रकार से करके भूमि को समतल कर लेना चाहिए ताकि पॉलीथीन की चादर उस पर अच्छी प्रकार से बिछाई जा सके तथा भूमि अच्छी प्रकार से जल सोख सकें।

## जैविक विधि द्वारा खरपतवार नियंत्रण

खरपतवार नियंत्रण हेतु सस्य तकनीकियों जैसे; उपयुक्त फसल चक्र, हरी खाद उपयोग, बुवाई समय में परिवर्तन, पलवार आदि एवं यांत्रिक नियंत्रण, तापीय खरपतवार नियंत्रण एवं जैविक नियंत्रण विधियों का उपयोग करना चाहिए।

## जैविक उपायों द्वारा कीटों एवं बीमारियों की रोकथाम

1. वायरस से फैलने वाली बीमारियों की जैविक विधियों से रोकथाम

- वायरस का संक्रमण दिखाई देते ही फसल के ऊपर नीम को 5 प्रतिशत अर्क खेत में छिडकें।
- संक्रमित पौधों को खेत से निकाल दें।
- पौधों का रस चूसने वाले कीड़ों का नियंत्रण करने के लिए 4 लीटर गौमूत्र और 100 ग्राम हींग, 100 ग्राम चूना लेकर सभी को एक साथ मिलाकर छिड़काव करें।

2. जैविक विधियों से फसलों में रोग प्रबंधन

- उक्ठा व जड़ गलन रोग की रोकथाम के लिए गर्मियों में गहरी जुताई करें।
- फसल चक्र एवं रोग प्रतिरोधी किस्में लगायें।
- उक्ठा व जड़ गलन, कॉलर रोट रोग की रोकथाम के लिए खड़ी फसल में ट्राईकोडर्मा की 5 कि.ग्रा. मात्रा को 100 कि.ग्रा. गोबर की खाद में मिलाकर संवर्धन कर छिड़कांव करें।
- गेहूँ में बीज को गर्मी की तेज धूप में सुखाएं या गर्म जल से उपचारित करें।
- बीज को मित्र फफूंद ट्राईकोडर्मा 6 सं 8 ग्राम प्रति कि.ग्रा. बीज की दर से उक्ठा, कॉलर रोट व जड़ गलन रोगों की रोकथाम हेतु उपचारित करें।

3. कीटों की जैविक कीटनाशियों से रोकथाम

जैविक कीट प्रबंधन के लिए उचित सस्य क्रियाएं, यांत्रिक क्रियाएं, जैविक नियंत्रण उपाय, फसल में मित्र कीटों एवं परजीवियों का उपयोग करें, जैसे;

- गर्मियों में खेत की गहरी जुताई करें, जिससे भूमिगत कीटों व दीमक का नियंत्रण हो सके।
- फसल चक्र अपनाएं, कीट प्रतिरोधी किस्मों की बुवाई करें।
- उचित समय पर सिंचाई करें तथा अत्यधिक जल होने पर उचित जल निकास का प्रबंधन करें।
- ट्रेप फसल लगायें।
- प्रकाश–पाश एवं गंधपान (फेरोमोन ट्रैप) की 8 से 10 प्रति हेक्टेयर की दर से उपयोग करें।

- जैविक पोषक तत्वों का समुचित मात्रा में प्रयोग करना।
- खेत में करंज एवं नीम की खली का प्रयोग करना।
- वानस्पतिक पदार्थो जैसे, नीम, तुलसी, लेंटाना, करंज इत्यादि की पत्तियों के घोल के प्रयोग से फसलों में कीड़ों एवं बीमारियों की समस्या को कम करना।
- फसल में मित्र कीट एवं परजीवी कीट छोड़ें।
- ट्राईकोग्राम, एपेन्टालिस, ब्रेकोन, भूरे रंग के ततैया, चित्तीदार सूंड़ी कीट के पूर्ण परजीवी हैं।
- लेडी बर्ड बीटल एवं क्राइसोपरला (50, 000 लार्वा/है.) लट, प्रौढ़ हरा तैला, मोयला, सफेद मक्खी, थ्रिप्स, माइट्स आदि कीटों के अंडे व प्रथम अवस्था को खाकर जीवित रहता है।
- अमेरिकन सूंडी व तम्बाकू की सूंड़ी के लिए एन.पी.वी. 250 एल.ई. का छिड़कांव करें।
- सूंडियों के नियंत्रण के लिए बैसिलस थुरिन्जेन्सिस (बी.टी.) की एक कि.ग्रा. मात्रा को 500 लीटर जल में घोल बनाकर छिड़काव करें।
- दीमक नियंत्रण के लिए मित्र फफूंद मेटाराइजियम एनिसोफ्लाई 2.5 से 5 कि.ग्रा. 100 कि.ग्रा. गोबर की खाद में मिलाकर संवर्धन कर छिड़कांव करें।
- दीमक की रोकथाम के लिए नीम का तेल 4 लीटर प्रति हेक्टेयर दूसरी एवं तीसरी सिंचाई के साथ दें।
- सूत्रकृमियों के लिए नीम की खली 1 टन प्रति हेक्टेयर बुवाई पूर्व खेत में डालें।
- चूसने वाले कीटों कीटों की रोकथाम के लिए नीम का तेल 3 मि.ली. प्रति लीटर जल में मिलाकर छिड़कांव करें।
- कीट भक्षी पक्षी जैसे; गोरिया, मैना, नीलकंठ, किंग–क्रो आदि के बैठने के लिए प्रति हेक्टेयर 15 स्टैण्ड लगाएं।

जैविक खेती में जहरीले रसायनों का प्रयोग नहीं होता है। उपभोक्ताओं में जैविक खाद्यों की सुरक्षा और गुणवत्ता, कृषि तंत्र की दीर्घकालिक सतत्ता और समान उत्पादक होने के प्रमाण से बढ़ रही जागरुकता से अधिक से अधिक किसान जैविक खेती अपना रहे हैं। कृषि के आर्थिक, सामाजिक, स्वास्थ्य और पर्यावरण लाभों को देखते हुए भारत सरकार भी जैविक खेती को अपनाने के लिए प्रचार–प्रसार तथा जैविक खेती को प्रोत्साहित करने के लिए अनेक योजनाएं और कार्यक्रम चला रही है।

❑❑❑

अध्याय 5

# जैविक खेती में जैविक खादों का योगदान

भारतीय कृषि दृष्टि के विपरीत विदेशों में कृषि उत्पादन बढ़ाने के लिए आधुनिक खेती के अन्तर्गत रसायनिक उर्वरकों, शाकनाशी एवं कीटनाशी रसायनों का सहारा लिया गया, जिससे खाद्यान्नों उत्पादन में तो आशातीत वृद्धि हुई है,परन्तु पर्यावरण, मृदा, जल एवं जलवायु प्रदूषित होने लगी है। आधुनिक एवं विकसित खेती ने देश के भीतर जैव सम्पदा, प्राकृतिक संसाधनों, कृषि जन्य जैव विविधता, पर्यावरण और पारिस्थितिकी को नष्ट कर दिया है। यदि ऐसा लगातार होता रहा तो वह दिन दूर नहीं जब सभी संसाधन लुप्त हो जायेंगे और भविष्य में आवश्यकतानुसार अन्न, वस्त्र एवं घर की उपलब्धता में कमी होगी, क्योंकि हमारी मृदा की उत्पादन क्षमता कम हो जायेगी और फसलें उगाने योग्य नहीं रहेंगी। इसलिए मृदा को स्वस्थ बनाए रखने, उत्पादन लक्ष्य प्राप्त करने के लिए पर्यावरण एवं स्वास्थ्य के दृष्टिकोण से जैविक खादों के प्रयोग किया जाना अति आवश्यक हो गया है। वर्तमान परिस्थितियों में अधिक उपज लेने, भूमि की उर्वरा–शक्ति को बनाये रखने, मृदा को प्रदूषित होने से बचाने तथा मृदा सरंचना को उचित बनाये रखने के लिए अधिक से अधिक जैविक खादों का प्रयोग करना आवश्यक हो गया है। जैविक खाद लागत की दृष्टि से रसायनिक उर्वरकों से अत्यधिक सस्ते होते हैं। इनसे मृदा की उपजाऊ क्षमता भी बढ़ती है और ये पर्यावरण के लिए भी सुरक्षित हैं। इनके कोई दुष्प्रभाव नहीं है। जैविक खादों में मुख्य रूप से गोबर की खाद, कम्पोस्ट, वर्मीकम्पोट, नाडेप कम्पोस्ट व हरी खाद इत्यादि हैं, जो फसलों के लिए आवश्यक खनिज प्रदान करते हैं जिससे फसलों का उत्पादन बढ़ता है एवं मृदा की भौतिक दशा में सुधार होता है तथा फसलों को पर्याप्त मात्रा में पोषक तत्वों की प्राप्ति हो जाती है।

**चित्र 1.** जैविक खादों का प्रयोग

जैविक खाद सड़ने पर कार्बनिक अम्ल देकर मृदा पी.एच. को कम कर देते हैं।

**सारणी 1**. विभिन्न जैविक स्रोतों एवं खादों में उपलब्ध पोषक तत्वों का औसत अंश

| जैविक सामग्री | नत्रजन प्रतिशत | फॉस्फोरस प्रतिशत | पोटाश प्रतिशत |
|---|---|---|---|
| गाय का गोबर | 0.35 | 0.12 | 0.17 |
| भेड़ एवं बकरी का मल | 0.65 | 0.50 | 0.03 |
| गोबर की खाद | 0.75 | 0.20 | 0.50 |
| ग्रामीण कम्पोस्ट | 0.75 | 0.20 | 0.50 |
| शहरी कम्पोस्ट | 1.75 | 1.0 | 1.50 |
| जलकुंभी | 2.0 | 1.0 | 2.30 |
| धान का भूसा | 0.61 | 0.18 | 1.38 |
| गेहूँ का भूसा | 0.48 | 0.16 | 1.18 |
| गन्ने की पत्ती | 0.40 | 0.18 | 1.28 |
| अरंडी की खली | 4.37 | 1.85 | 1.39 |
| नीम की खली | 5.22 | 1.08 | 1.48 |
| बायोगैस स्लरी (प्रेसमड) | 1.41 | 0.72 | 0.84 |

**स्रोतः** टंडन, 2011

## जैविक खाद

पेड़–पौधे, पशुओं व जन्तुओं के अवशेषों से प्राप्त खाद को जैविक खाद कहते हैं। जैविक खाद का शाब्दिक अर्थ है जैविक तत्वों से युक्त उर्वरक। व्यापक अर्थ में इस प्रक्रिया के अन्तर्गत उन सभी जैविक संसाधनों (खादों) को सम्मिलित किया जा सकता है जो पौधों की वृद्धि के लिए उनके ग्रहण करने के लिए सूक्ष्म जीव पौधों से सम्बद्धता क्रिया के रूप में उपलब्ध हैं। जैविक खादों से मृदा को वे सभी पोषक तत्व प्राप्त होते हैं, जो पौधों के लिए आवश्यक होते हैं। इसमें पोषक तत्वों की प्रतिशत मात्रा सूक्ष्म होती है। जैविक खादों का प्रभाव मृदा में कई वर्षों तक देखा जा सकता है। जैविक खादों का प्रयोग रसायनिक उर्वरकों के दुष्प्रभावों से निपटने के लिए किया जाता है। उपयोगिता एवं स्रोत के आधार पर जैविक खादों को निम्न प्रकार वर्गीकृत किया जा सकता है।

**चित्र 2.** घरेलू उत्पादों से बना जैविक खाद

## जैविक खादों का वर्गीकरण

### 1. स्थूल जैविक खाद

- गोबर की खाद
- कम्पोस्ट
- हरी खाद
- मल–मूत्र की खाद
- शीरे की खाद
- मुर्गी की खाद
- भेड़ की मेंगनी

### 2. सांर्द्रित जैविक खाद

- अण्डी की खली
- मूँगफली की खली
- नीम की खली
- महुआ की खली
- बिनौले की खली
- अलसी की खली

### 3. प्राणीजात खाद

- हड्डी की खाद
- मछली की खाद
- सूखा हुआ खून

### जैविक खाद का महत्व

- मृदा की उपजाऊ क्षमता बनी रहती है तथा सूक्ष्म जीव निरंतर क्रियाशील रहते हैं।
- मृदा को पोषक तत्व प्रदान करती है जो अच्छा फसलोत्पादन में सहायक है।
- जैविक खाद के प्रयोग से मृदा का सन्तुलन बना रहता है तथा फसल स्वस्थ और रोग रहित रहती है।
- जैविक खादों से उत्पन्न अनाज, फल आदि अधिक पौष्टिक और स्वादिष्ट होते हैं।

- जैविक खादों के उपयोग से स्वच्छ पर्यावरण बना रहता है।
- जैविक खाद, रसायनिक खादों की तुलना में सस्ते, टिकाऊ तथा बनाने में आसान होते हैं।
- फसलों को अनिवार्य एवं गौण पोषक तत्वों की पूर्ति जैविक खादों के प्रयोग से ही हो जाती है।
- जैविक खाद फसलों की वंद्धि के लिए आवश्यक खनिज पदार्थ प्रदान कराते हैं, जो मृदा में उपलब्ध सूक्ष्म जीवों के द्वारा पौधों को मिलते हैं जिससे पौधे स्वस्थ बने रहते हैं तथा उत्पादन बढ़ता है।
- जैविक खाद सड़ने पर कार्बनिक अम्ल देते हैं जो मृदा के अघुलनशील तत्वों को घुलनशील अवस्था में परिवर्तित कर देते हैं, जिससे मृदा पी.एच. मान 7 से कम हो जाता है।
- जैविक खाद अपना अवशिष्ट गुण मृदा में छोड़ते हैं। जो दूसरी फसल के काम आता है, जिससे मृदा उर्वरता का सन्तुलन ठीक रहता है।

## विभिन्न जैविक खादों को बनाने की विधि एवं महत्व

## गोबर की खाद (फार्म यार्ड मैन्युर)

गोबर की खाद भारत में सर्वश्रेष्ठ तथा सबसे अधिक मात्रा में प्रयोग हाने वाली जैविक खाद है। गोबर की खाद पशुओं, जैसे; गाय, भैंस, घोड़ा, सूअरों, मुर्गी एवं बत्तख इत्यादि के ठोस तथा द्रव मलमूत्र को किसी पोषक पदार्थों से साधारणतया बिछावन, भूसा, पुआल, पेड़–पौधों की पत्तियाँ, रेत व लकड़ी का बुरादा आदि से मिलाकर तैयार करते हैं। गोबर की खाद तैयार करने के लिए पशुओं से प्राप्त गोबर, मूत्र तथा बिछावन का प्रयोग किया जाता है। गोकर की खाद की रचना अस्थिर होती है। इस खाद में पौधे के सभी आवश्यक पोषक तत्व पाये जाते हैं।

**चित्र 3.** गोबर की तैयार खाद

इसमें मुख्यतः 0.5 प्रतिशत नाइट्रोजन, 0.25 प्रतिशत फॉस्फोरस तथा 0.5 प्रतिशत

पोटेशियम होता है। इस खाद में उपस्थित नाइट्रोजन का 50 प्रतिशत, फॉस्फोरस, सल्फर, लोहा, मैंगनीज, तांबा व जस्ता आदि सभी तत्व सूक्ष्म मात्रा में पाये जाते हैं। साधारणतया गोबर की खाद में उपस्थित 30 प्रतिशत नाइट्रोजन, 60 से 70 प्रतिषत फॉस्फोरस एवं 75 प्रतिशत पोटाश पहली फसल को पहले वर्ष में ही मिलने की सम्भावना रहती है तथा इस खाद का असर भूमि में 3 वर्ष तक चलता है। यद्यपि हमारे देश में खाद के रूप में पशुओं के गोबर एवं मूत्र का उपयोग प्राचीन काल से होता आ रहा है। गाँवों में गोबर की खाद को प्रायः गडढ़ों में नहीं डालते हैं, यौं ही ढ़ेर में डालते हैं। जिससे अधिकांशतः तत्व वायु में उड़कर या जल के साथ बहकर नष्ट हो जाते हैं। गोबर की खाद में 75 प्रतिशत ठोस तथा 25 प्रतिशत द्रव होता है। एक परीक्षण से ज्ञात हुआ कि 10 टन गोबर की खाद देने से 50 कि.ग्रा./है. की दर से 150 कि.ग्रा. नाइट्रोजन के साथ गोबर की खाद या वर्मीकम्पोस्ट देने पर उतनी ही उपज गेहूँ से ली जा सकती है जितनी कि 120 कि.ग्रा. नाइट्रोजन + 60 कि.ग्रा.फॉस्फोरस + 25 कि.ग्रा. पोटेशियम प्रति हेक्टेयर देने पर मिलती है (सारणी 1)। यह इस बात का संकेत भी है कि गोबर की खाद पोषक तत्वों को संतुलित करती है।

**सारणी** 2. संतुलित एवं समेकित पोषण का गेहूँ की उपज पर प्रभाव (क्विंटल/है.)

| **उर्वरक (कि.ग्रा.प्रति हेक्टेयर)** | | | **कार्बनिक साधन** | | |
|---|---|---|---|---|---|
| **नाइट्रोजन +** | **फॉस्फोरस +** | **पोटेशियम** | **बिना कार्बनिक** | **गोबर की खाद (10 टन/है.)** | **वर्मीकम्पोस्ट (5 टन/है.)** |
| 50 | – | – | 28.5 | 34.2 | 32.5 |
| 100 | – | – | 34.3 | 40.7 | 38.5 |
| 150 | – | – | 39.3 | 42.7 | 41.5 |
| 120 + | 60 + | 25 | 42.7 | 44.1 | 42.9 |

**स्रोतः** रनवा और साथी (1999) इंडियन जर्नल ऑफ एग्रोनामी 44 (3)

## गोबर की खाद बनाने हेतु आवश्यक सामग्री

(क) पशुओं का गोबर (ख) पशुओं का मूत्र (ग) पशुओं का बिछावन

## गोबर की खाद तैयार करने की वैज्ञानिक विधि

भारत में गोबर की खाद बनाने में मुख्यतः दो विधियाँ अपनायी जाती हैं:

## 1. ढेर में एकत्रित करना

इस विधि में गोबर को खुले वातावरण में भूमि के ऊपर ढेर में एकत्रित करते हैं। इस विधि में खाद तैयार करने की विधि पूर्णतः अवैज्ञानिक है और इस प्रकार से तैयार किये गये खाद में पोषक तत्वों की हानि अधिक होती है। प्रयोगों द्वारा यह सिद्ध हुआ है कि अगर खाद को इस प्रकार छः माह खुला रखा जाये तो खाद से 41 प्रतिशत नाइट्रोजन, 19 प्रतिशत फॉस्फोरस एवं 8 प्रतिशत पोटेशियम की हानि होती है।

## 2. गड्ढों में तैयार करना

यह एक वैज्ञानिक विधि है। इस विधि द्वारा तैयार खाद में पोषक तत्वों को अच्छी प्रकार सुरक्षित रखा जा सकता है। इस विधि में खाद के गड्ढे का आकार आवश्यकतानुसार किसी ऐसे स्थान पर जहाँ वर्षा जल का भराव न हो, बनाना चाहिए। गड्ढों की गहराई 1.25 मीटर से अधिक नहीं होनी चाहिए क्योंकि अधिक गहराई रखने पर गड्ढे के निचली सतहों की खाद में विघटन करने वाले जीवाणुओं की क्रियाशीलता मन्द हो जाती है तथा वायु संचार सुचारु रूप से नहीं हो पाता है। गड्ढे की लम्बाई एवं चौड़ाई आवश्यकतानुसार (3 X 4 मीटर) रख लेना चाहिए। दो या तीन गड्ढे बना लेने चाहिए। गड्ढे का फर्श यदि पक्का हो तो अच्छा रहेगा, जिससे नीचे निक्षालन द्वारा पोषक तत्वों का ह्रास नही होगा। गोबर की खाद तैयार करने की वैज्ञानिक विधि में प्रतिदिन गड्ढे में मलमूत्र, गोबर बिछावन आदि डालते रहना चाहिए। जब एक गड्ढा पूर्ण रूप से भर जाये, तो उसे 15 सें.मी. मोटी मृदा की तह से ढक देना चाहिए। पहला गड्ढा भरने के बाद ही दूसरा गड्ढा भरना चाहिए। इस प्रकार 5 से 6 माह में खाद सड़कर तैयार हो जाती है। गर्मी के मौसम में गोबर की खाद में आवश्यक नमी बनाये रखने के लिए समय–समय पर जल छिड़काव करते रहें। यदि सम्भव हो सके तो गड्ढों को छाया में बनाना चाहिए। कहीं–कहीं पर गोबर की खाद तैयार करने के लिए 6 X 1.5 X 1 मीटर आकार के गड्ढे बनाये जाते हैं। पशु बांधने के स्थान के पास कूड़ा–करकट, पशु का गोबर तथा उसकी बिछावन आदि को गडढ़ों में एकत्र करते हैं। प्रत्येक पशु के मल तथा बिछावन को परस्पर अच्छी प्रकार मिलाकर गडढ़े के आधे भाग में भरते हैं। जब गडढे का आधा भाग भरते–भरते भूतल से लगभग 4.5 सें.मी. ऊँचा हो जाता है तो उसे ढेर के रूप में बनाकर 15 सें.मी. मिट्टी की सतह से ढक देते हैं। आधा गडढ़ा भर जाने के बाद दूसरे भाग को भी इसी प्रकार भरकर एक दूसरा ढेर बनाते हैं। इस प्रकार से एक गडढे के दो ढेर बना लेते हैं। इस विधि से लगभग 2.5 से 3.0 माह में दूसरा ढेर बनता है तो पहले ढेर की खाद गल–सड़कर खेत में डालने योग्य हो जाती है।

### गोबर की खाद बनाने में सावधानियाँ

- गोबर की खाद बनाते समय वर्षा एवं धूप से बचाना चाहिए।

- गोबर की खाद में नमी की मात्रा बनाए रखने के लिए प्रारम्भ के तीन–चार महीनों तक इसकी पलटाई न करें।
- वर्षा में गोबर की खाद को ऊँचे स्थान पर एकत्र करें।

### गोबर की खाद को प्रयोग की मात्रा व विधि

- प्रति हेक्टेयर खेतों में 10–12 टन मात्रा प्रयोग करें।
- फसल बुवाई के एक माह पूर्व खेतों में फैलाकर सही जुताई करके मिला देना चाहिए।

## कम्पोस्ट या कूड़ा खाद या कृत्रिम संश्लेषित गोबर की खाद

जैविक खेती में कम्पोस्ट का महत्वपूर्ण स्थान है। इसका अध्ययन 1921 में हचिनसन व रिचर्ड ने किया था। उन्होंने भूसे से कम्पोस्ट बनाया तथा भूसे का जीवाणुओं द्वारा विच्छेदन किया गया। कम्पोस्ट खाद तैयार करने के लिए गाँव, शहर अथवा फार्म का कूड़ा–कचरा, पशुओं का बचा हुआ चारा, गोबर, मूत्र, विभिन्न प्रकार के वानस्पतिक अवशेष आदि की आवश्यकता पड़ती है। पौधों के अवशेष पदार्थों, घर का कूड़ा–करकट, मानव मल, पशुओं का गोबर आदि का बैक्टीरिया, कवक द्वारा विशेष परिस्थितियों में विच्छेदन होने से तैयार खाद को कम्पोस्ट कहते हैं। कम्पोस्ट में फार्म कम्पोस्ट तथा शहरी कम्पोस्ट आते हैं। फार्म कम्पोस्ट को किसान स्वयं ही अपने फार्म पर पशुओं के मल–मूत्र, बिछावन से प्राप्त कर बना सकते हैं, जबकि शहरी कम्पोस्ट बड़े शहरों में तैयार किया जा रहा है। अच्छी प्रकार से विच्छेदित खाद को रंग गहरा–भूरा होता है। कम्पोस्ट के प्रयोग से कृषि योग्य भूमि में कम व्यय में ही पोषक तत्वों की पूर्ति कर कृषि उत्पादन को बढ़ाया जा सकता है। कम्पोस्ट में 1.5 प्रतिशत नाइट्रोजन, 1.0 प्रतिशत फॉस्फोरस और 1.5 प्रतिशत पोटेशियम पाया जाता है।

### कम्पोस्ट खाद बनाने की विधियाँ

कम्पोस्ट तैयार करने की विधि को कम्पोस्टिंग कहते हैं। कम्पोस्ट को तैयार करना आसान है और किसान अपने घरों के पास इसे कम खर्च में बना सकते हैं। कम्पोस्ट खाद निम्नलिखित विधियों से बनाई जाती है, जैसेः–

1. इन्दौर विधि 2. बंगलौर विधि 3. कम्पोस्ट तैयार करने की आधुनिक विधिः नाडेप 4. एडकों विधि 5. उत्प्रेरित कम्पोस्ट विधि।

### 1. इन्दौर विधि

कम्पोस्ट बनाने की इस विधि को हॉवर्ड ने इंदौर में विकसित किया था, इस कारण इसे हॉवर्ड विधि भी कहते हैं। इस विधि में कम्पोस्ट बनाने हेतु फसलों के अवशेष, पशुओं का गोबर, मूत्र की मिट्टी, सूखी पत्तियाँ, राख, जल इत्यादि की आवश्यकता होती है। इस विधि में कम्पोस्ट बनाने के लिए गड्ढे की लम्बाई पूर्व–पश्चिम दिशा में रखते हुए 9 4.X 5 X 0.6 मीटर आकार के 33 गड्ढे दो–दो की जोड़ी में बना लेते हैं। गड्ढों के प्रत्येक जोडे की बीच की दूरी 3.60 मीटर रखी जाती है।

### गड्ढों की भराई

गड्ढे में सर्वप्रथम 15 सें.मी. मोटी तह फसल अवशेष, घास, भूसा आदि भारी जैविक पदार्थ बिछाये जाते हैं। इसके ऊपर मूत्र की मिट्टी व राख अच्छी प्रकार छिड़क दी जाती है। इसके बाद एक तह लगभग 5 सें.मी. गोबर व बिछावन की लगा दी जाती है। फिर जल छिड़ककर पदार्थों को नम कर दिया जाता है। जल छिड़कने की क्रिया दिन में कई बार करनी पड़ती है। ये सभी क्रियायें तब तक करनी चाहिएं जब तक ढेर की ऊँचाई 75 सें. मी. न हो जाये। प्रथम पलटाई गड्ढा भरने के दो सप्ताह बाद की जाती है। खाद को इस पलटाई के समय भी फिर नम बनाया जाता है। इससे पलट कर दूसरे गड्ढे में डाल दिया जाता है, फिर जल छिड़कते हैं। दूसरी पलटाई पहली पलटाई के दो सप्ताह बाद करते हैं। इससे खाद पलटकर दूसरे गड्ढे में डाल देते हैं तथा खाद को अच्छी प्रकार कुचल कर जल छिड़क दिया जाता है। दो माह बाद तीसरी पलटाई की जाती है। इस समय खाद का रंग गहरा भुरभुरा हो जाता है। इस बार खाद को गड्ढे से निकाल कर धरातल पर लगभग 3 X 2.75 X 1 मीटर पर ढेर लगाते हैं। इन ढेरों में खाद को एक माह तक रखते हैं। इस अवधि में वायुमण्डल से नत्रजन ढेर में प्रवेश कर जाती है। अब यह खेतों में डालने योग्य हो जाता है।

### 2. बंगलौर विधि

इस विधि को डॉ.सी.एन.आचार्य ने बंगलौर में विकसित किया था। इस विधि में खाद की पलटाई नहीं की जाती हैं जिससे खाद बनाने के खर्च में कमी आती है। इस विधि में कम्पोस्ट के कार्बन नत्रजन अनुपात पर बल दिया जाता है तथा प्रारम्भिक व जल की मात्रा पर नियंत्रण रखा जाता है। इस विधि से विशेष रूप से शहरों से प्राप्त कूड़ा–करकट व अन्य अपशिष्ट पदार्थों से कम्पोस्ट तैयार करते हैं। कम्पोस्ट गड्ढों में बनाई जाती है तथा लगभग चार माह में कम्पोस्ट खाद तैयार हो जाती है। इस विधि में सर्वप्रथम गड्ढे में कूड़ा–करकट व अन्य फसल अवशेष की 22.5 सें.मी. मोटी तह लगायी जाती है इसके ऊपर 7.5 सें.मी. मोटी तह मानव मल की बिछाई जाती है और इन सब के ऊपर 2.5 सें.मी. मिट्टी की तह

लगाते हैं। इसी क्रम में गड्ढे को भूमि की सतह से 30 सें.मी. ऊपर तक भर देना चाहिए और उसके ऊपर मिट्टी द्वारा ठीक प्रकार से ढक देना चाहिए।

### 3. नाडेप कम्पोस्ट

इस विधि को सर्वप्रथम महाराष्ट्र के यवतमाल जिले के पुसद गाँव के एक किसान श्री नारायण देवराव पंधारी पाण्डेय ने विकसित गयाथा। इस विधि में बहुत कम समय में (110 से 120 दिन) खाद तैयार हो जाता है जो साधारण कम्पोस्ट से अच्छा होता है। इस विधि में खाद बनाने के लिए गाय का गोबर, हरी या सूखी घास, गेहूँ की भूसी, धान का पुआल इत्यादि का उपयोग किया जाता है।

**चित्र 4.** नाडेप कम्पोस्ट टांका

**गड्ढे का आकार:** 10 **X** 6 **X** 3 फीट या 8 **X** 6 **X** 3 फीट

### नाडेप कम्पोस्ट बनाने की विधि

- इस विधि में एक टैंक का निर्माण किया जाता है जिसका आकार 10 **X** 6 **X** 3 फीट होता है इसे ईटों की दीवार से बनाया जाता है, जिससे बीच में छेद रखा जाता है।
- टैंक बनाने के बाद उसमें 15 क्विंटल पुआल एवं घास, पत्ते आदि भर दें। इसके बाद फसल अवशेषों को भी डाल सकते हैं। यह सतह 6 इंच होती है।
- एक क्विंटल गोबर जल में मिलाकर दें। खेतों की मृदा (60 कि.ग्रा.) जिसमें प्लास्टिक आदि न हो, उसे भी अच्छी प्रकार छिड़क दें।
- आवश्यकतानुसार उसमें जल देकर नमी बनाये रखें।
- इसी प्रकार 24 घंटे के अन्दर टैंक को भर दें और उसे मृदा तथा गोबर से लेप दें।
- यह खाद 110 से 120 दिनों में तैयार हो जाती है।
- 70 से 80 दिन के बाद सूक्ष्म जीवाणुओं जैसे; राइजोबियम, एजोटोबैक्टर एवं पी.एस. बी. जीवाणु मिलाये जा सकते हैं।

### नाडेप कम्पोस्ट की गुणवत्ता बढ़ाने के उपाय

- नाडेप कम्पोस्ट में कार्बन–नाइट्रोजन का अनुपात को संतुलन में रखने के लिए 60 प्रतिशत सूखा एवं 40 प्रतिशत हरा भाग प्रयोग करना चाहिए।

- पेड़–पौधों के अवशेषों में कांच, पॉलीथिन, लोहा आदि नहीं होने चाहिएं।
- नीम की पत्तियों का प्रयोग अवश्य करें।

### नाडेप कम्पोस्ट बनाते समय सावधानियाँ

- गड्ढा ऊँचे स्थान पर होना चाहिए।
- गड्ढा भरते समय 15 सें.मी. पत्ती तथा 5 से 8 सें.मी. गोबर की खाद की तह ऊपर लगाते हैं। इसके ऊपर लगभग 250 ग्राम अमोनियम सल्फेट का छिड़काव करना चाहिए। गोबर की प्रत्येक सतह पर 1 सें.मी. राख की मोटी तह लगानी चाहिए।
- प्रत्येक तह के बाद जल का समुचित छिड़काव करें।
- गड्ढे को 15 सें.मी. मिट्टी से ढक देना चाहिए।
- पहली पलटाई तीन सप्ताह और दूसरी पलटाई 6 सप्ताह के बाद करनी चाहिए। इससें सड़ाव की क्रिया शीघ्र होती है।

### 4. एडको विधि

यह विधि उन क्षेत्रों पर अपनाई जाती है जहाँ पर खेती कृषि उपकरणों द्वारा की जाती है तथा पशु बहुत कम होते हैं। इस विधि में कम्पोस्ट बनाने के लिए भूसा, घास, मक्का, तथा ज्वार के शुष्क पौधे, धान की पुआल, गन्ने की पत्तियाँ तथा पेड–पौधों के अवशेष इत्यादि उपलब्ध होते हैं तथा गोबर एवं मूत्र बहुत कम या नहीं के बराबर उपलब्ध होते हैं। इस विधि में कम्पोस्ट तैयार करने के लिए गोबर व मूत्र की सहायता से चालू करने वाला एडको चूर्ण प्रयोग किया जाता है। इस विधि में कम्पोस्ट बनाने के लिए 10 वर्ग गज स्थान लेते हैं। सबसे पहले 30 सें.मी. ऊँची तह पेड़–पौधों के अवशेष पदार्थों की बिछाई जाती है। इस पर जल छिड़ककर पूरी तरह भिगो दिया जाता है। इसके ऊपर एडको चूर्ण छिडका जाता है। यह क्रिया छः बार दोहराई जाती है। तीन सप्ताह तक इस ढेर पर आवश्यकतानुसार जल छिड़कते रहते हैं। इस प्रकार एक ढेर से लगभग एक टन कम्पोस्ट खाद तैयार हो जाती है। भारत में यह विधि अधिक प्रचलित नहीं है।

## विभिन्न कम्पोस्ट खाद की विधि एवं मात्रा

सभी प्रकार के कम्पोस्ट खाद को फसल बुवाई के 15–30 दिन पूर्व खेत में 100–150 क्विंटल प्रति हेक्टेयर की दर से फैलाकर अच्छी प्रकार से जुताई करके मिला देना चाहिए।

## बायोखाद (बायोगैस स्लरी)

बायोगैस संयंत्र से जो गोबर का घोल सड़कर बाहर निकलता है, उसे बायोखाद कहते हैं। बायोगैस संयंत्र में गोबर की खाद बनने में मात्र डेढ महीने का ही समय लगता है, जो कि अन्य विधियों से खाद बनाये जाने की तुलना में कम होता है। बायोगैस संयंत्र में डाली गयी स्लरी का लगभग 20 से 25 प्रतिशत भाग बायोगैस में परिवर्तित हो जाता है, जिसका उपयोग ईंधन के रूप में किया जाता है तथा शेष 75 से 80 प्रतिशत भाग तरल किण्वित स्लरी के रूप में बायोगैस संयंत्र के निकाय द्वारा स्वतः ही बाहर निकल जाता है। इसलिए समुचित उपयोग के लिए गोबर को बायोगैस संयंत्र में काम लेना चाहिए, क्योंकि इसमें बायोगैस के अतिरिक्त गोबर की खाद बनाने की तुलना में 20 से 35 प्रतिशत तक अधिक जैविक खाद प्राप्त होता है। बायोखाद का उपयोग किसी भी फसल एवं भूमि पर लाभप्रद एवं प्रभावकारी होता है।

**सारणी 3.** गोबर को विभिन्न विधियों से सड़ाकर बनायी जाने वाली खादों की तुलना

| खाद का प्रकार | खाद बनाने में लगने वाला समय (दिन) | खादों में संरक्षित तत्वों की मात्रा (प्रतिशत) | उपलब्ध खाद की मात्रा (क्विंटल में) |
|---|---|---|---|
| खुले वातावरण से सड़ाकर | 120–150 | 50–55 | 35–40 |
| बन्द वातावरण में सड़ाकर | 75–90 | 75–80 | 55–60 |
| बायोगैस संयंत्र में सड़ाकर | 40–50 | 90–93 | 75–80 |

**स्रोतः** शंकर लाल गोलाडा एवं अन्य, खेती दुनिया, पृ. 4, 2013

**सारणी 4.** बायोगैस स्लरी में पाये जाने वाले पोषक तत्व

| क्रमांक | पोषक तत्व का नाम | पोषक तत्वों की उपलब्धता |
|---|---|---|
| 1. | नाइट्रोजन | 1.40–1.84 प्रतिशत |
| 2. | फॉस्फोरस | 1.10–1.72 प्रतिशत |
| 3. | पोटाष | 0.84–1.34 प्रतिशत |
| 4. | जैविक कार्बन | 35–38.4 प्रतिशत |
| 5. | जिंक | 103–116 मि.ग्रा. / कि.ग्रा. |
| 6. | कॉपर | 51–68 मि.ग्रा. / कि.ग्रा. |
| 7. | मैंगनीज | 231–295 मि.ग्रा. / कि.ग्रा. |

**स्रोतः** हैण्डबुक ऑफ एग्रीकल्चर (आई.सी.ए.आर.), 2011

## बायोखाद के लाभ

बायोगैस स्लरी एक पूर्ण रूप से पकी हुई जैविक खाद होती है। इसमें किसी भी प्रकार की गंध नहीं आती है और न ही इसमें कोई हानिकारक कीड़े–मकोड़े पैदा होते हैं। बायोखाद से मक्खी व मच्छर पैदा नहीं होते हैं। यदि खुले में भी पड़ी रहे तो इसका स्वास्थ्य पर कोई विपरीत प्रभाव नहीं पड़ता है। बायोखाद का फसल उत्पादन हेतु उपयोग तो किया ही जाता है। इसके अतिरिक्त इसमें मछलियों के लिये सभी आवश्यक पोषक तत्व पाये जाते हैं। मशरूम उत्पादन में गेहूँ व धान के भूसे के साथ भी बायोखाद का उपयोग किया जा सकता है।

## बायोडाइनैमिक खाद

'बायोडायनैमिक' शब्द दो ग्रीक शब्दों 'बायो' एवं 'डायनैमिक' से मिल कर बना है, 'बायो' अर्थ है जीव एवं 'डायनैमिक' जिसका अर्थ है गतिशीलता। इस प्रकार की खेती पद्धति में पृथ्वी, जल, वायु, ब्रह्मांड ऊर्जा का इस प्रकार से उपयोग किया जाता है कि जैव विविधता को कोई नुकसान न हो। इस खाद को बनाने के लिए हरी खाद, फसल चक्र, कम्पोस्ट, वर्मीकम्पोस्ट, तथा कीटों व रोगों का प्राकृतिक रोकथाम समाहित किया जाता है। बायोडाइनैमिक खेती के लिए यह अति आवश्यक है कि एक ऐसी खेती प्रणाली हो जो कि स्वयं ही अपनी उर्वरता बनाए रखने में सक्षम हो। डॉ. रूडोल्फ स्टेनर ने बायोडाइनेमिक खेती की 8 विधियों को बताया है। वर्तमान तक कुल मिलाकर नौ प्रकार के जैव सक्रिय उत्पाद विकसित किये गये हैं और उन्हें नुस्खा क्र. 500 से 508 तक नाम दिये गये है। इन उत्पादों में नुस्खा क्र. 500 (बीडी–500) तथा नुस्खा क्र. 501 (बी.डी.–501) सर्वाधिक लोकप्रिय हैं। नुस्खा क्र. 502 से 507 कम्पोस्ट उत्पादन में प्रयुक्त किये जाते हैं। नुस्खा क्र. 508 (बी. डी.–508) रोगरोधी है और अनेक प्रकार के फफूँद जन्य रोगों की रोकथाम में सहायक है।

1. हार्नखाद–बीडी 500
2. हार्न सिलिका–बीडी 501
3. पीला–बीडी–502
4. कैमोमिल–बीडी–503
5. स्टींलिंग नेटल–बीडी 504
6. टोल छाल–बीडी 505
7. डेन्डेलियम–बीडी 506
8. मेलेरियन–बीडी 507

## बी.डी.–500 (सींग खाद)

भारतीय परम्पराओं एवं मान्यताओं के अनुरूप तथा जैव पदार्थो के प्रणेता रूडोल्फ स्टेनर के अनुसार, एक ओर जहां गाय का गोबर अनेक नक्षत्रीय शक्तियों से पूर्ण, वहीं दूसरी ओर गाय के सींग के खोल में नक्षत्रीय शक्तियों को ग्रहण करने की अभूतपूर्व क्षमता है। इस प्रक्रिया में इन दोनों पदार्थों की अभूतपूर्व क्षमता का प्रयोग किया जाता है।

## बी.डी.–501 (सींग सिलिका खाद)

इस नुस्खे में क्वार्टज सिलिका का महीन चूर्ण गाय के सींग खोल में भरकर गर्मी के मौसम में लगभग 6 माह तक गाढ़कर रखा जाता है। इसका प्रयोग फसल पर स्प्रे रूप में किया जाता है तथा इसके प्रयोग से पौधों की प्रकाश संश्लेषण प्रक्रिया में वृद्धि होती है, फलों और दानों की गुणवत्ता में सुधार होता है और कुछ रोग (जैसे मिल्डयु व ब्लाइट) एवं कीटों की रोकथाम होती है।

### बायोडाइनेमिक खाद बनाने की विधि

- भूमि पर 6 X 4 फीट आकार में डंठल की एक परत बनाकर उस पर सूखे वानस्पतिक पदार्थ की 3 से 5 इंच मोटी परत तथा हरे वानस्पतिक पदार्थ की 3 से 5 इंच मोटी परत बना लें।
- इसके ऊपर गोबर को जल में घोल बनाकर छिड़काव करें तथा बुझे चूने की एक परत बिछाएं।
- इस प्रक्रिया को अपनाते हुए तब तक परत दर परत बिछाएं जब तक कि ढेर की ऊँचाई 5 फीट न हो जाए।
- इस ढेर में खोखले बांस की सहायता से चारों कोनों एवं बीच में छेद कर लें।
- अब खाद 502 से 507 को इन छेदों में डालकर पांचों छेदों को गोबर से लीपकर बन्द कर दें।
- 30 दिन बाद ढेर को पलटकर जल का छिड़कांव करें तथा पहले मृदा एवं गोबर से चारों ओर लीपकर बन्द कर दें।
- 90 दिन के बाद ढेर तैयार हो जाता है।

## बायोडाइनेमिक खाद की प्रयोग विधि

एक टन खाद प्रति एकड़ खेत में तैयारी के समय फैलाकर जुताई कर दें।

खाद का सामान्य अर्थ है जैविक खाद जैसे; गोबर की खाद और कम्पोस्ट। जैविक खादों में पोषक तत्व घुलनशील अवस्था में रहते हैं एवं इसमें मृदा की प्राकृतिक उर्वरा शक्ति को फिर से जीवित करने की समर्थता उपलब्ध होती है। जैविक खादों में पौधों के लिए आवश्यक सभी पोषक तत्व समाहित होते हैं। जैविक खाद न केवल पोषक तत्वों की आपूर्ति करती है बल्कि अनुपलब्ध पोषक तत्वों को उपलब्ध बनाकर फसलों को प्रदान करती है। अतः किसान गड्ढा बनाकर वैज्ञानिक विधियों से गोबर की खाद एवं फसल अवशेषों की कम्पोस्ट खाद तैयार कर खेत में प्रयोग करें।

❑❑❑

अध्याय 6

# जैविक खेती में केंचुआ खाद (वर्मीकम्पोस्ट) का योगदान

आज के समय में जैविक खाद्य पदार्थों की बढ़ती मांग को देखते हुए केंचुआ पालन का महत्व काफी बढ़ गया है। व्यर्थ पदार्थों को खाकर केंचुए से प्राप्त मल से तैयार खाद ही वर्मीकम्पोस्ट कहलाती है। वर्मीकम्पोस्ट का प्रयोग करने से मिट्टी की उर्वराशक्ति बढ़ती है जिससे फसलों की पैदावार बढ़ती है। इसमें गोबर की खाद की अपेक्षा नाइट्रोजन, फॉस्फोरस, पोटाश तथा अन्य तत्व अधिक मात्रा में पाये जाते हैं। इसकी खाद से मिट्टी का कटाव कम होता है, जलधारण क्षमता बढ़ती है और खरपतवार व रोगों का कम प्रकोप होता है। इसको खेत में, फसलों में, पार्को में और गमलों में प्रयोग किया जा सकता है। इसको पैकेट में भी पैक करके बेचा जा सकता है।

केंचुआ किसानों एवं खेती के लिए प्राकृतिक हितेषी मित्र है तथा इसके मल को वर्मीकम्पोस्ट कहते हैं। कृषि में आइसीनिया फोटिडा केंचुआ का अधिकांश प्रयोग किया जाता है। वर्मीकम्पोस्ट तैयार करने के लिए फसल अवशेष एवं घास–फूँस, कूड़ा–कचरा आदि को प्रयोग करके इस जाति को उसमें छोड़ दिया जाता है जौ फसल अवशेषों को खाकर वर्मीकम्पोस्ट तैयार करते हैं एवं अपनी संख्या बढ़ा देते हैं। वर्मीकम्पोस्ट खाद अन्य कार्बनिक खादों से सस्ती एवं टिकाऊ होती है क्योंकि इसमें पोषक तत्व पौधों के लिए अधिक मात्रा में होते हैं। आज जैविक खेती में वर्मीकम्पोस्ट का प्रयोग अति आवश्यक हो गया है।

## केंचुए का परिचय

प्राचीन काल से ही केंचुआ किसानों के लिए प्राकृतिक हितैषी रहा है। मृदा में पाये जाने वाले जीवों में यह सबसे प्रमुख लाभदायक है। ये वर्षा मौसम में खेतों व बाग–बगीचों में वर्षा के बाद भूमि तथ जल में से निकलकर भूमि पर रेंगते हुए दिखाई देते हैं। केंचुआ जीव मृदा में अधिक गहराई में बिल बनाकर धरातल पर ही रहकर मृदा तथा इसमें उपस्थित जीवांश पदार्थ को खाकर अपना जीवन–निर्वाह करते हैं। इनको मुख के द्वारा खाने के बाद ये अपनी पाचन नली में उपस्थित चक्की या गिजार्ड में बडी अच्छी प्रकार से पिसाई करते हैं। बाद में इन्हें कैल्शियम तत्व से सुपोषित व लेपित करके छोटी–छोटी विभिन्न आकार

की गोलियों के रूप में मलद्वार के रास्ते बाहर निकाल देते हैं। यही उदासीन पी.एच. मान वाली गोलियाँ मृदा में उर्वरा–शक्ति बढ़ाती रहती हैं। एक साधारण केंचुआ एक दिन में लगभग 15 बिल बना सकता है। बिलों के मुँह पर गोलियाँ छोड़ने तथा प्राण वायु ऑक्सीजन लेने के लिए ये भूमि की सतह पर आ जाते हैं और नए स्थान से भूमि में अन्दर घुसते हैं। इन बिलों के कारण ही मृदा में वायुसंचार, जलग्रहण, जलधारण क्षमता तथा जल निकास बढ़ता है। दोमट व रेतीली दोमट मश्दा में 18–33 सें. ग्रे. तापमान, 30–40 प्रतिशत नमी व जीवांश की प्रचुर मात्रा होने पर क्रियाशील होते हैं। वैज्ञानिक डार्विन के अनुसार प्रतिवर्ष किसी भी उपजाऊ मृदा की ऊपरी आधा इंच मृदा का निर्माण केंचुओं द्वारा ही होता है।

## केंचुओं के मुख्य गुण

- केंचुए सड़ने, गलने व तोड़ने की प्रक्रिया को बढ़ाने में सहायक होते हैं।
- मृदा में वायु संचार के प्रवाह को बढ़ाने में सहायक हैं।
- जैव क्षतिशील व्यर्थ कार्बनिक पदार्थों का विखंडन व विघटन कर उन्हें कम्पोस्ट में बदल देते हैं।

**चित्र 1.** वर्मीकम्पोस्ट हेतु केंचुआ पालन

## वर्मीकम्पोस्ट

कार्बनिक अवशिष्ट पदार्थों जैसे, भूसा, सूखी घास, जलकुम्भी, सब्जियों फलों के छिलके, पेठे का कचरा, आदि के द्वारा केंचुओं की सहायता से खाद बनाना, वर्मीकम्पोस्ट कहलाता है। इस प्रक्रिया में केंचुओं से विसर्जित पदार्थ वर्मीकम्पोस्ट से जो खाद बनती है उसे ही वर्मीकम्पोस्ट कहते हैं। इसमें पौधों की आवश्यकतानुसार सभी पदार्थ होते हैं जिससे मृदा की उर्वरा–शक्ति बढ़ती है। एग्रीकल्चर यूनिवर्सिटी, बेंगलरू में हुए पोषक तत्वों के परीक्षण के आधार पर वर्मीकम्पोस्ट में पोषक तत्वों की निम्नलिखित मात्राओं को सारणी 1 में दर्शाया गया है:

**सारणी 1.** वर्मीकम्पोस्ट खाद में विभिन्न पोषक तत्वों की मात्रा

| तत्वों का नाम | उपलब्ध मात्रा |
|---|---|
| ऑर्गेनिक कार्बन | 9.15–17.98 |
| कुल नाइट्रोजन | 0.5–1.5 |
| पोटेषियम | 0.1–0.3 |
| सोडियम | 0.6–0.03 |
| कैल्शियम व मैग्नीशियम | 22.67–70.0 (एमईक्यू)/100 ग्राम |
| कॉपर | 2–9.5 पीपीएम |
| आयरन | 2–9.3 पीपीएम |
| जिंक | 5.7–11.5 पीपीएम |
| सल्फर | 128.0–548.0 पीपीएम |

**स्रोतः** काले, 1993 के सौजन्य से

## वर्मीकम्पोस्ट हेतु केंचुओं का चयन

साधारण भाषा में केंचुए के मल को वर्मीकम्पोस्ट कहा जाता है। यह फसलों के लिए खाद का कार्य करता है। वर्मीकम्पोस्ट के लिए केंचुए की कई प्रजातियाँ हैं जिससे वर्मीकम्पोस्ट आसानी से बनाया जा सकता है, जैसे आइसीनिया फोटिडा, पेरियोनिक्स आदि। इनमें से आइसीनिया फोटिडा का हमारे देश में वर्मीकम्पोस्ट बनाने के लिए बहुत काम में लाया जाता है। यह केंचुआ कम समय में अपनी संख्या बढ़ाता है तथा इस पर तापमान कम अधिक होने से विशेष प्रभाव नहीं पड़ता है।

## वर्मीकम्पोस्ट बनाने के लिए स्थान का चयन

वर्मीकम्पोस्ट बनाने के लिए ऐसे स्थान का चुनाव करे जहाँ पर जलभराव की स्थिति न हो तथा छायादार स्थान हो। यदि छाया न हो तो घास का एक छप्पर बनाना चाहिए। शेड का आकार उपलब्ध गोबर व बैड की संख्या पर निर्भर करता है। गांव में शेड लकड़ी का, बांस एवं घास से तैयार किया जा सकता है।

### वर्मीकम्पोट बनाने के लिए आवश्यक सामग्री

1. गोबर की खाद व घास–फूँस की मात्रा : 100 कि.ग्रा.
2. केंचुआ : 1/2 कि.ग्रा. केंचुआ प्रति वर्ग फुट।
3. जल की मात्रा : मौसम व आवश्यकतानुसार।

वर्मीकम्पोस्ट खाद बनाने के लिए गोबर पहले से एकत्रित किया हुआ होना चाहिए, जिससे उसमें मीथेन गैस न रहे। गोबर के साथ घास–फूँस को भी पूर्व में ही थोड़ा सड़ा हुआ ही मिलायें तो बेहतर होगा। क्योंकि बिना सड़ा हुआ घास–पात व कूड़ा–कचरा गोबर के साथ मिलाते हैं, तो इसमें गर्मी पैदा होती है। यदि एक भाग वनस्पति अवशेष, घास, पौधों की पत्तियाँ एवं तीन भाग गोबर को मिलाकर बनाया जाए तो सबसे अच्छे परिणाम मिलते हैं।

## वर्मीकम्पोस्ट हेतु कच्चे माल का पूर्व उपचार

- वर्मीकम्पोस्ट बनाये जाने वाले कचरे में से अजैविक पदार्थ जैसे प्लास्टिक, काँच, चीनी मिट्टी के टुकड़े, धातु के टुकड़ों को छाँटकर अलग निकाल दें।
- छंटाई किये कचरे या अवशेष को काटकर छोटे–छोटे टुकड़ों में बदल दें और तेज धूप में 1 से 2 दिन सूखने दें।
- यदि कचरे में कीट प्रकोप अधिक है तो 4 प्रतिशत जलीय नीम कीटनाशक के प्रयोग से कीट नियंत्रण करें।

## वर्मीकम्पोस्ट बनाने की विधि के विभिन्न चरण

1. पहले चरण में शेड के नीचे की भूमि को समतल बनाकर 3 से 4 इंच मोटी सतह पर मक्का, ज्वार, बाजरा इत्यादि के अवशेष या भूसा बिछा देना चाहिए। सामान्य शेड का आकार 12 X 4 X 2 फीट रखते हैं। एक बेड से दूसरे बेड के बीच डेढ फीट खाली स्थान पर जल का छिड़काव तथा अन्य कार्यों के लिए रखनी चाहिए।

**चित्र 2.** केंचुआ खाद बनाने की इकाई

2. दूसरी सतह पुराने गोबर की रखनी चाहिए तथा लगभग 3 इंच मोटी परत बेडिंग वाले पदार्थ के ऊपर डाली जाती है।
3. तीसरी सतह पुनः घास–पात व फिर गोबर की डालनी चाहिए। जिससे बेड की ऊँचाई कम से कम 1.5 या 2 फीट हो जाये।
4. चौथी सतह में 25 केंचुआ प्रति वर्ग फीट स्थान की दर से छोड़ते हैं अर्थात 72 वर्ग फीट स्थान में 12 X 4 X 4 फीट बेड के लिए 500–2000 केंचुओं की आवश्यकता होती है। कुछ ही समय में केंचुए अन्दर चले जायेंगे।

5. अन्तिम चरण में जूट का बोरा या सूखी पेड की पत्ती से ढकना चाहिए। इसके ऊपर नियमित रूप से जल का छिड़काव करते रहना चाहिए। सर्दियों में दिन में एक बार व गर्मी में दो बार जल का छिड़काव अवश्य करें। लगभग 60 से 70 दिनों में केंचुआ खाद तैयार हो जाता है। यह भुरभुरा चाय की पत्ती जैसा काले रंग का होता है। खाद बन जाने पर जल का छिड़काव 3 से 4 दिन पूर्व से बन्द कर देना चाहिए।

**सारणी 2.** गोबर की खाद व वर्मीकम्पोस्ट में उपलब्ध पोषक तत्व (प्रतिशत)

| क्रमांक | तत्व | गोबर की खाद | वर्मीकम्पोस्ट |
|---|---|---|---|
| 1. | कार्बन | 3.0 | 20 |
| 2. | नाइट्रोजन | 0.6 | 1.5 |
| 3. | कार्बन / नाइट्रोजन अनुपात | 44 | 13 |
| 4. | फॉस्फोरस | 0.2 | 1.5–1.75 |
| 5. | पोटेशियम | 0.5 | 0.10 |
| 6. | गन्धक | 0.4 | 0.80 |
| 7. | कैल्शियम | 0.20 | 1.03 |
| 8. | मैग्निशियम | 0.20 | 0.23 |
| 9. | ताम्बा | 25 | 46 |
| 10. | जिंक | 80 | 100 |
| 11. | मैंगनीज | 149 | 189 |

**स्रोतः** हैण्डबुक ऑफ मेन्योर्स एंड फर्टिलाइजर्स

## वर्मीकम्पोस्ट बनाते समय सावधानियाँ

- केंचुआ अंधेरा एवं नमी पसन्द करने वाला जीव है, अतः उसे छाँव में रखें।
- ताजी गोबर, घास, पत्ती आदि का प्रयोग नहीं करें। यह सामग्री थोड़ी सड़ी होनी चाहिए, क्योंकि ताजी गोबर होने से केंचुआ चिपककर मर जाता है।
- केंचुआ के भोजन में पत्थर, कंकड़, काँच व खुरदरे पदार्थ नहीं होने चाहिएं।
- केंचुए को धीरे–धीरे बेड के ऊपर डालना चाहिए जिससे वे कुछ देर में नीचे चले जायें।
- बेड में उचित नमी की मात्रा बनाये रखें, नमी का प्रतिशत कम से कम 40 से 50 होनी चाहिए।
- वर्मीकम्पोस्ट तैयार खाद को ढेर से निकालने के लिए पूरे बेड में 2 से 3 स्थान पर पर ढेरी बनाकर 30 मिनट तक उसी स्थिति में रहने दें ताकि केंचुए नीचे चले जायें।

- वर्मीकम्पोस्ट निकालते समय ध्यान रखें कि खाद में केंचुओं के बच्चे व ककून न जाने पायें और चीटी, चूहा, मुर्गी व दीमक आदि से केंचुओं का बचाव करना चाहिए।
- दीमक से बचाव हेतु 4 प्रतिशत नीम के कीटनाशक घोल का प्रयोग करें अथवा 500 ग्राम निम्बोली को रात भर जल में भिगोकर बारीक पीसकर एक लीटर जल में घोलकर छिड़काव करें।
- वर्मीकम्पोस्ट के गड्ढों में साबुन, दवाईयाँ या किसी प्रकार के रसायनयुक्त जल का प्रवेश न होने दें।

## वर्मीकम्पोस्ट का उपयोग

बीज की बुवाई, खेत की तैयारी के समय एवं गमले में गोबर खाद की तुलना में कम मात्रा में डालें। खाद का मिश्रण छायादार स्थान में पक्के फर्श या प्लास्टिक शीट पर करें। बिना मिट्टी अथवा अन्य कम्पोस्ट का प्रयोग करना उचित नहीं है। खेतों–बगीचों में दोपहर के बाद केंचुआ खाद का प्रयोग करें।

**चित्र 3.** तैयार वर्मीकम्पोस्ट की पैकिंग

### वर्मीकम्पोस्ट की प्रयोग मात्रा

- भूमि में जब नमी हो उस समय वर्मीकम्पोस्ट को छिड़क कर भूमि में मिला दें तथा प्रतिवर्ष प्रति हेक्टेयर 2 से 4 टन खाद दें।
- वर्मीकम्पोस्ट कपास, सोयाबीन, मक्का, ज्वार इत्यादि फसलों में कम से कम 2 टन तथा बागवानी फसलों में 3 टन प्रति हेक्टेयर मिला देना चाहिए।
- गमलों में प्रति गमला 100 ग्राम वर्मीकम्पोस्ट देना चाहिए।

### वर्मीकम्पोस्ट के लाभ

- वर्मीकम्पोस्ट के उपयोग से भूमि की उर्वरा–शक्ति में वृद्धि होती है।
- भूमि में कार्बनिक पदार्थ तथा नत्रजन की वृद्धि होती है।
- भूमि की जलधारण क्षमता बढ़ती है।
- पौधों में प्रतिरोधक क्षमता बढ़ती है जिससे कीट बीमारियों का प्रकोप कम होता है।
- रंसायनिक उर्वरकों की निर्भरता में कमी जो अधिक लागत एवं वातावरण को प्रभावित करते हैं।

- भूमि संरचना तथा जुताई में सुधार के साथ ही भूमि क्षारीय होने से बचाने में सहायक होता है।
- खाद ढेर एवं पशु के मल–मूत्र से होने वाले प्रदूषण में कमी अर्थात पर्यावरण को प्रदूषण से बचाने में सहायक है।
- भूमि में सूक्ष्म जीवाणुओं की क्रियाशीलता में वृद्धि होती है जिससे पौधों को पोषक तत्व आसानी से प्राप्त होते हैं।

केंचुआ खाद पोषण पदार्थों से भरपूर एक उत्तम जैविक खाद है। केंचुआ खाद वनस्पतियों एवं भोजन के अवशेषों आदि को विघटित करके बनाई जाती है। इस खाद से न तो दुर्गन्ध आती है और न ही मक्खी एवं मच्छर बढ़ते हैं, साथ ही वातावारण भी प्रदूषित नहीं होता। यह खाद 2 से 3 महीनों में तैयार हो जाती है और यह प्रयोग में लाई जाने वाली चाय की पत्ती के रंग में बदल जाती है। केंचुआ खाद मृदा में मिलाने से मृदा की उर्वरा–शक्ति तो बढ़ती ही है, साथ ही साथ फसलों की पैदावार व गुणवत्ता में भी वृद्धि होती है। दो गड्ढ़ों से लगभग 1 टन खाद प्राप्त हो जाती है।

## फसल अवशेष से कम्पोस्ट तैयार करना

भारत में फसल अवशेषों की उपलब्ध मात्रा 635 मिलियन टन प्रतिवर्ष है, धान एवं गेहूँ फसलों से 197.10 मिलियन टन फसल अवशेष उत्पन्न होते हैं।

### फसल अवशेषों को जलाने के नुकसान

1. **मृदा के भौतिक गुणों पर प्रभाव**–फसल अवशेषों को जलाने के कारण मृदा ताप में वृद्धि होती है जिसके फलस्वरूप मृदा की सतह सख्त हो जाती है एवं मृदा की सघनता में वृद्धि होती है साथ ही मृदा जल धारण क्षमता में कमी आती है तथा मृदा वातन पर विपरीत प्रभाव पड़ता है।
2. **मृदा पर्यावरण पर प्रभाव**–फसल अवशेषों को जलाने से मृदा में उपस्थित सूक्ष्मजीवों की संख्या पर बुरा प्रभाव पड़ता है और इसके कारण लाभदायक कीटों की संख्या में कमी आती है।
3. **मृदा में उपस्थित पोषक तत्वों की उपलब्धता में कमी**–फसल अवशेषों को जलाने के कारण मृदा में उपस्थित मुख्य पोषक तत्व नाइट्रोजन, फॉस्फोरस एवं पोटाश की उपलब्धता में कमी आती है।
4. **मृदा में उपस्थित कार्बनिक पदार्थ में कमी**–फसल अवशेषों को जलाने से मृदा में उपस्थित कार्बनिक पदार्थ में अधिक तापमान के कारण हानि होती है।

5. **वायु प्रदूषण**–खेतों में फसल अवशेषों को जलाने के कारण अत्यधिक मात्रा में वायु प्रदूषण होता है। साथ ही ग्रीनहाउस गैसें जैसे कार्बन डाई ऑक्साइड, नाइट्रस ऑक्साइड आदि का उत्सर्जन ग्लोबल वार्मिंग के लिए भी उत्तरदायी होता है।
6. **जानवरों के लिए चारे की कमी**–फसल अवशेषों को पशुओं के लिए सूखे चारे के रुप में प्रयोग किया जाने से पशुओं को चारे की कमी का सामना करना पड़ता है।

## किसानों द्वारा फसल अवशेषों को जलाने के कारण

1. अगली फसल की जल्दी बुवाई के लिए खेत खाली करने के उद्देश्य से एवं कम लागत में खेत खाली करने के लिए।
2. मृदा जनित रोगों के प्रभाव को कम करने के लिए।
3. किसानों के खेत में खडी हुई खरपतवारों को कम करने के लिए।

## धान के फसल अवशेष पैरा सड़ाने की तीन स्तरीय तकनीक

- सूखे धान के पैरा के ढेर को अनुमान से तीन भागों में बांट लें।
- पैरा के एक भाग को समतल भूमि जहाँ जल की उपलब्धता हो, एक फीट मोटी परत में बिछा दें। परत की लम्बाई–चौड़ाई पैरा की मात्रा पर निर्भर करेंगी।
- परत के ऊपर सूखी बारीक मिट्टी की एक परत बिछा दें।
- ट्राइकोडर्मा 10 प्रतिशत की एक कि.ग्रा. प्रति 4–5 क्विंटल पैरा की दर से मिट्टी के ऊपर छिड़क दें।
- इसके ऊपर दूसरी व तीसरी एक–एक फीट की दो परतें और बनायें। परत में मिट्टी ट्राइकोडर्मा 10 प्रतिशत प्रति कि.ग्रा. प्रति 4–5 ट्रॉली पैरा की दर से डालना चाहिए।
- तीनों परतों के ढेर को काली पॉलीथीन या तिरपाल आदि से ढक दें, जिससे नमी बनी रहे। इसे 20–25 दिन तक के लिए ढका रहने दें। यदि जल की आवश्यकता हो तो हल्का जल डालें।
- 20–25 दिन में पैरा को पलटें। इसे हाथ से या ट्रैक्टर में कल्टीवेटर लगाकर पलट सकते हैं।
- इसे 4–5 दिन के लिए खुला सूखने के लिए धूप में छोड़ दें।
- अब इसके ऊपर ट्रैक्टर या डिस्क हैरों को 4–5 चक्कर चला दें। इससे पैरा टूट जायेगा। इसे एकत्रित करके 2–3 फीट ऊँची ढेर लगाकर इसमें आवश्यकतानुसार जल डालें व पुनः 15 से 20 दिन के लिए छोड़ दें।

- 15–20 दिन बाद पुनः पलटें, ट्रैक्टर से हाथ से जिसके पास रोटावेटर हो उससे भी पलट सकते हैं। पुनः एकत्रित कर 2–3 फींट ढ़ेर बनायें और सिंचाई कर 10–15 दिन के लिए ढ़क दें।

अब यह 45–60 दिन में खेत में डालने के लिए तैयार हो जाता है। यदि यह गीला हो तो इसे ट्रैक्टर से या हाथ से फैला दें।

❑❑❑

अध्याय 7

# जैविक खेती में हरी खाद का योगदान

हरी खाद एक प्रकार की जैविक खाद ही है। यह ताजे रूप में प्रयोग में लायी जाती है, जिसमें हरे पौधे विशेषकर दलहनी फसलों को खेत में उगाकर फूल आने से पहले उसे हल चलाकर मृदा में दबा दिया जाता है। ये पौधे नत्रजन का प्राकृतिक रूप से स्थिरीकरण करते हैं, एवं मृदा में जैविक तत्वों की वृद्धि तथा पोषक तत्वों की उपलब्धता बढ़ाते हैं। भारत में मृदा की उर्वरता एवं उत्पादकता बढ़ाने में हरी खाद का प्रयोग प्राचीनकाल से होता आ रहा है। सघन कृषि पद्धति के विकास तथा नकदी फसलों के अन्तर्गत क्षेत्रफल बढ़ने के कारण हरी खाद के प्रयोग में निश्चित ही कमी आई है, लेकिन बढ़ते ऊर्जा संकट, उर्वरकों के मूल्यों में वृद्धि तथा गोबर की खाद जैसे अन्य जैविक स्रोतों की सीमित आपूर्ति से आज हरी खाद का महत्व और बढ़ गया है। भारत में हरी खाद के लिए दलहनी फसलें उगाई जाती हैं क्योंकि इनकी जड़ों में गांठें पाई जाती हैं। इन गांठों में विशेष प्रकार के सहजीवी जीवाणु पाये जाते हैं, जो कि वायुमण्डल में पाई जाने वाली नाइट्रोजन का स्थिरीकरण कर मृदा में पूर्ति करते हैं। रसायनिक उर्वरकों से होने वाले नुकसान और खेती की बढ़ती लागत के बीच हरी खाद किसानों के लिए जैविक खादों का उत्तम विकल्प है। इससे खेती की लागत को तो कम किया जा सकता है, साथ ही साथ पैदावार को भी बढ़ाया जा सकता है। हरी खाद की मुख्य विशेषता यह है कि यह मृदा की उपजाऊ शक्ति बढ़ाती है। हरी खाद को खेत में उगाकर या किसी दूसरे स्थान से लाकर उसे खेत की मृदा में मिला दिया जाता है। हरी खाद के पौधों के खेत में सड़ने के बाद वे जैविक खाद का काम करते हैं। इससे मृदा के पोषक तत्वों के साथ उसमें उपलब्ध नाइट्रोजन की मात्रा भी बढ़ जाती है। हरी खाद रेतीली और चिकनी मृदा को सुधार कर उसे खेती के अनुसार बना देती है। धान–गेहूँ फसल चक्र में ढैंचा, मूँग, लोबिया आदि फलीदार फसल लगाने से न केवल इन फसलों की उत्पादकता में वृद्धि होने के संकेत मिले बल्कि मृदा में जैविक पदार्थ में वृद्धि भी देखी गई (सारणी 1)।

**सारणी 1.** हरी खाद का चावल–गेहूँ क्रम की उत्पादकता पर प्रभाव

| हरी खाद के स्रोत | उपज (क्विंटल/है.) | | मृदा में कार्बन |
|---|---|---|---|
| | चावल | गेहूँ | (प्रतिशत) |
| नियंत्रित | 27.32 | 21.12 | 0.48 |
| ढैंचा | 33.90 | 22.35 | 0.56 |
| मूँग | 29.84 | 22.10 | 0.54 |
| लोबिया | 29.50 | 22.11 | 0.56 |

**स्रोतः** ठाकुर और साथी (1999) इंडियन जर्नल ऑफ एग्रोनामी 44(4): 64–68

## हरी खाद हेतु प्रमुख दलहनी फसलें

हरी खाद हेतु प्रमुख दलहनी फसलें जैसे, सनई, ढैंचा, ग्वार, बरसीम, उड़द, मूँग, व लोबिया इत्यादि अधिक प्रचलित हैं, क्योंकि इनकी जड़ों में गांठें होती हैं, जो मृदा में नाइट्रोजन की कमी को पूरा कर देती है। एक टन ढैंचा के शुष्क पदार्थ मृदा में लगभग 26.2 कि.ग्रा. प्रति हेक्टेयर नाइट्रोजन पोषक तत्व उपलब्ध होता है।

**चित्र 1.** हरी खाद हेतु ढैंचा की फसल

**हरी खाद हेतु खरीफ ऋतु की दलहनी फसलें**: सनई, ढैंचा, ग्वार, मूँग, उड़द, लोबिया, सोयाबीन एवं नील।

**हरी खाद हेतु रबी ऋतु की दलहनी फसलें**: सैंजी, मेथी, बरसीम, खेसारी एवं मसूर।

**हरी खाद हेतु बहुवार्षिक फलीदार फसलें**: सुबबुल, कैसिया, सिस्बानिया आदि।

## हरी खाद हेतु अदलहनी फसलें

ये फसलें केवल जैविक पदार्थ प्रदान करती हैं, जैसे, भांग, कोदोगिरा, ज्वार, मक्का, सूरजमुखी, मदार आदि हरी खाद हेतु उपयुक्त पाई गई है। सारणी 2 में प्रमुख फसलों में उपलब्ध जीवांश की मात्राएं दी गई हैं।

**सारणी 2.** प्रमुख हरी खाद की फसलों में उपलब्ध जीवांश की मात्राएं

| खरीफ ऋतु की फसले | बुवाई का समय | बीज दर (कि.ग्र. / है.) | हरे पदार्थ की मात्रा(टन / है.) | प्राप्त नत्रजन (कि.ग्रा. / है.) |
|---|---|---|---|---|
| सनई | अप्रैल–जुलाई | 80–100 | 18–28 | 60–100 |
| ढैंचा | अप्रैल–जुलाई | 80–100 | 20–25 | 84–105 |
| लोबिया | अप्रैल–जुलाई | 45–55 | 15–18 | 74–88 |
| उड़द | जून–जुलाई | 20–22 | 10–12 | 40–49 |
| मूँग | अप्रैल–जुलाई | 30–40 | 20–25 | 68–85 |
| बरसीम | अक्टूबर–सितम्बर | 20–30 | 16 | 60 |
| मटर | अक्टूबर–सितम्बर | 80–100 | 21 | 67 |
| ग्वार | अप्रैल–जुलाई | 30–40 | 20–25 | 68–85 |

## हरी खाद वाली फसलों का संक्षिप्त विवरण

**सनईः** इसे सनहैंप भी कहते हैं। इसकी खेती पूरे भारत में की जाती है। यह सबसे अच्छी हरी खाद है तथा शीघ्र बढ़ने वाली और सूखे को सहन करने वाली फसल है। यह घनी बुवाई करने पर खरपतवारों को दबा देती है। इसकी बुवाई अप्रैल–मई या मानसून की पहली वर्षा के बाद की जा सकती है। इसे बुवाई के 6 से 8 सप्ताह में पलट दिया जाता है। मृदा में गलसड़ कर फसल ह्युमस बनाती है और इस की जड़ों के बैक्टीरिया नाइट्रोजन का भंडारण करते हैं। जिसका प्रयोग अगली फसल के पौधे करते हैं। सनई की एक हेक्टेयर फसल से लगभग 18 से 28 हजार कि.ग्रा. जैविक पदार्थ मिलता है; जो सड़ने पर प्रति हेक्टेयर 60 से 100 कि.ग्रा. नाइट्रोजन खेत को देता है। इससे अधिक मात्रा में फॉस्फोरस व पोटाश भी मिलता है।

**ढैंचाः** यह सभी प्रकार की मृदा में उग सकता है। इसे 75 सें.मी. वर्षा वाली और अच्छी सिंचाई वाली स्थानों पर उगाया जाता है। ढैंचा वर्षा शुरू होने पर बोया जाता है। इससे मृदा में नाइट्रोजन व जीवांश पदार्थ बढ़ता है।

**चित्र 2.** मूँग की हरी खाद हेतु फसल

**मूँगः** मूँग की हरी खाद की हर स्थान पर; जहाँ जल न भरता हो, उगाया जा सकता है। बुवाई के 50 से 60 दिन बाद फलियां चुनने के साथ ही फसल को

जून–अगस्त महीने के आखिर तक खेत में जोत दिया जाता है। इससे प्रति हेक्टेयर मृदा में लगभग 75 से 115 क्विंटल जीवांश पदार्थ और लगभग 60 कि.ग्रा. नाइट्रोजन मिलती है।

**लोबियाः** इससे लगभग 149 क्विंटल हरा पदार्थ व 55 कि.ग्रा. नाइट्रोजन मिलती है। इससे मृदा की दशा जल्दी सुधरती है (सारणी 3)।

## हरी खाद वाली फसलों की विशेषताएं

- हरी खाद वाली फसलों के वानस्पतिक भाग अधिक होने चाहिए।
- फसल के तने कोमल रसदार होने चाहिए।
- फसल की जड़ें शीघ्र बढ़ने वाली तथा गहरी होनी चाहिए, जिससे वह मृदा में गहराई तक जाकर अधिक से अधिक पोषक तत्वों को खींच सकें।
- फसल की जड़ों में अधिक ग्रन्थियाँ हों ताकि वायुमण्डलीय नाइट्रोजन को अधिक मात्रा में स्थिरीकरण कर सकें।
- फसल को कम से कम जल आवश्यकता पड़े।
- फसल कीट व रोग अवरोधी हो।
- उगाने में न्यूनतम खर्च हो।
- फसलें ऐसी हों जो विभिन्न मृदाओं में उग सकें।
- फसल भूमि में अधिक जैविक पदार्थ प्रदान करने वाली हो।
- फसल का बीज सस्ता व आसानी से उपलब्ध हो।

**सारणी 3.** हरी खाद से प्राप्त विभिन्न पोषक तत्व

| फसल का नाम | हरे पदार्थ की मात्रा (टन/है.) | नाइट्रोजन का प्रतिशत | प्राप्त नाइट्रोजन (कि.ग्रा./है.) |
|---|---|---|---|
| सनई | 20–30 | 0.43 | 86–129 |
| ढैंचा | 20–25 | 0.42 | 84–105 |
| उड़द | 10–12 | 0.41 | 41–105 |
| मूँग | 8–10 | 0.48 | 38–48 |
| ग्वार | 20–25 | 0.34 | 68–85 |
| लोबिया | 15–18 | 0.49 | 74–88 |
| कुल्थी | 8–10 | 0.33 | 26–33 |
| नील | 8–10 | 0.78 | 62–78 |

**स्रोतः** खेती, पृ. 24, जून, 2014

## हरी खाद तैयार करने की विधि

जिस खेत में हरी खाद का प्रयोग करना है, उसमें वर्षा के मौसम से पहले हरी खाद वाली फसलों बुवाई कर देनी चाहिए। इन फसलों में पुष्पन से पहले पाटा चलाकर पौधों को दबा दिया जाता है। बाद में कुछ दिनों बाद मृदा पलटने वाले हल चलाकर पौधों को सड़ने के लिए छोड़ दिया जाता है। इस विधि में दो मुख्य फसलों के बुवाई के मध्य के समय में शीघ्र उगने वाली दलहनी फसलों जैसे, सनई, ढैंचा, मूँग, उड़द, बरसीम, जंगली नील तथा लोबिया इत्यादि को उगाया जाता है तथा मुख्य फसल बुवाई से पहले जुताई के समय मृदा में पलट दिया जाता है। उगाने की विधि निम्न प्रकार हैः

**भूमिः** बलुई से लेकर मटियार भूमियों में हरी खाद लगाई जा सकती है।

**भूमि की तैयारीः** हरी खाद के लिए भूमि की अधिक तैयारी की आवश्यकता नहीं पड़ती है। 1 से 2 जुताई करके बीज छिड़क कर बो दिया जाता है और उसके बाद पाटा लाग देते हैं।

**बुवाई का समयः** उत्तरी भारत में सिंचाई की सुविधा होने पर जून के आरम्भ में बो देना चाहिए। यदि सिंचाई की सुविधा न हो तो वर्षा प्रारम्भ होने पर जून के अन्तिम सप्ताह से जुलाई के प्रथम सप्ताह तक बो देना चाहिए।

**बीज दरः** सनई की बीज 100 कि.ग्रा. एवं ढैंचा 60 कि.ग्रा. प्रति हेक्टेयर की दर से प्रयोग करें।

**हरी खाद पलटने का समयः** हरी खाद हेतु फसल में जब फूल आने वाले हों अर्थात 7 से 8 सप्ताह की फसल पलटने हेतु सर्वोत्तम है।

## हरी खाद वाली फसलों को मृदा में पलटने का समय

हरी खाद वाली फसल को एक विशेष अवस्था पर ही खेत में पलटने से मृदा को अधिकतम नाइट्रोजन एवं जीवांश पदार्थ की मात्रा प्राप्त होती है। विशेष अवस्था उस समय होती है जब फसल कुछ अपरिपक्व अवस्था में हो तथा फूल निकलना प्रारम्भ हो गये हों। इस समय वानस्पतिक वृद्धि अधिक होती है तथा पौधों की शाखाएं व पत्तियाँ मुलायम होती हैं और फसल का कार्बनःनाइट्रोजन अनुपात भी कम होता है। सनई की फसल में 50 दिन बाद तथा ढैंचा में 40 दिन बाद यह अवस्था आती है। बरसीम की फसल में 3 से 4 कटाई के बाद फसल को पलटना लाभप्रद रहता है।

**हरी खाद पलटने की विधि एवं दबाने की गहराईः** हरी खाद की फसल जब 42 से 45 दिनों की हो जाये तो ट्रैक्टर चालित हैरो आदि से मृदा में दबा देना चाहिए। हल्की भूमि में गहरा तथा भारी भूमि में उथला दबाना चाहिए। अधिक दिनों की फसल को विघटन हेतु उथला दबाना चाहिए।

**हरी खाद को पलटने के बाद अगली फसल बोने का समयः** हरी खाद को दबाने के बाद विघटन क्रिया चालू हो जाती है। केवल धान की फसल के लिए रोपाई से लगभग एक सप्ताह पूर्व जोतकर इसे मिला देना चाहिए। इसके अतिरिक्त हरी खाद को पलटने के बाद अगली फसल की बुवाई के बीच 2 माह का अंतराल उपयुक्त होता है।

## हरी खाद प्रयोग विधि

इसकी दो विधियाँ मुख्य रूप से प्रचलित हैं:

### 1. हरी खाद की स्वःस्थाने विधि (इन सिटू)

इस विधि में हरी खाद वाली फसल उसी खेत में पैदा की जाती है तथा जुताई करके उसी खेत की मिट्टी में दबा देते हैं। इस प्रकार की फसलें एकल या दूसरी फसल के साथ मिश्रित रूप में बोयी जाती हैं। यह विधि अधिक वर्षा वाले क्षेत्रों के लिए उपयुक्त है।

### 2. हरी पत्ती की खाद (एक्स सीटू)

इस विधि में झाड़ियों के पत्ते तथा शाखाओं को खेत में दबाया जाता है। ये मृदा में थोड़ी–सी नमी होने पर सड़ जाती है। इस प्रकार की हरी खाद बनाने के लिए ससबानियां, करंज तथा ग्लायरी खोड़िया आदि का प्रयोग करते हैं।

### हरी खाद के लाभ

- हरी खाद से मृदा को जीवांश पदार्थ मिलता है, मृदा की भौतिक एवं रसायनिक स्थिति में सुधार होता है।
- हरी खाद की फसलें मृदा की निचली सतहों से पोषक तत्व ग्रहण करके ऊपरी सतह पर एकत्रित करती हैं जिससे अग्रिम फसलें लाभान्वित होती हैं।
- मृदा की जल अवशोषण क्षमता में सुधार होता है एवं मृदा क्षरण भी कम होता है।
- दलहनी फसलों की जड़ें वातावरण के स्वतंत्र नाइट्रोजन को एकत्र करती हैं।
- कुछ पोषक तत्वों जैसे कैल्शियम, पोटेशियम, फॉस्फोरस आदि की उपलब्धता बढ़ती है।
- हरी खाद के प्रयोग से मृदा भुरभुरी होती है और मृदा में सूक्ष्मजीवों की संख्या एवं क्रियाशीलता बढ़ती है तथा मृदा की उर्वरा–शक्ति एवं उत्पादन क्षमता भी बढ़ती है।
- हरी खाद फसलें खरपतवारों की वृद्धि रोकने में भी सहायक है।

जैविक खेती प्रकृति का स्वाभाविक वरदान है। इसको कम लागत पर आसानी से खेत पर तैयार किया जा सकता है जैसे, गोबर की खाद, कम्पोस्ट खाद, बायोगैस से तैयार कम्पोस्ट, वर्मीकम्पोस्ट, नाडेप कम्पोस्ट, हरी खाद, जैव अपशिष्ट, गन्ना अपशिष्ट, मुर्गी व पक्षियों की बीट, हड्‌डी चूर्ण, कीचड, शीरा, नीम, महुआ, अलसी, सरसों, अरंड़ी, मूँगफली, बिनौला की खली, सनई, ढैंचा एवं दलहनी फसलों के अवशेष आदि खेतों के जैविक पोषण के प्रमुख स्रोत हैं। जैविक खादें सस्ती होती हैं। परन्तु इनकी अधिक मात्रा खेत में डालनी पड़ती है लेकिन रसायनिक उर्वरकों की तुलना में इनका प्रभाव 2 से 3 वर्ष तक मृदा में बना रहता है। इनके प्रयोग से मृदा की भौतिक, रसायनिक और जैविक दशा में सुधार होता है। मृदा में वायुसंचार बढ़ता है और ताप नियंत्रित रहता है, जीवांश सड़ने पर कार्बनिक अम्ल छोड़ते हैं जो अन्य तत्वों की घुलनशीलता बढ़ाते हैं तथा पोषक जीवाणुओं की वृद्धि में सहायता करते हैं। इनसे कार्बन नाइट्रोजन अनुपात तो संतुलित रहता है, साथ ही साथ मृदा की जलधारण क्षमता में भी वृद्धि होती है। इनके अधिक प्रयोग का फसलों पर न तो कोई नकारात्मक प्रभाव पड़ता है और न इनके भंडारण में कोई विशेष सावधानी की आवश्यकता पड़ती है। स्थानिक संसाधनों पर आधारित जीवांश खादों के प्रयोग से फसल कीट प्रभावों और बीमारीजनित हानियों का प्रभाव भी कम होता है। अतः इनसे खेतों की कम होती उत्पादन क्षमता को रोका जा सकता है। हरी खाद मौसम के उस समय उगाई जाती है जब कोई मुख्य फसल न ली जा रही हो। हरी खाद के रूप में सनई, ढैंचा और मूँग इत्यादि न केवल जीवांश की आपूर्ति में सहायक हैं बल्कि वातावरण से नत्रजन को सोखकर मृदा में उसका स्थिरीकरण भी करती हैं। इस प्रकार जैविक खेती हेतु हरी खाद एक महत्वपूर्ण घटक है। किसानों का यदि जैविक खेती न भी करनी हो तब भी हरी खाद की खेती करके अपने खेत की मृदा की स्थिति सुधार कर लेनी चाहिए।

□□□

अध्याय 8

# जैविक खेती में खलियों का योगदान

तिलहनों से तेल निकालने के बाद बीजों का जो तेलरहित भाग या अवशेष बच जाता है, उसे खली कहते हैं। खलियों में प्रोटीन, कार्बोहाइड्रेटस व खनिज पदार्थ बचे रहते हैं। हमारे देश में अधिकांश खलियां पशुओं को खिलाई जाती हैं। केवल नीम व महुआ आदि की खलियों को जैविक खाद के रूप में प्रयोग किया जाता है। खलियाँ प्रायः जल में घुलनशील नहीं होती हैं, परन्तु इसमें उपस्थित नाइट्रोजन व कार्बनिक पदार्थ मृदा में विघटन प्रक्रिया के उपरान्त 7 से 10 दिनों के बाद पौधों को प्राप्त होने लगते हैं। खलियों में पायी जाने वाली नत्रजन का 70 से 80 प्रतिशत भाग बहुत ही शीघ्र पौधों को प्राप्त हो जाता है। जैविक खेती में खलियों का उपयोग पीसकर खेत में बुवाई से 2 से 3 सप्ताह पूर्व खेत में मिलाते हैं। महुआ की खली मुख्य फसल बुवाई के 1.5 से 2 माह पूर्व खेत में डालते हैं; क्योंकि इसके सड़ाव में अधिक समय लगता है। लम्बे समय की फसल जैसे गन्ना व सब्जियों वाली फसलों में खलियों का प्रयोग खड़ी फसल में भी कर सकते हैं। साधारणतया खलियों की मात्रा 10 से 20 क्विंटल प्रति हेक्टेयर की दर से प्रयोग करते हैं। खलियों का अंकुरित बीजों के सम्पर्क में आना सदैव हानिकारक होता है।

## खेती में खलियों का महत्व

- पर्याप्त मात्रा में गोबर की खाद एवं कम्पोस्ट उपलब्ध नहीं होने के अभाव में खलियों का प्रयोग कर सकते हैं।
- बारानी क्षेत्रों में नमी की कमी के कारण हरी खाद उगाना संभव है, ऐसे क्षेत्रों में हरी खाद के स्थान पर खलियों को प्रयोग कर सकते हैं।
- खलियां भूमि में शीघ्र अपघटित हो जाती हैं जिससे फसलों को शीघ्रता से पोषक तत्व मिल जाते हैं।
- खलियों के प्रयोग से भूमि की संरचना, संगठन, ताप, जल धारण क्षमता में सुधार होता है।
- खलियों के प्रयोग से भूमि में जैविक पदार्थों तथा पोषक तत्वों में वृद्धि होती है।

## जैविक खाद के रूप में प्रयुक्त की जाने वाली खलियाँ

1. **नीम की खली :** यह खली नीम के बीजों से प्राप्त होती है तथा इसके प्रयोग से खेत की दीमक भाग जाती है। अतः यह खली बहुत ही उपयोगी मानी जाती है। इस खली को खेतों में फसल बुवाई से 15 से 20 दिन पूर्व मृदा में मिलाते हैं; तथा खेत में नमी की पूर्ण व्यवस्था रखते हैं। इस खली में 4.5 से 6.5 प्रतिशत नाइट्रोजन, 1.2 प्रतिशत फॉस्फोरस तथा 1.5 प्रतिशत पोटेशियम पाया जाता है।

2. **महुआ की खली :** यह खली खेत में देर से सड़ती है इसलिए इसे खेतों में फसल बुवाई से 2 से 3 माह पहले मृदा में मिलाते हैं; तथा भूमि में नमी को बनाये रखते हैं जिससे यह पूर्ण रूप से गल जाये। इस खली में 2.6 प्रतिशत नाइट्रोजन, 1.0 प्रतिशत फॉस्फोरस तथा 2.8 प्रतिशत पोटाश की मात्रा पायी जाती है।

3. **अरण्डी की खली :** इस खली को मुख्य रूप से गन्ना, गेहूँ, आलू, फल, सब्जियों आदि की फसलों में प्रयोग किया जाता है। इस खली को फसल की बुवाई करने से 15 से 20 दिन पूर्व खेत में डालने से पूर्व बारीक पीसते हैं तथा खेत में इसे डालते समय पर्याप्त नमी होनी चाहिए जिससे खली का पूर्ण रूप से अपघटन होकर मृदा में मिल जाये। इस खली में 4.37 प्रतिशत नाइट्रोजन, 1.8 प्रतिशत फॉस्फोरस तथा 1.3 प्रतिशत पोटाश आदि पोषक तत्वों की मात्रा होती है।

खलियों का खाद के रूप में प्रयोग बहुत व्यापक है। तिलहनी फसलों के बीजों के तेल निष्कर्षण के उपरान्त शेष भाग को खाद के रूप में प्रयोग किया जाता है, जो मृदा की उर्वरा शक्ति बढ़ाते हैं। कुछ–कुछ किसान सरसों की खली का भी प्रयोग करते हैं, हालांकि यह खली अधिक महंगी पड़ती है।

□□□

अध्याय 9

# जैविक खेती में जैव उर्वरकों का योगदान

खेती में रसायनिक उर्वरकों के अधिकाधिक प्रयोग से अनेक समस्याएं जुड़ी हुई हैं। इसके परिणामस्वरूप जैविक खेती करने पर तथा जैविक उर्वरकों के प्रयोग पर बल दिया जा रहा है। मृदा में अनेक प्रकार के जीवाणु, कवक, शैवाल इत्यादि पाये जाते हैं जो वायुमण्डल नाइट्रोजन का स्थिरीकरण करके पौधों को उपलब्ध कराते हैं। कुछ अन्य जीवाणु मृदा में विद्यमान अघुलनशील फॉस्फोरस को घुलनशील बनाते हैं तथा साथ ही खेतों में बचे हुए अवशेषों को विच्छेदित कर मृदा में कार्बनिक पदार्थ की उचित मात्रा बनाये रखने में भी सहायता करते हैं। इस प्रकार ये जीवाणु पौधों को आवश्यक पोषक तत्व तथा उचित पोषण उपलब्ध कराने में सहायक सिद्ध होते हैं। इन सूक्ष्मजीवों द्वारा पहुँचाये जाने वाले लाभ मृदा में इनकी संख्या और क्षमता पर निर्भर करता है। जब इन सूक्ष्म जीवों की संख्या और क्रियाशीलता मृदा में असामान्य होती है तो इसे जैव उर्वरक कृत्रिम रूप से प्रदान करते हैं। इनका प्रयोग मृदा की जैविक क्रियाओं को बढ़ाने तथा पौधों के लिए आवश्यक राइजोबियम, एजोटोबेक्टर, एजोस्पाइरिलम, फॉस्फेट विलायक, नीलहरित शैवाल, एजोला आदि के उपयोग से मृदा की उर्वरता को बनाये रखता है। जिससे लागत में कमी तथा पर्यावरण को भी क्षति नहीं होती है। प्रायः यह देखा गया है कि गोबर की खाद, कम्पोस्ट या अन्य कार्बनिक खाद के उपलब्ध नहीं होने के कारण किसान अधिकतर रसायनिक उर्वरकों का प्रयोग कर रहे हैं लेकिन रसायनिक उर्वरकों की बढ़ती कीमतों एवं पर्याप्त उपलब्धता समय पर न हो पाने के कारण फसल उत्पादन प्रभावित हो जाता है। इसलिए सफल फसलोत्पादन एवं जैविक खेती हेतु जैव उर्वरकों की विशेष भूमिका है।

**चित्र 1.** जैविक खेती में जीवाणु खाद का प्रयोग

## क्या है जैव उर्वरक (बायोफर्टिलाइजर) ?

फसल की उपज बढ़ाने के लिए सूक्ष्म जीवाणुओं का बीजोपचार करके भूमि में मिलाते हैं जो वायुवीय नाइट्रोजन अथवा भूमि में उपस्थित अनुपलब्ध पोषक को उपलब्ध के रूप में बदल कर पौधों को उपलब्ध कराते हैं। इस प्रकार की जीवित सामग्री को जैविक उर्वरक कहते हैं। फसलों में जैव उर्वरकों का प्रयोग करने में वायुमण्डल में उपस्थित नाइट्रोजन पौधों को सुगमता से उपलब्ध होती है तथा भूमि में उपलब्ध अघुलनशील फॉस्फोरस आदि पोषक तत्व घुलनशील अवस्था में परिवर्तित होकर पौधों का आसानी से उपलब्ध होते हैं। जैव उर्वरकों के इतिहास की शुरूआत वर्ष 1985 से हुई जब दो वैज्ञानिकों श्री नोब और श्री हिल्टनर के सहयोग से नाइट्रोजन उत्पाद राइजोबियम कल्चर के रूप में शुरू हुआ। इसके पश्चात एजोटोबैक्टर, नील हरित शैवाल की खोज हुई। एजोस्पाइरिलम तथा वेसिकुलर आर्बिस्कुलर माइकोर्राईजा की खोजें नयी हैं।

**जैविक उर्वरकों का वर्गीकरण**

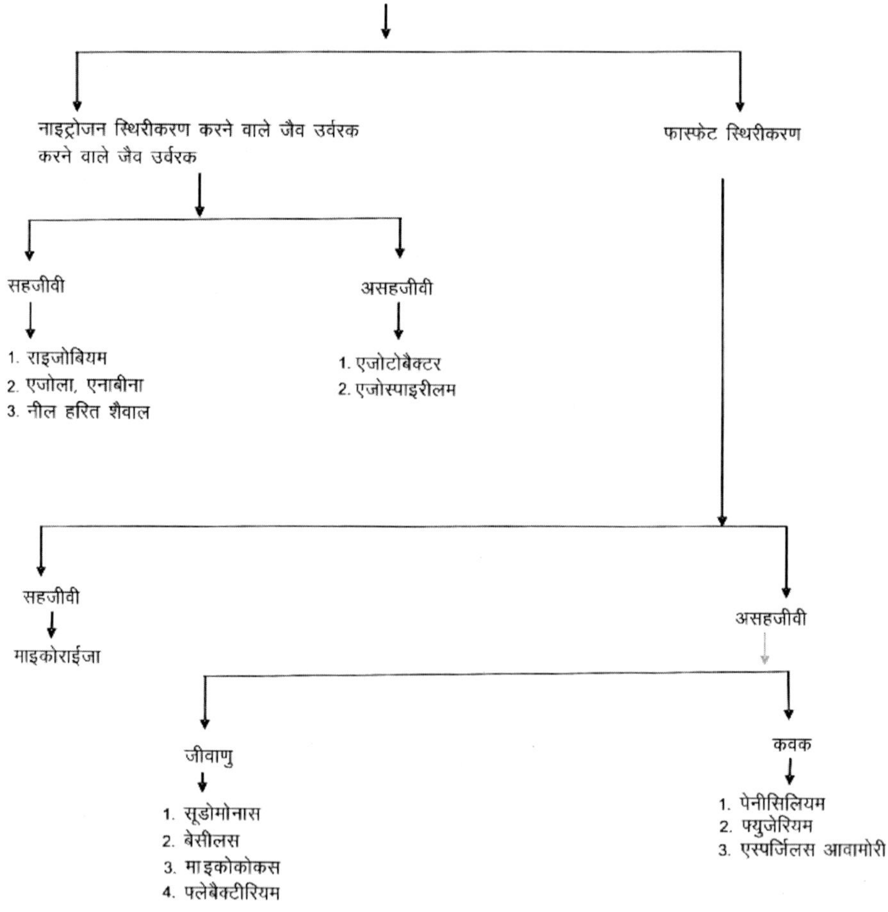

# विभिन्न प्रकार के जैव उर्वरकों में उपस्थित सूक्ष्म जीवाणुओं का विवरण

## (क) नत्रजन स्थिरीकरण करने वाले जैव उर्वरक

एक हेक्टेयर मृदा के ऊपर उपस्थित वायुमण्डनीय स्तंभ में 80,000 टन नाइट्रोजन होती है, जो कुल वायुमण्डल का लगभग 79 प्रतिशत है। परन्तु प्रत्यक्ष रूप से पौधे इसका उपयोग नहीं कर पाते हैं। इस वायुमण्डलीय नाइट्रोजन को तात्विक नाइट्रोजन में बदलकर पौधों का उपलब्ध कराना, कुछ जीवाणुओं द्वारा ही संभव है। इन जीवाणुओं को निम्नलिखित वर्गों में बांटा गया है:

### 1. सहजीवी

इस वर्ग के जीवाणु दलहनी फसलों की जड़ों में गांठें बनाकर अपना जीवनयापन करते हैं। इस वर्ग में राइजोबियम, एनाबिना, अजोला आदि आते हैं। सभी दलहनी फसलों के लिए उपलब्ध राइजोबियम प्रयोग करने से 20 से 30 कि.ग्रा. नत्रजन प्रति हेक्टेयर मृदा में उपलब्ध हो जाती है।

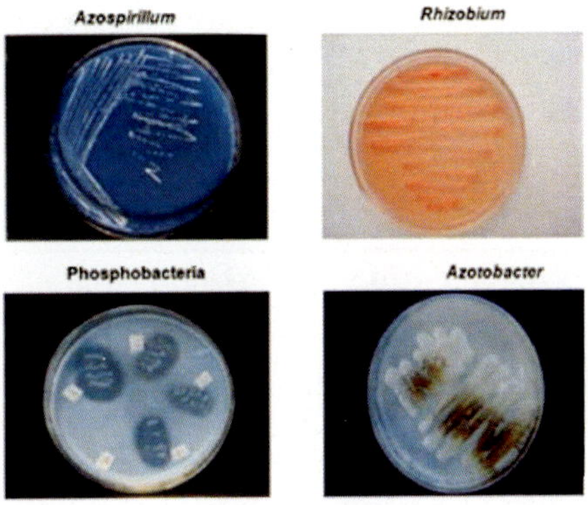


**चित्र 2.** विभिन्न जैव उर्वरक

#### 1.1 राइजोबियम

मृदा में पाए जाने वाले कुछ जीवाणु दलहनी फसलों की जड़ों में ग्रंथियां निर्मित करते हैं। कृषि के लिये उर्वरक का काम करने वाली ये ग्रंथियां तीव्र गति से बढ़ती हैं तथा अम्ल का निर्माण करती हैं। ग्रंथियों का निर्माण करने वाले जीवाणु को राइजोबियम कहते हैं। सोयाबीन की जड़ों में ब्रेडीराइजोबियम द्वारा ग्रंथियों का निर्माण होता है। ये ग्रंथियां वायुमण्डल से प्रतिक्रिया करके मृदा में नाइट्रोजन की मात्रा बढ़ाती हैं तथा मृदा की संरचना में भी सुधार लाती हैं। राइजोबियम कल्चर 10 प्रतिशत का घोल तैयार कर उससे दलहनी बीज का उपचार किया जाता है। तैयार घोल में बीज को 5 मिनट तक भिगोया जाता है। बीज को घोल से निकाल कर छायादार स्थान पर 10 से 15 मिनट तक सुखाया जाता है। उसके बाद बुवाई कर दी जाती है। इस कल्चर से उपचार करने पर ये जीवाणु बीज पर चिपक जाते हैं। बीज अंकुरण पर जीवाणु जड़ों में घुस कर जड़ों पर गांठें बनाते हैं। जो वायुमण्डल से नाइट्रोजन लेकर पौधों को देते हैं, जो बाद में दूसरी फसलों के काम आती है। किसानों को फसल चक्र तैयार करते समय ध्यान रखना चाहिए कि उन्हें प्रतिवर्ष में एक दलहनी फसल अवश्य लगानी है और दलहनी फसल के बाद वाली फसल में नाइट्रोजन कम प्रयोग करनी है। भारत में सर्वप्रथम लेग्युम राइजोबियम सहजीविता का अध्ययन श्री

एन.वी. जोशी ने किया था। इसका सर्वप्रथम वाणिज्यिक उत्पादन वर्ष 1956 में शुरू हुआ (सारणी 1 व 2)।

**सारणी 1.** विभिन्न फसलों में राइजोबियम प्रजातियों का प्रयोग

| राइजोबियम प्रजाति | फसल वर्ग | फसलें |
|---|---|---|
| राइजोबियम मैलीलोटी | रिजका | रिजका, सेंजी, मेथी |
| राइजोबियम ट्राइफोलाई | बरसीम | बरसीम |
| राइजोबियम लेग्युमिनोसोरम | मटर | मटर, मसूर |
| राइजोबियम जैपोनिकम | सोयाबीन | सोयाबीन |
| राइजोबियम ल्युपिनी | ल्युपिन | ––––– |
| राइजोबियम स्पेसीज | लोबिया | अरहर, उर्द, मूँग, चना, मूँगफली, ग्वार, कुल्थी |

**सारणी 2.** राइजोबियम टीके के प्रयोग से उपज में प्रतिशत वृद्धि

| फसल का नाम | प्रतिशत वृद्धि |
|---|---|
| अरहर | 32 |
| मूँग | 33 |
| चना | 41 |
| मूँगफली | 49 |
| मसूर | 50 |
| सोयाबीन | 61 |

## 1.2 एजोला फर्न

**चित्र 3.** एजोला

एजोला स्थिर जल में तैरने वाला सूक्ष्म पत्ती सदृश मोटी आकार वाली संरचनाओं वाला नाइट्रोजन प्रदान करने वाला जलीय फर्न है। यह प्रायः तालाबों, झीलों, नहरों, खड़े जल तथा कहीं–कहीं धान के खेत में जल की सतह पर तैरता हुआ पाया जाता है। इसकी शीघ्र वृद्धि करने एवं नाइट्रोजन स्थिर करने की क्षमता के फलस्वरूप वह प्राचीनकाल से ही धान के लिए नाइट्रोजन उर्वरक के रूप में प्रयोग होता आ रहा है। अजोला की मुख्यतः सात प्रजातियाँ हैं। इनमें अजोला पिन्नाटा भारत में बहुतायत में पायी जाती है। एजोला एक सप्ताह में अपनी संख्या में 2 से 6 गुना

वृद्धि करने में सक्षम है, इसमें प्रतिदिन 1.0 से 2.5 मि.ग्रा. प्रति हेक्टेयर नाइट्रोजन स्थिरीकरण क्षमता होती है। लगभग 20 से 25 दिनों में अजोला की एक फसल धान को औसतन 20–30 कि.ग्रा. प्रति हेक्टेयर नाइट्रोजन प्रदान करने में सक्षम है। इससे मृदा में जैविक पदार्थ, फॉस्फोरस व अन्य तत्वों की मात्रा में वृद्धि होती है तथा मृदा की संरचना में भी सुधार होता है और यह धान के खेत में जलीय खरपतवारों की रोकथाम भी करता है।

## एजोला इकाई तैयार करने की विधि

एजोला का उत्पादन छोटे आकार की क्यारी या तालाब बनाकर, सीमेंट का टैंक एवं पॉलिथीन से ढका हुआ गडढा बनाकर, मिट्टी के गमले में, प्लास्टिक के टब में किया जाता है। अब गड्ढे में 10 से 15 कि.ग्रा. मिट्टी फैलाना है। इसके अतिरिक्त 2 कि.ग्रा. गोबर एवं 30 ग्राम सिंगल सुपर फॉस्फेट 10 लीटर जल में मिलाकर गडढों में डाल देना है। जल का स्तर 10 से 12 सें.मी. तक होना चाहिए। अब 50 से 100 ग्राम एजोला कल्चर गडढे के जल में मिला देना चाहिए। यह 10 से 15 दिन में पूरे गडढे को ढक देता है। इसके बाद 1000–1500 ग्राम एजोला प्रतिदिन छलनी से निकाल लेना चाहिए। एजोला तैयार करने की आधुनिक विधि निम्न प्रकार हैः

- किसी छायादार स्थान पर 6 **X** 1 **X** 0.2 मीटर आकार की क्यारी खादें।
- क्यारी में 120 गेज की सिलपुटिन शीट को बिछाकर ऊपर के किनारों पर मिट्टी का लेप कर व्यवस्थित कर दें।
- 80 से 100 कि.ग्रा. स्चच्छ उपजाऊ मिट्टी की परत क्यारी में बिछा दें।
- 5 से 7 कि.ग्रा. गोबर (2 से 3 दिन पुराना) 10 से 15 लीटर जल में घोल बनाकर मिट्टी पर फैला दें।
- क्यारी में 400 से 500 लीटर जल भर दें, जिससे क्यारी में जल की गहराई लगभग 10 से 15 सें.मी. तक हो जाये।
- अब उपजाऊ मिट्टी व गोबर खाद को जल में अच्छी प्रकार मिश्रित कर दें।
- इस मिश्रण पर 2 कि.ग्रा. ताजा एजोला फैला दें, इसके पश्चात 1 लीटर जल को अच्छी प्रकार से एजोला पर छिड़क दें, जिससे अपनी सही स्थिति में आ सके।
- क्यारी को अब 50 प्रतिशत नायलोन जाली से ढ़ककर 15–20 दिन तक एजोला को वृद्धि करने दें।
- 21 वें दिन से औसतन 1.5–2.0 कि.ग्रा. एजोला की उपज प्राप्त करने हेतु 20 ग्राम सुपर फॉस्फेट तथा 5 कि.ग्रा. गोबर की खाद का घोल बनाकर प्रति माह क्यारी में मिलायें।

## एजोला का धान के खेत में प्रयोग

एजोला का उपयोग धान में जैविक खाद के रूप में होता है। धान की पौध रोपाई के 2 से 3 दिन के बाद 0.5 से 1.0 टन प्रति हेक्टेयर की दर से एजोला का छिड़काव कर देते हैं। एजोला की मोटी परत 15–20 दिन में तैयार हो जाती है इसके बाद एजोला विघटित होकर नाइट्रोजन प्रदान करता है और इसका जैव पदार्थ मृदा में विघटित हो जाता है। इस विधि से लगभग 20 से 40 कि.ग्रा. प्रति हेक्टेयर नाइट्रोजन प्राप्त होती है।

### एजोला का रख रखाव व सावधानियाँ

- क्यारी में जल स्तर को एक सें.मी. तक बनाये रखें।
- प्रत्येक तीन माह पश्चात एजोला को हटाकर जल व मिट्‌टी बदलें तथा नई क्यारी के रूप में दुबारा पुनः संवर्धन करें।
- एजोला की अच्छी बढ़वार हेतु 20 से 35 डिग्री सेल्सियस तापमान उपयुक्त रहता है।
- शीत ऋतु में तापमान 6 डिग्री सेल्सियस से नीचे आने पर एजोला क्यारी को प्लास्टिक मल्च या पुरानी बोरी से ढक देना चाहिए।

## 2. असहजीवी या स्वतंत्र जीव

इस वर्ग के जीवाणु अपना जीवनयापन स्वतंत्र रूप से करते हैं,जैसे एजोटोबैक्टर, एजोस्पाइरिलम, बेजेरिन्किया, क्लोस्ट्रीडियम,क्लेबसिएला, नील हरित शैवाल (एनाबिना एवं नोस्टॉक) आदि जीवाणु हैं। सभी फार्म फसलों व उद्यानिकी फसलों के लिए एजोटोबैक्टर प्रयोग किए जाते हैं। इनके प्रयोग करने से 15–20 कि.ग्रा. नत्रजन प्रति हेक्टेयर मृदा में उपलब्ध हो जाती है जिसे पौधे आसानी से ग्रहण कर लेते हैं।

### 2.1 एजोटोबैक्टर जैव उर्वरक

यह जीवाणु खाद सभी गैर–दलहनी फसलों में उपयोग किया जा सकता है, जिसमें अनाज वाली फसलें, सब्जियां, कपास, तथा गन्ना मुख्य हैं। एजोटोबैक्टर जीवाणु वायुमण्डल से नाइट्रोजन ग्रहण कर पौधों की जड़ों में एकत्र करते हैं। ये जीवाणु 15–20 कि.ग्रा. वायुमण्डलीय नाइट्रोजन प्रति हेक्टेयर भूमि में एकत्रित कर सकते हैं। इनके उपयोग से फसलों की पैदावार में 15 से 20 प्रतिशत में वृद्धि होती है। ये बाजार में तरल रूप में मिलते हैं। सर्वप्रथम बिजेरिक ने एजोटोबैक्टर जीवाणओं की खोज एवं उसका वर्णन किया था (सारणी 3)।

**सारणी 3.** एजोटोबैक्टर टीके के प्रयोग से फसलोत्पादन में प्रतिशत वद्धि

| फसल का नाम | प्रतिशत वद्धि |
|---|---|
| गेहूँ | 8–15 |
| धान | 5–8 |
| मक्का | 15–20 |
| आलू | 15–20 |
| कपास | 7–27 |
| गन्ना | 10–25 |
| गजर | 16–18 |
| गोभी | 35–40 |
| टमाटर | 5–25 |

## नील हरित शैवाल (सायनोबैक्टीरिया)

नील हरित शैवाल एक मुख्य शैवाल जैव उर्वरक है जो एक विशेष प्रकार की काई होती है। इसकी विभिन्न प्रजातियां जैसे; नास्टोक, एनाबिना, आइलोसिस, साईट्रोनिया इत्यादि प्रमुख रूप से भूमि में पायी जाती हैं। नाइट्रोजन स्थिरीकरण केवल उन्हीं शैवाल द्वारा किया जाता है जिनमें एक विशेष प्रकार की कोशिका (हेट्रोसिस्ट) होती है। इस प्रकार के शैवाल वायुमण्डलीय नाइट्रोजन का यौगिकीकरण तो करते ही हैं साथ ही साथ अनेक प्रकार के लाभकारी एवं आवश्यक रसायनिक पदार्थ जैसे, विटामिन, ऑक्सीजन, वृद्धि नियामक, अमीनों अम्ल इत्यादि अवमुक्त करते हैं। नील हरित शैवाल द्वारा स्थिर किया गया नाट्रोजन पौधों को शैवाल की जीवित अवस्था में ही मिल जाता है या शैवाल कोशिका के मृत होने के बाद जीवाणुओं द्वारा विघटन होने पर प्राप्त होता है। नील हरित शैवाल लगभग 30 कि.ग्रा. नाइट्रोजन प्रति हेक्टेयर फसल को उपलब्ध कराते हैं। स्थिर की गयी नाइट्रोजन का कुछ भाग मुख्य फसल को तथा शेष भाग आगामी फसलों को मिलता है। शैवाल द्वारा मृदा कार्बन की वृद्धि होती है जिससे मृदा के भौतिक गुणों पर अनुकूल प्रभाव होता है। इसके प्रभाव से धान की पैदावार में लगभग 15 प्रतिशत वृद्धि तथा खरपतवारों का प्रकोप कम होता है।

## नील हरित शैवाल की उत्पादन विधियाँ

टैंक विधि

- दो मीटर लम्बा एक मीटर चौड़ा तथा एक फीट गहरा टिन का टैंक बनाया जाता है। टैंक का आकार आवश्यकतानुसार घटाया–बढ़ाया जा सकता है।

- इसमें प्रति वर्ग मीटर की दर से 4 से 5 कि.ग्रा. खेत की साफ भुरभुरी मृदा, 100 ग्राम सुपर फॉस्फेट एवं 4 से 5 इंच तक जल भरकर अच्छी प्रकार मिला लें।
- कीड़ों–मकोड़ों से सुरक्षित रखने के लिए चाय का आधा चम्मच मैलाथियान या 10 ग्राम कार्बोफ्युरान मिला दें।
- जब मृदा बैठ जाये तो दूसरे दिन बारीक शैवाल कल्चर में छिड़क कर टैंक को धूप में रख दें।
- गर्मी के दिनों में शैवाल की वृद्धि क्षमता अधिक होती है और लगभग एक सप्ताह में शैवाल की मोटी परत बन जाती है। यदि तेज धूप के कारण परत बनने से पहले ही जल सूख जाए तो जल डालना बन्द कर दें।
- टैंक को धूप में सूखने के लिए छोड़ दें। जल पूर्णतया सूख जाने पर शैवाल की परत सूख कर पपड़ियों में टूट जाती है।
- इन पपड़ियों को एकत्र करके पॉलीथीन बैग में भरकर सूखे स्थान पर रख दें।
- दो–तीन बार प्रयोग के बाद टैंक की मृदा बदलकर नए सिरे से उत्पादन शुरू करें।

## खेत में उत्पादन

- खेत में एक आयताकार गडढ़ा खोदकर पॉलीथीन बिछायें। गडढे के स्थान पर लोहे की आयताकार ट्रे का प्रयोग भी किया जा सकता है। इसमें पॉलीथीन बिछाने की आवश्यकता नहीं पड़ती है।
- इस गडढ़े में या ट्रे में 3 से 4 कि.ग्रा. अच्छी मृदा प्रति वर्ग मीटर की दर से डालें एवं 100 ग्राम सुपरफॉस्फेट प्रति वर्ग मीटर की दर से समान रूप से छिड़क दें।
- लगभग 10 से 15 सें.मी. की ऊँचाई तक पूरे गडढ़े या ट्रे में जल भर दें एवं 2 मि.ली. मैलाथियान भी मिलायें। इसके बाद एक दिन तक गड्ढे या ट्रे को ऐसे ही छोड़ दें।
- जब मृदा तह में बैठ जाये तब 100 ग्राम प्रति वर्ग मीटर की दर से नीम हरित शैवाल के पूर्व कल्चर का सतह पर छिड़काव करें।
- गर्मी के मौसम में जब तापमान 35 डिग्री सेंटीग्रेड या इससे अधिक हो तो शैवाल की तीव्रता से वृद्धि होती है एवं 10 से 15 दिनों के अन्दर जल की सतह पर शैवाल की मोटी तह बन जाती है। शैवाल की वृद्धि के समय 10 सें.मी. की ऊँचाई तक जल को भरकर रखना चाहिए। शैवाल की तह को धूप में सूखने के लिए छोड़ देना चाहिए।

- पूर्णतः सूखने के बाद शैवाल की तह मृदा से अलग हो जायेगी। इन्हें निकालकर पॉलीथीन की थैलियों में भंडारण करें।

### सावधानियाँ

- क्यारियों में नाइट्रोजन उर्वरक का प्रयोग बिल्कुल न करें।
- शैवाल की पपड़ियों को नाइट्रोजन उर्वरकों एवं कीटनाशक दवाइयों के साथ मिलाकर न रखें।
- मच्छरों आदि को गडढों में न पलने दें। यदि आवश्यक हो तो मैलाथियान का छिड़काव करें।
- नील हरित शैवाल खाद बनाते समय ट्रे में हमेशा जल भरा रहे और यदि मिट्टी अम्लीय हो तो चूना अवश्य डालें।

## धान की फसल में नील हरित शैवाल जैविक उर्वरक की प्रयोग विधि

धान की फसल को रोपने के एक से दो सप्ताह के अन्दर नील हरित शैवाल को पूरे खेत में बराबर मात्रा में छिडक़ देना चाहिए। धान की फसल में नील हरित शैवाल तथा एजोला की 10–12 कि. ग्रा. मात्रा प्रति हेक्टेयर की आवश्यकता होती है। धान की रोपाई के एक सप्ताह पश्चात् जब पौध अच्छी तरह से रोपित हो जाए, तब इसको खेत में एक समान रूप में फैला दिया जाता है। इस कल्चर का प्रयोग समान मृदा में सुबह या शाम के समय मन्द धूप में करना चाहिए। कल्चर का प्रयोग करते समय धान के खेत में जल रहना चाहिए तथा यह जल 5–6 दिनों तक लगातार भरा रहना चाहिए। यह 25–30 कि.ग्रा. प्रति हेक्टेयर की दर पौधों को नत्रजन उपलब्ध कराता है।

## 3. साहचर्य सहजीवी

धान्य फसलों में एजोस्पिरिलम प्रयोग करने से 5–10 कि.ग्रा. नत्रजन प्रति हेक्टेयर मृदा में उपलब्ध हो जाती है।

## एजोस्पाइरिलम

ये जीवाणु धान, मोटे अनाज, सब्जियों, फलदार पेड़ व गन्ना आदि में उपयोग किये जाते हैं। इस कल्चर का प्रयोग खेती करने से पहली सड़ी गोबर की खाद में मिलाकर किया जा सकता है। ये सूक्ष्म जीवाणु मृदा में पौधों की जड़ों के आस–पास तथा जड़ की सतह पर पाये जाते हैं। यह जड़ के विकास को बढ़ाता है और फसल के उत्पादन में वृद्धि करता है। यह 30–50 प्रतिशत वायुमण्डलीय नाइट्रोजन को स्थिर करके पौधों को उपलब्ध कराता है।

## (ख) फॉस्फोरस विलेय करने वाले जैव उर्वरक

फॉस्फोरस घोलक जीवाणु (पी.एस.बी.)

ये ऐसे सूक्ष्म जीवाणु हैं जो मृदा में अनुपलब्ध अघुलनशील फास्फेट को घुलनशील बनाते हैं। क्षारीय मृदा में फॉस्फेट की उपलब्धता कम होती है। ये सूक्ष्म जीवाणु पूरी प्रक्रिया को उल्टा करने में अधिक लाभकारी हैं। सभी फसलों के लिए इनके प्रयोग से 15–20 कि. ग्रा. फॉस्फोरस प्रति हेक्टेयर मृदा में उपलब्ध हो जाती है तथा फसल की पैदावार में 10 से 25 प्रतिशत वृद्धि होती है। पी.एस.बी. कल्चर का प्रयोग धान, गेहूँ, चना, मटर, आलू, गन्ना, आदि फसलों में बहुत उपयोगी है। फॉस्फेट को घुलनशील बनाने वाले जीवाणु का कल्चर बाजार में पीएसबी कल्चर के नाम से मिल जाता है। इससे बिना प्रदूषण किये उत्पादन एवं उत्पादकता दोनों बढ़ती हैं, साथ ही मृदा का स्वास्थ्य भी बढ़ जाता है। इसके अतर्गत जीवाणु एवं कवक आते हैं, जैसेः

1. **जीवाणु :** जैसे; बैसिलस मेगाटेरियम जाति फॉस्फेटिक, बैसिलस सर्कुलेंस, स्युडोमोनास स्ट्रेटा आदि।
2. **कवक :** जैसे पेनिसिलियम प्रजाति, एस्पर्जिलस अवामोरी।

## (ग) फॉस्फोरस को कार्य प्रवत्त करने वाले जैव उर्वरक

### 1. आर्बिस्कुलर माइकोर्राइजा जैसे; ग्लोम्स गिगास्पोरा,एकालोस्पोरा एवं स्क्लेरोसिस्टिस आदि।

**माइकोर्राईजा (वी.ए.एम.)**

मृदा में अनेक सूक्ष्म जीवों के अन्तर्गत जीवाणु, प्रोटोजोआ, शैवाल, फफूंद एवं एक्टीनोमाइसीट्स होते हैं। जो भूमि में उपलब्ध जैविक पदार्थ को खाद के रूप में परिवर्तित करते हैं एवं इन्हें घुलनशील बनाकर पौधे के उपयोग में आने के योग्य बनाते हैं। उन्हीं सूक्ष्मजीवों में एक प्रमुख सदस्य है–'माइकोर्राईजा। माइकोर्राईजा की उपस्थिति मुख्यतः पादप जड़ों के बीच वह स्थान है जहाँ कवकों के साथ अंतरग संबंध स्थापित होता है। माइकोर्राईजा ऐसा सूक्ष्म जीव है जो अधिकांश पेड़–पौधों, फसलों, जलीय पौधों की जड़ों में विद्यमान होते हैं, तथा अपने पौधे से भोजन प्राप्त करते हैं। इसके बदले में माइकोर्राईजा के सहयोग से पौधों में अनुपलब्ध फॉस्फोरस की पूर्ति होती है। यही नहीं माइकोर्राईजा से पेड़–पौधों में सूखा सहनशीलता, वृद्धि के लिए आवश्यक हार्मोन्स, दलहनी तथा अनाज वाली फसलों में नाइट्रोजन स्थिरीकरण करने की क्षमता के साथ–साथ कई रोगों से बचाव के लिए महत्वपूर्ण रसायनों का स्रोत जड़ों के आस–पास एकत्र करता है। पौधों की जड़ों व उनके अन्दर पायी जाने वाली फंजाई का आपसी सहसम्बन्ध होता है जो वैसकुलर आर्बिस्कुलर माइकोर्राईजा (वाम) कहलाता है।

माइकोर्राईजा एक कवक है जो बागवानी, वानिकी तथा खेती की सभी फसलों की जड़ों में पाया जाता है। इसका मुख्य कार्य फसल वृद्धि तथा मृदा में पाये जाने वाले अघुलनशील फॉस्फोरस, जिंक, कॉपर तथा सल्फर की उपलब्धता बढ़ाना है। इसका उपयोग करने से फसल उत्पादन में वृद्धि होती है तथा भूमि की उपजाऊ शक्ति बढ़ती है। यह कवक सहजीवनता पर निर्भर है और जीवित पौधों के ऊपर ही अपनी संख्या बढ़ाता है। इसका उपयोग नर्सरी में फसलों पर किया जाये। यह फफूंद पौधों पर जालनुमा बनाती हुई मृदा में काफी अन्दर तक प्रवेश करती है। मृदा के गहरे भाग में पहुँचकर यह मृदा की नमी तथा पोषक तत्वों को ऊपर लाने का कार्य करती है। पौधों के पोषण तथा उनकी वृद्धि में माईकोर्राईजा की मुख्य भूमिका होती है (सारणी 4)।

**सारणी** 4. माइकोर्राईजा जैव उर्वरक निवेशन का फसल उपज पर प्रभाव

| फसल का नाम | निवेशित वैम | उपज वृद्धि (प्रतिशत) |
|---|---|---|
| सोयाबीन | ग्लोमस फेसिकुलेटम | 26.4 |
| धान | ग्लोमस फेसिकुलेटम | 1.9 |
| रागी | ग्लोमस फेसिकुलेटम | 8.26 |
| मूँगफली | ग्लोमस फेसिकुलेटम | 20.9 |
| नींबू | गोगास्पोरा प्रजाति | 34.8 |
| प्याज | ग्लोमस फेसिकुलेटम | 39.6 |
| गाजर | ग्लोमस फेसिकुलेटम | 42.0 |
| लहसुन | ग्लोमस फेसिकुलेटम | 36.8 |
| मिर्च | ग्लोमस फेसिकुलेटम | 5.7 |
| चना | ग्लोमस वसेफोरम | 11 |

**स्रोतः** कृषि में जैविक खादों को महत्व, विस्तार निदेशालय, नई दिल्ली

## (घ) पादप वृद्धि को बढ़ावा देने वाले जीवाणुः

जैसे; बैसिलस, स्यूडोमोनास, राइजोबिया, फ्लैवोबैक्टिरिया, फ्लोरिसैंट आदि।

## (च) सिलिकेट और जिंक विलेय बैक्टीरिया

जैसे; बैसिलस प्रजाति सेरेयस आदि।

## (छ) पोटाश व लोहा घुलनशील के लिए जीवाणु

बैसिलस, एसीटोबैक्टर एवं फ्रैच्युरिया आदि।

## जैविक उर्वरक बनाने की विधि

राइजोबियम कल्चर तैयार करने के लिए कोयले का चूर्ण, लिग्नाइट मिट्टी एवं रसायनिक पोषक तत्वों की एक निश्चित मात्रा को 10 प्रतिशत जल में नम करके आटोक्लेव मशीन द्वारा अनावश्यक जीवाणुओं का हनन किया जाता है। इस प्रकार बने जीवाणु रहित माध्यम को 48 घण्टे तक ठण्डा कर लिया जाता है। इसके पश्चात् इस माध्यम में फसलों के लिए उपयोगी जीवाणु को मिलाकर पैकेट तैयार कर लिये जाते हैं।

### कैसे करें जैव उर्वरक का प्रयोग ?

- 200 ग्राम जैव उर्वरक का आधा लीटर जल में घोल बनाएं।
- जैव उर्वरक घोल को 10 से 15 कि.ग्रा. बीज के ढेर पर धीरे–धीरे डालकर हाथों से मिलाएं जिससे कि जैव उर्वरक समान रूप से बीजों पर चिपक जाएं।
- उपचारित बीज का छाया में सुखाकर तुरन्त बुवाई करें।

### जैविक उर्वरकों के प्रयोग की विधि

इनका प्रयोग बीज उपचारित करने, पौध लगाने के लिए जड़ उपचारित करने तथा पेड़ों के लिए मृदा उपचारित करने के लिए किया जाता है। इसमें पहले ही चिपकाने वाला पदार्थ उपलब्ध होता है। अतः इसे प्रयोग करने के लिए अलग से चिपचिपाहट वाले पदार्थ मिलाने की आवश्यकता नहीं होती है तथा इसकी प्रयोग विधि अति सरल है।

1. **मृदा में उपचार :** इस विधि में एजोटोबैक्टर कल्चर को नम मृदा अथवा गोबर की खाद में 1:50 के अनुपात में मिलाकर मृदा में डाला जाता है। एजोटोबैक्टर को 2.5 कि.ग्रा. प्रति हेक्टेयर की दर से प्रयोग किया जाता है।
2. **बीजोपचार :** इस विधि में सभी प्रकार के जैविक उर्वरकों का प्रयोग किया जा सकता है। बीज उपचार के लिए 10 प्रतिशत गुड़ या चीनी (100 ग्राम गुड़ को एक लीटर जल में) का घोल बनाया जाता है। इस घोल को निर्जीवीकरण करने के लिए इसको 15 मिनट तक खूब गर्म जल करके उबाला जाता है फिर उसको ठण्ड़ा कर लिया जाता है। इस घोल को ठण्ड़ा होने के पश्चात् एक पैकेट (200 ग्राम) को अच्छी तरह से मिलाकर 8 से 10 कि.ग्रा. बीजों के ऊपर डालकर बीजों को अच्छी प्रकार से मिलाया जाता है। जिससे बीजों के ऊपर इस कल्चर की एक परत चढ़ जाती है, तत्पश्चात् बीजों को छाया में सुखा लिया जाता है।
3. **पौध उपचार विधि :** धान तथा सब्जियों की पौध को रोपाई करने के पूर्व एजोटोबैक्टर के घोल से उपचारित किया जाता है। एजोटोबैक्टर के एक पैकेट को 15–20 लीटर जल में घोल लिया जाता है। एक हेक्टेयर की पौध को उपचारित करने के लिए 8–10 पैकेट कल्चर की आवश्यकता होती है (सारणी 5)।

**सारणी 5.** जैव उर्वरकों द्वारा विभिन्न फसलों में नत्रजन स्थिरीकरण

| **फसल + राइजोबियम** | **नत्रजन स्थिरीकरण (कि.ग्रा./हे.)** |
|---|---|
| रिजका | 100–300 |
| बरसीम | 100–150 |
| मूँग, उड़द | 50–55 |
| अरहर | 165–200 |
| सोयाबीन | 60–80 |
| मूँगफली | 50–60 |
| मटर | 50–75 |
| **फसल + कल्चर उपचार** | **नत्रजन स्थिरीकरण (कि.ग्रा./हे.)** |
| धान + बी.जी.ए. | 20–30 |
| गेहूँ, सरसों + एजोटोबैक्टर | 25–40 |
| बाजरा, ज्वार + ऐजोस्पिरिलम | 20–40 |

## जैविक उर्वरकों के लाभ

1. ये प्राकृतिक उत्पाद हैं तथा वायुमण्डल एवं मृदा में हानिकारक प्रभाव नहीं छोड़ते हैं।
2. जैविक उर्वरक बहुत सस्ते होते हैं तथा इनका प्रयोग प्रत्येक किसान कर सकता है।
3. इनके प्रयोग से भूमि में औसतन 20–80 कि. ग्रा. प्रति एकड़ प्रतिवर्ष वायुमण्डलीय नत्रजन का स्थिरीकरण होता है।
4. जैविक उर्वरक के प्रयोग से फसलों में 25–30 प्रतिशत तक अधिक उपज प्राप्त होती है।
5. ये भूमि में अनुपलब्ध फॉस्फोरस को घुलनशील फॉस्फोरस में बदलकर पौधों को उपलब्ध कराता है जिससे उत्पादन में वृद्धि होती है।
6. राइजोबियम के प्रयोग से दलहनी फसलों की उपज के साथ–साथ दालों में प्रोटीन की मात्रा में भी वृद्धि होती है।
7. मृदा की भौतिक संरचना व रसायनिक गुणों में सुधार होता है।
8. इनके प्रयोग से वायुमण्डलीय प्रदूषण नहीं होता है और मृदा तथा मानव स्वास्थ्य पर इनका विषैला प्रभाव नहीं पड़ता है।
9. जैविक उर्वरक के प्रयोग से बीजों की अंकुरण क्षमता में वृद्धि हो जाती है।

10. जैविक उर्वरक के प्रयोग से मृदा की जल धारण क्षमता, आयन्स क्षमता तथा बफर क्षमता आदि में वृद्धि हो जाती है।

11. रसायनिक उर्वरकों की आवश्यकताओं में 25 प्रतिशत कमी करते हैं तथा रसायनिक उर्वरकों की क्षमताओं को भी बढ़ाते हैं।

12. शुष्क तथा वर्षा पर आधारित कृषि में रसायनिक उर्वरकों की अपेक्षा जैविक उर्वरक प्रयोग कर भरपूर उपज ली जा सकती है।

## जैविक उर्वरक के प्रयोग में सावधानियाँ

1. अलग–अलग प्रकार की फसलों के लिए अलग–अलग प्रकार के जैविक उर्वरक प्रयोग किये जाते हैं।
2. जैविक उर्वरक के कल्चर का प्रयोग निश्चित समय के अन्दर ही करना चाहिए।
3. कल्चर को हवादार शुष्क तथा ठण्ड़े स्थान पर ही रखना चाहिए।
4. यदि बीजों का उपचार कीटनाशी तथा कवकनाशी से करना हो तो पहले कवकनाशी से बीजों को उपचारित करने के बाद तब जैविक उर्वरक से उपचारित करना चाहिए।
5. कल्चर द्वारा बीजों को उपचारित करने के तुरन्त बाद बुवाई कर देना चाहिए।
6. जिन फसलों में जैविक उर्वरक का प्रयोग किया गया हो उसमें नत्रजन उर्वरकों को कम मात्रा में प्रयोग करना चाहिए।
7. इनके पैकेट को प्रयोग करने के तुरन्त पहले ही खोलना चाहिए।

## जैविक उर्वरक की सीमाएं

1. किसानों में जैविक उर्वरकों के प्रयोग की तकनीकी ज्ञान का अभाव।
2. जैविक उर्वरक सही समय पर उपलब्ध नहीं हो पाते हैं।
3. सही ढ़ंग से विपणन तथा वितरण प्रणाली का अभाव है।
4. कल्चर की गुणवत्ता की कमी है।

हम प्रति इकाई क्षेत्र से उपज बढ़ाने के लिए रसायनिक उर्वरकों एवं कीटनाशियों का उपयोग करते हैं। इनसे उपज तो बढ़ती है, लेकिन अनेक बीमारियाँ भी बढ़ी हैं और साथ ही साथ वायु, जल और मृदा दूषित हुई है। यदि हम इनसे बचना चाहते हैं, तो हमें जैव उर्वरकों का प्रयोग करना ही होगा।

❑❑❑

अध्याय 10

# जैविक खेती में कृषि वानिकी (एग्रोफोरेस्ट्री) का योगदान

**चित्र 1.** अनुपयोगी भूमियों में वृक्षारोपण

भारत की तीव्र गति से जनसंख्या बढ़ने के कारण कृषि योग्य भूमि का क्षेत्रफल कम होता जा रहा है। इसका प्रभाव वनों पर भी पड़ रहा है। जिसके फलस्वरूप मृदा की उपजाऊ शक्ति कम होने के साथ–साथ वायुमंडलीय तापमान भी प्रभावित हो रहा है। वर्षा की मात्रा व वर्षा के दिन भी कम होते जा रहे हैं। आज की बढ़ती हुई मानव एवं पशु जनसंख्या को ईंधन, भवन लकड़ी, चारा खाद्यान्न, फल, फूल, सब्जी इत्यादि की आपूर्ति के लिये अत्यधिक संकट का सामना करना पड़ रहा है। ऐसी परिस्थितियों में कृषि वानिकी ही एक ऐसी पद्धति है, जो उपर्युक्त समस्याओं का समाधान करने में सक्षम है।

### क्या है कृषि वानिकी ?

1. कृषि फसलों के साथ जब वृक्षों की खेती भी की जाती है तो इसे कृषि वानिकी कहते हैं।
2. कृषि वानिकी एक ऐसी कृषि पद्धति है जिसमें खाद्यान्न फसलों के साथ–साथ वृक्षों को एक ही खेत पर उगाया जाता है।
3. कृषि वानिकी के अन्तर्गत वृक्षों एवं झाड़ियों के साथ कृषि फसलें, चारागाह अथवा पशुपालन किया जाता है जो परिस्थितियों तथा आर्थिक रूप से वृक्षों एवं कारकों के साथ सही ढ़ंग से उपयोगी हों।
4. कृषि वानिकी के अन्तर्गत एक ही भूमि पर वृक्षों के साथ–साथ फसलों का भी उत्पादन किया जाता है। इन फसलों में चारे, दलहन, खाद्यान्न, तिलहन आदि भी हो सकती हैं।

5. कृषि वानिकी भूमि प्रबन्धन की ऐसी पद्धति है जिसके अन्तर्गत एक ही भू–खण्ड पर कृषि फसलों एवं बहुद्देशीय पेड़ों–झाडियों के उत्पादन के साथ–साथ पशुपालन को भी लगातार या क्रमबद्ध तरीकों से किया जाता है तथा भूमि की उपजाऊ शक्ति को बढ़ाया जाता है, जिससे मनुष्यों की पारिस्थितिकी, सामाजिक एवं आर्थिक आवश्यकताओं की पूर्ति की जा सके।

6. एक ही भू–खण्ड में एक निश्चित क्रम में या एक साथ वानिकीकरण व पशुपालन या फसलोत्पादन के द्वारा भूमि के उपयोग को बढ़ाने वाला टिकाऊ भूमि प्रबन्धन, कृषि–वानिकी कहलाता है।

कृषि–वानिकी से न केवल खाद्यान्नों, चारा, ईंधन, फल, सब्जियों, लकडी एवं अन्य वृक्ष उत्पादन बढ़ता है बल्कि भूमि के प्रति इकाई क्षेत्र से होने वाली आय में भी वृद्धि होती है। कृषि के साथ वृक्ष लगाने से कृषि भूमि की जल रोकने एवं जल सोखने की क्षमता बढ़ जाती है। वृक्ष लगाने से देश के वन आवरण में तो वृद्धि होगी ही, ग्रामीण क्षेत्रों में रोजगार के अतिरिक्त साधन भी उपलब्ध होंगे क्योंकि कृषि वानिकी में वृक्षों से प्राप्त होने वाले उत्पादों जैसे; फल, ईधन, काष्ट, फूल, कत्था, रेशा, औषधि आदि से अनेक कुटीर उद्योग आरम्भ किये जा सकते हैं।

## कृषि वानिकी के लिए चुनी गई फसलों के गुण

- फसल कम समय में तैयार होने वाली हो।
- फसल कम छाया में भी पूर्ण उत्पादन देने वाली हो।
- फसल पर कीट तथा बीमारियों का प्रभाव कम होता हो।
- फसलों की जड़ें भूमि के ऊपरी भाग से पोषक तत्व लेती हों।
- फसल बहुपयोगी भी हो जिसमें आमदनी के साथ–साथ अन्य लाभ भी किसान उठा सकें।

## कृषि वानिकी के लिए चुने गए वृक्षों के गुण

- वृक्ष शीघ्र वृद्धि करने वाला हो।
- वृक्ष की पत्तियाँ शीघ्र सड़ जाती हों।
- वृक्ष मुख्य फसल से पोषक तत्वों के लिए प्रतियोगिता न करें।
- वृक्ष द्विदलीय हों, वायुमण्डलीय नत्रजन एकत्र करने वाले हों।
- वृक्ष पर कीट तथा बीमारियों का प्रभाव कम होता हो।

## कृषि वानिकी हेतु वृक्षों का चयन

- **खेतों की मेंडों पर वृक्षारोपण**–पोपलर एवं सेमल।
- **खण्ड रोपण**–सुबबूल, सागौन एव बांस।
- **खेतों के रास्तों तथा सड़कों के किनारे वृक्ष रोपण**–नीम, आंवला, बकायन, इमली, पोपलर, सहजना, आम, अर्जुन, शीशम, सिरस, बबूल, अमलताश, महुआ, सीता अशोक, कटहल, जामुन, सागौन, खैर, कचनार, बांस इत्यादि।
- **अम्लीय मृदाओं में वृक्ष रोपण**–नीम, सिरस, महुआ व सफेदा।
- **लवणीय मृदाओं में वृक्ष रोपण**–आंवला, खेजरी, नीम, बेर, सिरस, सुबबूल, सफेदा शीशम, जंगली बबूल।
- **काली मृदाओं में वृक्ष रोपण**–इमली, जामुन, बबूल, जंगली बबूल।
- **ईधन के लिए वृक्ष रोपण**–कीकर, देसी कीकर, सुबबूल, सफेदा व केजुराइना।
- **आवासीय भवनों के समीप वृक्ष रोपण**–अर्जुन, शीशम, अमलताश, नीम, अशोक, कचनार, पिलखन, तुन, कदम, गुलमौहर, बेलपत्थर, बकायन, शहतूत इत्यादि।

## कृषि–वानिकी के उद्‌देश्य

1. वर्षा का प्रभावकारी उपयोग करके अधिक से अधिक उत्पादन लेना।
2. जलवायु, पारिस्थितिकी तथा पर्यावरण को सुव्यवस्थित ढंग से सुरक्षा करना।
3. पोषक तत्वों को पुनः उपयोगी बनाकर भूमि सुधार करना।
4. बेरोजगार व्यक्तियों को रोजगार के अवसर प्रदान करना।
5. मृदा कटाव में नियंत्रण।
6. ईधन व इमारती लकडी की आपूर्ति करना।
7. अनुपयोगी/बंजर भूमि का वैकल्पिक उपयोग।
8. फलों के उत्पादन को बढ़ाना।
9. पशुओं के लिए साल भर अच्छे गुणों वाले चारे प्रदान कर उनकी उत्पादन क्षमता को बढ़ाना।
10. प्रति इकाई भूमि से अधिक उत्पादन प्राप्त करना।

## कृषि–वानिकी से लाभ

1. कृषिवानिकी से छः एफ (F) की प्राप्ति होती है जैसेः Food, Feed, Fibre, Fuel, Furniture, Finance, Fertilizer.
2. कृषि–वानिकी को अपनाने से भूमि की दशा में सुधार होता है, जैसे; मृदा कटाव कम होना, कार्बनिक पदार्थ में वृद्धि तथा नाइट्रोजन स्थिरीकरण होने से मृदा में पोषक तत्वों की वृद्धि होना।
3. फार्म मजदूर को वर्षभर रोजगार मिलता रहता है।
4. एक ही भू–खण्ड पर कई प्रकार की उपयोगी वस्तुओं का एक साथ उत्पादन किया जा सकता है जैसेः खाद्यान्न, फल, ईधन, रेशा, खाद आदि।
5. वृक्षों से फल तथा इमारती लकडी प्राप्त होने से कुल आमदनी में वृद्धि हो जाती है।
6. वृक्षों से इमारती लकड़ी प्राप्त होने से मकानों में तथा बाड़ आदि के रूप में प्रयोग किया जाता है।
7. कृषि–वानिकी मृदा तापमान को नियंत्रित करने में बहुत ही उपयोगी सिद्ध हुई है जिसके परिणामस्वरुप लाभदायक जीवाणु तथा वनस्पति को सुरक्षा प्रदान करती है।
8. भूमि की दशा के अनुसार वृक्षों तथा घासों को उगाने से वह क्षेत्र सौन्दर्य तथा आकर्षक हो जाता है।
9. पेड़ों से गिरी पत्तियाँ भूमि में जीवांश पदार्थ बढ़ाकर खाद का कार्य करती हैं तथा कार्बनः नत्रजन अनुपात सन्तुलित रहता है।
10. कृषि वानिकी से नमी का संरक्षण किया जा सकता है तथा बे मौसम वर्षा को बहुवर्षीय फसलों व पेड़ों के माध्यम से अधिक सदुपयोगी किया जा सकता है।
11. वृक्ष पट्टियाँ गर्म व तेज हवाओं को रोकने व कम करने में बहुत सहायक सिद्ध होती हैं।
12. पशुओं में वाँछित सुधार हो जाता है क्योंकि पशुओं को उत्तम किस्म का पौष्टिक चारा तथा चारे की कमी के समय भी चारा मिलता रहता है।
13. वृक्षों को फसलों के साथ उगाने से कीटों एवं जानवरों का प्रकोप कम होता है।

## कृषि वानिकी की प्रचलित पद्धतियाँ

1. **कृषि वन पद्धति (एग्री–सिल्वी कल्चर**–Agri-Silviculture) : कृषि वन पद्धति में कृषि योग्य भूमि में बहुद्देशीय पेड़ों की पंक्तियों के बीच खाद्यान्न फसलों को उगाते हैं। यह पद्धति सिंचित एवं असिंचित दोनों प्रकार के क्षेत्रों में अपनाई जा सकती है। इसमें कृषि उपज के साथ–साथ जलाऊ एवं इमारती लकड़ी, रेशा व चारा भी मिलता है।

2. **कृषि बागवानी पद्धति (एग्री–हॉर्टी–सिस्टम**–Agri-Horti-System) : कृषि वानिकी की इस पद्धति में फसलों के साथ फलदार वृक्ष ही लगाये जाते हैं। अतः इस पद्धति से प्रति इकाई क्षेत्र से अधिक से अधिक लाभ प्राप्त होता है, जैसे; आँवला के साथ मसूर, चना, मटर फसल प्रणाली कृषि बागवानी पद्धति कहलाती है। घरेलू बगीचे में आम, अमरुद, बेर, फालसा के साथ फूल तथा सब्जियों को उगाने से अधिक आमदनी प्राप्त होती है।

3. **कृषि–वन–बागवानी पद्धति** : इस पद्धति में कृषि फसलों के साथ–साथ फलदार तथा चारा ईधन करने वाले वृक्षों को उगाते हैं।

4. **कृषि–वन–चारागाह पद्धति** (Agri-Silvi-Pastoral System) : इस पद्धति के अन्तर्गत बहुद्‌देशीय वृक्षों के साथ–साथ विभिन्न प्रकार की घासें उगाई जाती हैं जिससे जलाऊ लकडी, इमारती लकडी तथा पशु चारा मिलता है। यह प्रणाली पशुपालन व दुग्ध विकास क्षेत्रों के लिए अत्यन्त उपयोगी है क्योंकि इससे सूखाकाल में वृक्षों से हरा–चारा प्राप्त होता रहता है जिससे चारागाह की कमी महसूस नहीं होती है।

5. **बागवानी–चारागाह पद्धति** (Horti-Pastoral System) : इस प्रणाली में फलदार वृक्षों के साथ विभिन्न चारा प्रदान करने वाली फसलों को उगाते हैं। यह पद्धति सिंचाई वाले क्षत्रों में अधिकतर अपनाई जाती है। इसके लाभ हैं। भूमि कटाव रोकना, भूमि की उपजाऊ शक्ति में वृद्धि, वृक्षों से फल व चारे की प्राप्ति तथा पर्यावरण में सुधार आदि हैं। कुछ वृक्ष जैसे; इमली, जामुन, आँवला, बेल, शरीफा आदि अधिक उपयोगी होते हैं। चारागाह के मिश्रित रूप में घासें जैसे; अंजन घास, सांवा घास, दीना घास आदि शुष्क क्षेत्रों में आसानी से उगा सकते हैं।

6. **कृषिवन बागवानी पद्धतिं** (Agri-forestry-HortiSystem) : इस पद्धति में फलदार वृक्षों के साथ बहुद्‌देशीय वृक्षों तथा फसलों को सम्मिलित किया जाता है। इससे फल तथा खाद्यान्न के अतिरिक्त ईंधन, चारा, तथा इमारती लकडी प्राप्त होती है जैसेः सुबबूल को उगाते हैं जिससे पौष्टिक चारा व ईधन दोनों मिलते हैं।

**चित्र 2.** पॉपलर + गेहूँ

7. **फार्म–बाउन्ड्री रोपण** (Farm-boundry Plantation) : इस पद्धति में खेत के किनारे के चारों तरफ मेंड़ों पर वृक्षारोपण किया जाता है तथा सिंचाई नालियों पर भी तथा खेत में फसलों को उगाया जाता है। इस पद्धति से ईधन, चारा फल, भवन लकडी तथा उद्योगों के लिए कच्चा माल प्राप्त हो जाता है। खेत के चारों ओर पेड़ लगाने से तेज हवा से फसलों में नुकसान तथा पशुओं से फसलों की सुरक्षा भी होती है। इस पद्धति में खेतों के चारों ओर निर्मित मेंड़ों पर करौंदा, फालसा, जामुन, नीम, सहजन एवं करघई आदि लगाकर अतिरिक्त उपज प्राप्त की जा सकती है।

8. **बीथिका क्रोपिंग (ऐली–क्रोपिंग**–Alley-Cropping) : इस पद्धति में वार्षिक फसलों के साथ–साथ उपयुक्त प्रजाति के पेड़–पौधे खेत में कतारों में लगाये जाते हैं। सबबूल, खेजडी, शहतूत, खैर आदि वृक्ष एली–क्रोपिंग के लिए उपयुक्त हैं, जैसे;
   1. सबबूल+ज्वार/ज्वार/ग्वार /लोबिया ।
   2. यूकेलिप्टस+ज्वार/लोबिया/सेम।
   3. सेबरी+ज्वार।
   4. बहुवर्षीय अरहर+ज्वार/लोबिया/ग्वार/मूँग आदि।

9. **कृषि मछलीपालनः** (Agri-Pisiculture System) निचले क्षेत्रों की भूमियों में धान के खेत में मछलीपालन करना आर्थिक दृष्टि से बहुत अधिक लाभदायक है। इसी प्रकार नदियों के किनारे की स्थिति बाढ़ प्रभावित निचली भूमियों में धान की फसल के साथ मछली पालन किया जा सकता है। इस पद्धति में मछलियों की शीघ्र बढ़ने वाली जातियों का प्रयोग करना चाहिए।

## कृषि वानिकी में रोजगार

हमारे जीवन में जंगलों का बहुत ही महत्वपूर्ण योगदान है जिससे हमारी रोजमर्रा की आवश्यकता तो पूरी होती ही हैं, साथ ही अनेक प्रकार के रोजगार भी उपलब्ध होते हैं। कृषि वानिकी से गांव व शहरों में रहकर बेरोजगारों को रोजगार के अवसर मिल सकते हैं, जैसे;

### माचिस उद्योग

माचिस बनाने के व्यवसायों में पोपलर पेड़ का बहुत बड़ा योगदान है। माचिस की तीलियां व पैकिंग बाक्स पोपलर की लकड़ी के बनाए जाते हैं।

### पेपर उद्योग

कागज व प्लाईवुड बनाने के लिए युकेलिप्टस व पोपलर की लकड़ी का प्रयोग बहुत अधिक किया जाता है।

## पत्तल उद्योग

पलास व बरगद के पत्तों का प्रयोग कर पत्तल बनाने का व्यवसाय किया जा सकता है।

## पशु आहार उद्योग

सहजन, सुबबूल, तथा जैती की पत्तियों का उपयोग पशुओं के चारे के लिए किया जाता है। महाराष्ट्र व गुजरात में सुबबूल की पत्तियों को पीसकर गोलियां बनाई जाती हैं। इनमें खनिज लवण व प्रोटीन अधिक मात्रा में उपलब्ध रहते हैं।

## फर्नीचर उद्योग

शीशम, सागौन, आम, नीम की लकड़ी का प्रयोग फर्नीचर बनाने में किया जाता है।

## डलिया उद्योग

बांस व शहतूत का प्रयोग टोकरी बनाने के लिए किया जाता है। इनकी पतली शाखाओं से बड़े–बड़े टोकरे बनाए जा सकते हैं।

## सुगंधित तेल उद्योग

करंज, महुआ व नीम के बीज से तेल निकाल कर साबुन,दवाइयां, कास्मैटिक सामान बनाने के लिए उपयोग किया जाता है।

## भवन लकड़ी

भवनों में लकड़ी हेतु आम, जामुन, नीम, शीशम, सिरस, सागौन आदि के पेड़ों की लकड़ी प्रयोग में लाई जाती है।

## मधुमक्खी पालन

जामुन, आम, लीची, महुआ आदि के पेड़ लगाकर मधु मक्खीपालन उद्योग शुरू किये जा सकते हैं।

## रेशम उद्योग

शहतूत व अर्जुन के पेड़ों पर रेशम के कीड़े पालकर रेशम उद्योग चलाया जा सकता है।

## गोंद उद्योग

बबूल के पेड़ लगाकर गोंद बनाने का व्यवसाय शुरू कर सकते हैं।

## चमड़ा उद्योग

अर्जुन व बबूल के पेड़ की छाल से चमड़ा चमकाने का व्यवसाय किया जा सकता है।

## रंग व्यवसाय

महुआ, ढाक आदि पेड़ उगाकर उनके फूलों से रंग बनाने का व्यवसाय कर सकते हैं।

## कत्था व्यवसाय

खैर के पेड़ से कत्था बनाने का व्यवसाय किया जा सकता है।

## मोम व्यवसाय

ढाक, खैर, बेर, पीपल, आदि पेड़ों का उगाकर उनके रेजिन से लाख का व्यवसाय शुरू किया जा सकता है।

## पैकिंग उद्योग

चीड़ व दूसरे मुलायम स्थानीय पेड़ों से सभी प्रकार के पैकिंग व्यवसाय किया जा सकता है।

## लकड़ी चीरने का व्यवसाय

आवश्यकतानुसार लकड़ी तैयार करने के लिए लकड़ी चिराई का व्यवसाय किया जा सकता है।

## कृषि वानिकी की सम्भावनाएं एवं भविष्य

खेती को टिकाऊ बनाने में कृषि वानिकी महत्पूर्ण भूमिका निभा सकती है, जैसे कि वर्तमान में कुछ वर्षो में हुए अनुसंधान से ज्ञात हुआ है कि सघन पद्धतियों के अपनाने से, उचित फसल चक्र न अपनाने से, अंधाधुंध रसायनों के छिड़काव से तथा उर्वरकों के अकेले उपयोग से भूमि कटाव आदि से भूमि की उर्वरता घटी है। पोषक तत्वों का सफल उत्पादन के प्रति प्रभाव घटा है, उपज में स्थिरता आई है इत्यादि। अतः ऐसी पारिस्थितियों में

कृषि वानिकी ही एक अच्छा विकल्प है, विशेषकर उत्पादन बढाने एवं पर्यावरण सन्तुलन में इसलिए निश्चित् तौर से कहा जा सकता है कि कृषि वानिकी अपनाना आज की परम आवश्यकता ही नहीं, बल्कि भविष्य में इसकी अच्छी सम्भावनाएं भी हैं।

जैविक खेती में कृषि वानिकी का उपयोग करना समय की मांग है। अतः किसानों के लिये इसे अपनाना परम आवश्यक है। आप के आस–पास पड़ी बंजर, ऊसर एवं बीहड़ भूमि में कृषि वानिकी को अपनाने से मात्र उनका उपयोग होगा। साथ ही खाद्यान्न, जल, सब्जियों, चारा, खाद, गोंद, आदि अनेक वस्तुएं उपलब्ध होगी तथा रोजगार के अवसरों में वृद्धि होगी और पर्यावरण में निश्चित रूप से सुधार होगा। मेरे विचार से कोई भी भूमि बंजर नहीं होती बल्कि सारी भूमियाँ उपजाऊ होती है, क्योंकि उन्हें उनके हाल पर छोड़ दिया जाता है। इस कारण पहले विभिन्न प्रकार की वनस्पतियां बेतकनीकी से उन्हें घेर लेती हैं, फिर उसी में से कुछ भागों के आकार कीं वृक्ष या झाड़ियां बन जाती है। कुछ–कुछ कंटीली भी होती हैं और कुछ वृक्ष बड़े भी हो जाते हैं। परन्तु यदि हम ध्यान से देखें तो इसमें मात्र श्रम का योगदान करने पर सभी बंजर भूमियां उत्पादक हो सकती हैं।

❑❑❑

अध्याय 11

# जैविक खेती में फसल अवशेषों का योगदान

फसल अवशेष वे सभी पदार्थ या उत्पाद होते हैं जो फसल कटाई और गहाई के उपरान्त जमीन सतह पर छोड़ दिये जाते हैं। इनमें मुख्यतः भूसा, तने, डण्ठल, पत्तियाँ, मूँगफली के छिलके, फसल व सब्जी के अवशेष आदि आते हैं। हमारे देश में प्रतिवर्ष लगभग 635 मिलियन टन फसल अवशेष उत्पन्न होते हैं। इनमें से 58 प्रतिशत अनाज वाली फसलों से,17 प्रतिशत गन्ना, 20 प्रतिशत रेशा वाली फसलों, 3 प्रतिशत दलहनी फसलों 5 प्रतिशत तिलहनी फसलों से उत्पन्न होते हैं। एक अनुमान के अनुसार देश में पैदा होने वाले फसल अवशेषों से 77.67 लाख टन मुख्य फसल पोषक तत्व (25.37 लाख टन नाइट्रोजन, 4.08 लाख टन फॉस्फोरस तथा 47.92 लाख टन पोटाश)होते हैं। हमारे देश में फसल के अवशेषों का अधिकांश भाग घरेलू कार्यो में उपयोग किया जाता है या फिर इन्हें नष्ट कर दिया जाता है जैसे;कपास, सनई, अरहर आदि के तने,गन्ने की सूखी पत्तियाँ, धान व गेहूँ का पुआल जलाने के काम में उपयोग कर लिया जाता है। गेहूँ, गन्ने की हरी पत्तियाँ,आलू एवं मूली की पत्तियाँ, पशुओं का खिलाने में उपयोग की जाती हैं। इन फसल अवशेषों का आधा भाग पशुओं के चारे एवं ईंधन आदि के रूप में प्रयुक्त कर भी लिया जाए और आधा भाग भूमि में मिला दिया जाए तो भी भूमि को प्रतिवर्ष लगभग 38 लाख टन पोषक तत्व प्राप्त हो जाते हैं जोकि एन. पी.के. की खपत का लगभग एक चौथाई है। इसके अलावा फसल अवशेषों में द्वितीय एवं सूक्ष्म पोषक तत्व भी पाये जाते हैं। फसल अवशेषों को भूमि में दबाने में कार्बनिक पदार्थ की मात्रा बढ़ जाती है, और मृदा संरचना में भी सुधार होता है। अनाज, दलहन, तथा नकदी फसलों आदि में विभिन्न मात्राओं में फसल अवशेष उत्पन्न होते हैं (सारणी 1)।

**सारणी 1.** भारत में विभिन्न फसलों द्वारा अवशेष उत्पादन (मिलियन टन/वर्ष)

| फसल का नाम | वार्षिक उत्पादन | अवशेष उत्पादन |
|---|---|---|
| धान | 103.06 | 154.59 |
| गेहूँ | 94.04 | 159.86 |
| मक्का | 21.02 | 31.53 |
| जूट | 9.92 | 21.32 |
| कपास | 30.52 | 91.56 |

| | | |
|---|---|---|
| मूँगफली | 6.89 | 13.78 |
| गन्ना | 6.89 | 138.68 |
| सरसों | 6.85 | 20.55 |
| मोटे अनाज | 2.29 | 3.63 |
| कुल | 621.31 | 635.32 |

**स्रोतः** विस्तार बुलेटिन–59, (2016), भारतीय गेहूँ एवं जौ अनुसंधान संस्थान, करनाल

वर्तमान परिस्थितियों में कृषि में श्रमिकों की कमी एक प्रमुख समस्या है। किसानों द्वारा कटाई के लिए मशीनें (कम्बाई एवं रीपर आदि) का प्रयोग बहुतायत में किया जाने लगा है। परिणामस्वरुप कटाई के उपरान्त खेतों में दाने के अतिरिक्त काफी मात्रा में फसल अवशेष रह जाते हैं। किसान इन फसल अवशेषों को जला देते हैं, किन्तु उपलब्ध फसल अवशेषों को जलाने के कारण कई तरह की पर्यावरणीय एवं मृदा जनित समस्याएं उत्पन्न होती हैं। फसल अवशेष को जलाने से विभिन्न गैसों का जैसे कि नाइट्रस ऑक्साइड, मीथेन, कार्बन मोनो ऑक्साइड, सल्फर डाई ऑक्साइड एवं हाइड्रो कार्बन इत्यादि का उत्सर्जन होता है। किसान भाई कम्बाइन हार्वेस्टर से गेहूँ की कटाई करने के बाद खेत में बचे फसल अवशेषों को आग लगाकर जला देते हैं, जो कि वातावरण को तो प्रदूषित करता ही है, साथ ही भूमि को भी नुकसान पहुँचाता है। फसल अवशेष जलाने की प्रक्रिया पंजाब, हरियाणा, तथा पश्चिमी उत्तर प्रदेश में व्यापक रूप से अपनाई जाती है। आमतौर पर प्रतिवर्ष अक्टूबर–नवम्बर माह में धान की कटाई के उपरान्त किसान बड़ी मात्रा में फसल फसल अवशेषों को जलाते हैं। इससे आस–पास की हवा प्रदूषित एवं जहरीली हो जाती है। इसका स्पष्ट उदाहरण वर्ष 2016 एवं 2017 में देखने को मिला जब दिल्ली की हवा इन्हीं कारणों से विषाक्त हो गयी और जिसकी चर्चा समाचार पत्रों एवं टेलीविजन पर अधिक की गई। फसल अवशेष जलाने से 100 प्रतिशत नाइट्रोजन, 25 प्रतिशत फॉस्फोरस, 20 प्रतिशत पोटाश और 60 प्रतिशत सल्फर का नुकसान होता है, जिससे मृदा की उर्वरा–शक्ति में गिरावट आती है तथा मृदा के कार्बनिक पदार्थों का नुकसान भी होता है।

सामान्यतः एक टन भूसा जलाने से 160 कि.ग्रा. कार्बन डाई ऑक्साइड, 60 कि.ग्रा. कार्बन मोनो ऑक्साइड, 3 कि.ग्रा. पारटिकुलेट पदार्थ, 2 कि.ग्रा. सल्फर डाई ऑक्साइड तथा 199 कि.ग्रा. ऐश / राख इत्यादि उत्पन्न होकर वायुमण्डल में मिलती है। इसके अलावा जो पोषक तत्व अवशेषों में होते हैं वे भी नष्ट हो जाते हैं। देश में 2010–11 में विभिन्न फसलों के अवशेषों के दहन से उत्सर्जित होने वाली गैसों का विवरण सारणी–2 में दर्शाया गया है।

**सारणी 2**. फसलों अवशेषों में मुख्य पोषक तत्वों की मात्रा व फसलों के अवशेषों के दहन का मीथेन और नाइट्रस ऑक्साइड उत्सर्जन पर प्रभाव (आंकड़े 2010–11)

| फसल का नाम | नत्रजन | फॉस्फोरस | पोटाश | मिथेन उत्सर्जन (हजार टन कार्बन समतुल्य) | नाइट्रस ऑक्साइड उत्सर्जन (हजार टन कार्बन समतुल्य) | कुल उत्सर्जन (हजार टन कार्बन समतुल्य) |
|---|---|---|---|---|---|---|
| गेहूँ | 0.49 | 0.25 | 1.28 | 73.32 | 11.42 | 84.74 |
| धान | 0.58 | 0.23 | 1.66 | 82.37 | 32.44 | 114.81 |
| मक्का | 0.47 | 0.57 | 1.65 | 16.74 | 5.50 | 22.24 |
| गन्ना | 0.35 | 0.10 | 0.60 | 115.12 | 26.48 | 141.60 |
| कपास | 0.57 | 0.28 | 1.140 | 14.06 | 2.01 | 16.07 |
| कुल | – | – | – | 301.60 | 77.85 | 379.45 |

**स्रोत**: खेती अंकः 4 व 5, 2015

**सारणी 3**. विभिन्न फसल अवशेषों में मुख्य पोषक तत्वों की मात्राएं

| क्रमांक एवं सस्ये अवशेष 'अ' | नत्रजन (प्रतिशत) | फॉस्फोरस (प्रतिशत) | पोटाश (प्रतिशत) |
|---|---|---|---|
| 1. गेहूँ का भूसा | 0.49 | 0.25 | 1.28 |
| 2. जौ का भूसा | 0.57 | 0.26 | 1.20 |
| 3. गन्ने की सूखी पत्तियाँ | 0.35 | 0.10 | 0.60 |
| 4. गन्ने की खोई | 2.25 | 0.12 | – |
| 5.ज ई का तना | 0.72 | 0.19 | 1.20 |
| 6. धान का पुआल | 0.58 | 0.23 | 1.66 |
| 7. कपास का तना | 0.57 | 0.28 | 1.40 |
| 8. मक्का | 0.47 | 0.57 | 1.65 |
| 9. ज्वार | 0.49 | 0.25 | 1.28 |
| 10. बाजरा | 0.65 | 0.75 | 2.50 |
| 11. धान की भूसी | 0.35 | 0.25 | 0.40 |
| 12. मूँगफली | 0.12 | 0.25 | 1.30 |
| 13. आलू | 1.50 | 0.45 | 0.85 |
| 14. केला | 1.10 | 0.09 | 1.06 |
| 15. मटर | 1.19 | 0.12 | 0.36 |
| 16. तम्बाकू की डण्ठल | 0.40 | 0.120 | 0.85 |
| 17. वृक्षों की पत्तियाँ | 0.70 | 0.84 | 2.5 |
| 18: अरहर | 0.52 | 0.58 | 1.28 |
| 19. चना | 0.61 | – | 1.25 |
| (ब) गोबर की खाद | 0.5 | 0.4 | 0.5 |
| (स) कम्पोस्ट | 0.8 | 0.3 | 1.50 |

**स्रोत**: एफ.ए .ओ. फील्ड डोकोमेंट नः 15

उत्तर–पश्चिमी भारत में चावल–गेहूँ गहन फसल प्रणाली के अन्तर्गत चावल की कटाई कम्बाईन हार्वेस्टर द्वारा की जाती है जिससे चावल के खेतों में फसल के तने खडे रह जाते हैं और वहाँ के किसान खेत में आग लगाकर धान फसल के अवशेषों को जला देते हैं। फसल अवशेषों के एकीकृत प्रबंधन एवं उपयोग के लिए यह आवश्यक है कि फसल अवशेषों को खेत में प्रयोग करें या मशरूम खेती में प्रयोग करें। आलू एवं मूंगफली जैसी फसलों की खुदाई कर फसल अवशेषों को भूमि में मिला देना चाहिए। मूँग व उड़द की फसलों में फलियाँ तोड़कर खेत में मिला देनी चाहिएं।

## फसल अवशेष प्रबंधन का लाभ

फसल अवशेष भूमि में मिलाने से भूमि के तापमान में 1–2 डिग्री सें.ग्रे. की वृद्धि, बीज क्षेत्र का बढ़ना, मृदा वाष्पीकरण में कमी तथा खरपतवार का नियंत्रण होता है। फसल अवशेषों के द्वारा भूमि की जल धारण क्षमता भी 30 प्रतिशत तक बढ़ जाती है। फसल अवशेष अगली फसल के विकास में पूर्णतः सहायक होते हैं। साथ में ये भूमि में लाभकारी जीवाणुओं की संख्या में वृद्धि करते हैं जोकि भूमि में कई प्रकार के परिवर्तन के कारक बनते हैं जैसे; भूमि में जीवांश–कार्बन की मात्रा में वृद्धि, भूमि में पोषक तत्वों की उपलब्धता में वृद्धि तथा मृदा संरचना में भी बदलाव इत्यादि। फसल अवशेष फसलों को अधिक लू एवं पाले से बचाते हैं। फसल अवशेष सड़कर मृदा की उर्वरता को बढ़ाते हैं। उदाहरणार्थ अरहर की लगभग 2.8 टन प्रति हेक्टेयर पत्तियां खेत में झाड़ने से 8 से 15 कि.ग्रा. नाइट्रोजन, 2.5 से 5.0 कि.ग्रा. प्रति हेक्टेयर फॉस्फोरस तथा 8 से 24 कि.ग्रा. प्रति हेक्टेयर पोटाश मृदा में बढ़ जाता है।

## विभिन्न कार्यो में फसल अवशेषों का एकीकृत उपयोग

मृदा में जीवांश पदार्थ की मात्रा निरन्तर कम होने से उत्पादकता या तो घट रही है या स्थिर हो गई है। अतः समय रहते इस पर ध्यान देकर मृदा की उर्वरा शक्ति बढ़ाने पर ही कृषि की उत्पादकता बढ़ा सकते हैं जो कि देश की बढ़ती जनसंख्या को देखते हुए आवश्यक है। फसल अवशेषों का आज प्रयोग मृदा में कार्बनिक पदार्थो को बढ़ाने, उर्वरा शक्ति बढ़ाने, पशुओं के लिए पौष्टिक आहार में एवं मृदा जीवों द्वारा अपघटन प्रक्रियों में महत्वपूर्ण स्थान है, जैसे;

### 1. फसल अवशेषों का खेतों में उपयोग

कुछ फसलों के अवशेषों जैसे; आलू, गन्ना व सब्जियाँ आदि के पत्ते तथा अन्य भागों का उपयोग व प्रबन्धन से मृदा में लीचिंग व गैसीय रूप से पोषक तत्वों की हानि को रोका जा सकता है। कुछ खरपतवार भी हरी खाद के रूप में प्रयोग किये जा सकते हैं। इन्हें मिट्टी पलटने वाले हल से जुताई करके मिट्टी में मिला देना चाहिए। फसल पारिस्थितिकी

में पोषक तत्वों की उपलब्धता एक आवश्यक घटक है। धान–गेहूँ फसल चक्र के अन्तर्गत लगभग 150 मिलियन टन सूखा भूसा उत्पन्न होता है, जिसका लगभग 30 प्रतिशत फसल अवशेष पुनः चक्रण के लिए उपलब्ध है, जो काफी मात्रा में रसायनिक उर्वरक के उपयोग को कम करते हैं; एवं मृदा स्वास्थ्य में सुधार करते हैं। धान के एक टन फसल अवशेष में लगभग 6.1 कि.ग्रा. नाइट्रोजन, 0.8 कि.ग्रा. फॉस्फोरस और 114 कि.ग्रा. पोटेशियम पाये जाते हैं जबकि गेहूँ के एक टन अवशेष या भूसे से 4.8 कि. ग्रा. नाइट्रोजन, 0.7 कि.ग्रा फॉस्फोरस और 9.8 कि.ग्रा.कार्बन मोनो ऑक्साइड, 460 कि.ग्रा.कार्बन डाई ऑक्साइड, 199 कि.ग्रा. राख, 2 कि.ग्रा. सल्फर डाई ऑक्साइड उत्पन्न होती हैं। ये गैसें ग्लोबल वार्मिंग के लिए जिम्मेदार हैं। अतः किसान उनका पुनः चक्रीय कर मृदा में मिलाते हैं तो निश्चित तौर पर पौध पोषण एवं मृदा स्वास्थ्य सुधार के साथ–साथ पर्यावरण सुरक्षित रखने में सहायता मिलती है। खेती में फसल अवशेषों के उपयोग की दो विधियाँ हैं (अ) फसल अवशेषों को सीधे मिट्टी में मिलाकर (ब) फसल अवशेषों को पहले सड़ने दिया जाये और फिर खाद के रूप में इस्तेमाल करना। यदि किसान उपलब्ध फसल अवशेषों को जलाने की बजाय उनको वापस भूमि में मिला दें, तो निम्न लाभ प्राप्त होते हैं–

- **कार्बनिक पदार्थ की उपलब्धता में वृद्धि :** कार्बनिक पदार्थ ही एकमात्र ऐसा स्रोत है जिसके द्वारा मृदा में उपस्थित विभिन्न पोषक तत्व फसलों को उपलब्ध हो पाते हैं तथा कम्बाइन द्वारा कटाई किए गए फार्म उत्पादित अनाज की तुलना में लगभग 1.29 गुना अन्य फसल अवशेष होते हैं। ये खेत में सड़कर मृदा कार्बनिक पदार्थ की मात्रा में वृद्धि करते हैं।
- **पोषक तत्वों की उपलब्धता में वृद्धि :** फसल अवशेषों में लगभग सभी आवश्यक पोषक तत्वों के साथ 0.45 प्रतिशत नाइट्रोजन की मात्रा पाई जाती है जो कि एक प्रमुख पोषक तत्व है।
- **मृदा भौतिक गुणों में सुधार :** मृदा में फसल अवशेषों को मिलाने से मृदा की परत में कार्बनिक पदार्थ की मात्रा बढ़ने से मृदा सतह की कठोरता कम होती है तथा जल धारण एवं मृदा वातन में वृद्धि होती है।
- **मृदा उर्वरा शक्ति में सुधारः** फसल अवशेषों को मृदा में मिलाने से मृदा के रसायनिक गुण जैसे उपलब्ध पोषक तत्वों की मात्रा, मृदा की विद्युत चालकता एवं मृदा पी.एच. में सुधार होता है तथा उसकी उत्पादकता एवं उर्वरता में सुधार होता है।
- **फसल उत्पादकता में वृद्धि :** फसल अवशेषों को मृदा में मिलाने पर आने वाली फसलों की उत्पादकता में काफी मात्रा में वृद्धि होती है।
- फसल अवशेष मृदा में मिलाने से रसायनिक उर्वरकों की खरीद पर खर्च भी कम हो जाता है।

## 2. फसल अवशेषों का कम्पोस्ट के रूप में उपयोग

कम्पोस्टिंग एक जैव रसायनिक क्रिया है जिसमें वायवीय/एरोविक तथा अवायवीय/एनारोविक दोनों प्रकार के सूक्ष्म जीवाणु कार्बनिक पदार्थो का विघटित करके बारीक उत्पाद बनाते हैं। यह पूर्णतः सड़ा हुआ पदार्थ ही कम्पोस्ट कहलाता है। कम्पोस्ट दो प्रकार की होती हैं:

(अ) **फार्म अपशिष्टों से बनाया गया कम्पोस्ट**: इसमें खरपतवार, फसल अवशेष, भूसा, पशुओं का बचा हुआ बिछावन, फार्म की बाड़ से काटी गई शाखायें एवं पत्तियाँ, आदि शामिल हैं।

(ब) **शहर व कस्बों के अपशिष्टों से बनाया गया कम्पोस्ट**: इसमें शहर का मल, गाँव का कूडा करकट जिसे कचरे के नाम से जाना जाता है।

- कम्पोस्ट बनाने की मुख्य विधियाँ जैसे इन्दौर, बैंगलौर एवं नाडेप आदि होती हैं।

  नाडेप कम्पोस्ट बनाने के लिए आवश्यक सामग्री इस प्रकार है:

| | **सामग्री** | **मात्राएं** |
|---|---|---|
| 1. | जैविक कचरा जैसे फार्म अपशिष्टों, खरपतवार, पशु बाडे से प्राप्त कचरा | 1400–1600 कि.ग्रा. |
| 2. | गोबर | कम से कम 100 कि.ग्रा. |
| 3. | मिट्टी/भुरभुरी छनी हुई | 600–800 कि.ग्रा. |

**सारणी 4.** विभिन्न कम्पोस्ट में पोषक तत्वों की मात्रा (प्रतिशत)

| पोषक तत्व | नाडेप खाद | केंचुआ खाद | गोबर की खाद |
|---|---|---|---|
| नत्रजन | 0.5–1.5 | 1.5–2.0 | 0.5–0.7 |
| फॉस्फोरस | 0.5–0.9 | 1.5–2.0 | 0.2–0.5 |
| पोटाश | 1.2–1.14 | 1.4–2.0 | 0.5–1.0 |

**स्रोत**: फर्टिलाजर न्यूज–1992

## 3. फसल अवशेषों का पलवार/मल्च के रूप में उपयोग

धान–गेहूँ, जौ, ज्वार, बाजरा, आदि का भूसा तथा मक्का, अरहर, नारियल व केले की सूखी पत्तियाँ, सूखी घास आदि को फसल की पंक्तियों के बीच बिछाकर पलवार के रूप में फसल अवशेषों का उपयोग कर सकते हैं। मल्चिंग के रूप में फसल अवशेषों के प्रयोग से मृदा व फसल से जल का वाष्प बनकर उड़ने वाले जल के ह्रास को रोका जा सकता है, खरपतवारों की रोकथाम की जा सकती हैं तथा मृदा तापमान भी नियंत्रित किया जा

सकता है फसल अवशेषों का पलवार के रूप में प्रयोग से सूर्य की तेज रोशनी भी सीधें मृदा के सम्पर्क में नहीं आ पाती है, मृदा नमी का ह्रास कम होता है एवं मृदा तापमान कम होता है जिससे फसल के पौधे आसानी से उग सकते हैं तथा मृदा की जल अवशोषण क्षमता भी बढ़ती है। फसल अवशेषों का प्रयोग खाली पड़ी भूमि या फसल दोनों में किया जा सकता है। खड़ी फसल में फसल अवशेषों का उपयोग उस समय पर किया जाता है जब पौधों की ऊँचाई लगभग 8–10 सेन्टीमीटर हो जाए। पौधों के अवशेष को समान रूप से फसल की पंक्तियों के बीच बिखेर देना चाहिए।इस क्रिया में 04 टन भूसा प्रति हेक्टेयर उपयुक्त होता है।

## 4. फसल अवशेषों का पशु चारे के रूप में उपयोग

पशु चारे को तीन वर्गो में विभाजित किया जाता है, जैसे; चारा, हरा चारा एवं शुष्क चारा। घास–फूँस, खरपतवारों तथा अन्य चारे के फसलों के अवशेषों को सीधे पशु द्वारा चराई के रूप में उपयोग कर सकते हैं तथा मक्का,ज्वार, बाजरा, नैपियर घास,रिजका, बरसीम, जई आदि फसलों को हरी अवस्था में खेत में कुट्टी काटकर पशुओं को खिला सकते हैं। इसके अलावा जिन खाद्यान्नों का भूसा पशु चारा के लिए अधिक उपयोग किया जाता है उनमें गेहूँ, जई, धान, ज्वार बाजरा, रागी, सावां एवं कागनी हैं। दलहनी फसलों के भूसे में चना, मटर, अरहर, मसूर, उड़द, मूँग आदि हैं तथा तिलहनी फसलों के भूसे में सरसों, लाही, सोयाबीन एवं तिल अधिक उपयोगी होते हैं। पशुओं के लिए शरीर भार के अनुसार आवश्यक शुष्क पदार्थ के आधे भाग की आपूर्ति तथा शेष आधे शुष्क पदार्थ की आपूर्ति हरे चारे के द्वारा करनी चाहिए।

## 5. फसल अवशेषों का पौष्टीकरण

फसल अवशेषों जैसे; धान की पुआल, मक्का, ज्वार, बाजरे की कड़वी, गेहूँ व जौ का भूसा, सूखी घास आदि में कार्बोहाइड्रेट्स तो प्रचुर मात्रा में पाया जाता है, परन्तु प्रोटीन की कमी होती है। इसको खाने से पशुओं को सन्तुलित पोषक तत्वों की प्रचुर मात्रा नहीं मिल पाती है। इसके लिए फसल अवशेषों को पशुओं को खिलाने से पहले खाद्यान्न फसलों के अवशेषों जैसे चोकर आदि के अलावा भूसे में 1–2 प्रतिशत यूरिया, 10–15 प्रतिशत शीरा, 20 प्रतिशत नमक तथा 04 प्रतिशत खनिज लवण आदि मिलाकर फसल अवशेषों की गुणवत्ता में सुधार कर सकते हैं।

## 6. फसल अवशेषों का चारा संरक्षण के रूप में उपयोग

पशुओं को हरा चारा केवल वर्षा के मौसम में अर्थात् जुलाई से अक्टूबर में ही मिल पाता है। इस समय में हरे चारे की अधिकता होती है। इस चारे को 'हे' तथा साइलेज के

रूप में संरक्षित कर पशुओं को वर्ष भर चारे की व्यवस्था की जा सकती है। 'हे' उस हरित शुष्क चारे को कहा जाता है जिसे घासों को पूर्ण परिपक्व होने से पूर्व की अवस्था में काटकर छाया अथवा अल्प धूप में कृत्रिम रूप से सुखाकर संग्रहित करने योग्य बना लिया जाता है ताकि हरे चारे के अधिक गुण विद्यमान हों। यह चारा भूसा तथा पुआल की अपेक्षा स्वादिष्ट एवं पौष्टिक होता है। 'हे' निर्माण का उत्तम समय सितम्बर से अक्टूबर तथा अप्रैल से मई तक होता है। 'हे' बरसीम, रिजका, सोयाबीन, सेंजी, ग्वार, लोबिया, क्लोवर, मटर से बना सकते हैं। 'हे'में शुष्क पदार्थ की मात्रा 80 से 85 प्रतिशत एवं नमी 16 प्रतिशत से कम होनी चाहिए। किसी भी हरे वानस्पातिक पदार्थ के वायु की अनुपस्थिति में किण्वन करने के उपरान्त जो पदार्थ निर्मित होता है, उसे साइलेज कहा जाता है। साइलेज के लिए सबसे उत्तम फसल मक्का एवं ज्वार है। साइलेज कम से कम 3 महीने में बनकर तैयार होता है। साइलेज में शुष्क पदार्थ 60 प्रतिशत तक होते हैं तथा नमी 30 से 40 प्रतिशत होती है। साईलेज बनाने के लिए फसलों को दानों में दूध बनते समय की अवस्था पर काटते हैं।

## 7. फसल अवशेषों से ऊर्जा एवं उद्योगों में उपयोग

फसल के अवशेषों से भारत में 17 हजार मेगावाट से अधिक बिजली का उत्पादन किया जा सकता है। पंजाब में बायोमास पावर लिमिटेड ने धान की पुआल से चलने वाले पावर संयंत्र/प्लांट बनाया है, जो वर्ष 2017 तक 96 मेगावाट बिजली का उत्पादन करने लगेगा। इस कंपनी का पटियाला में एक 12 मेगावाट का संयंत्र चल रहा है। फसल के अवशेष व गन्ने का रस निकालने के बाद बचने वाले भाग से हम ऊर्जा पैदा कर सकते हैं। इसके अलावा फसल के अवशेषों का उपयोग कागज उद्योगों में होता है, जिनसे विभिन्न प्रकार की किताबें एवं गत्ते बनाए जाते हैं।

## 8. फसल अवशेषों का मशरूम खेती में उपयोग

मशरूम उत्पादन में धान की पुआल या गेहूँ के भूसे की आवश्यकता होती है, क्योंकि मशरूम को बिना मृदा के गेहूँ के भूसे, धान की पुआल पर उगाया जाता है। मशरूम उत्पाद में कम्पोस्ट तैयारी के लिए निम्न सामग्री आवश्यक है जैसे 1: गेहूँ का भूसा–100 कि.ग्रा. 2: मुर्गी की खाद–400 कि.ग्रा., 3: चोकर–100 कि.ग्रा., 4: यूरिया–4.5 कि.ग्रा., 5: जिप्सम–30 कि.ग्रा., 6: लिन्ड्रेन–200 कि.ग्रा.।

## 9. फसल अवशेषों का सम्पीडित चारा

सम्पीडित पशुओं के चारों का निर्माण फसल अवशेषों सेल्युलोजिक अपशिष्ट, सांद्र राशन तथा शीरा के निर्माण से किया जाता है, जिसे एक निश्चित अनुपात में यांत्रिक विधि पूसा पावर चालित एनिमल फीड ब्लॉक बनाने की मशीन से निर्मित करके हाइड्रोलिक

मशीन में लगभग 200 पौंड प्रति वर्ग इंच दबाव पर सम्पीडित किया जाता है। सम्पीडित पशु चारे का सामान्य संगठन इस प्रकार से है जैसे 1: गेहूँ का भूसा 50–90 प्रतिशत, 2: सान्द्र आहार एवं खनिज मिश्रण 10–39 प्रतिशत, 3: शीरा 7–15 प्रतिशत। इस विधि से गेहूँ का भूसा, चने का भूसा, अरहर का भूसा, मूँगफली का भूसा, ज्वार का भूसा, धान का पुआल, जंगली घास, आम की पत्तियाँ, सूखी कटी हुई बरसीम, दूब घास, मक्का के उतरे भुट्टे एवं मक्का कटी हुई तथा गन्ने की पत्तियाँ, आदि का परीक्षण भारतीय कृषि अनुसंधान संस्थान,पूसा, नई दिल्ली के कृषि अभियांत्रिकी संभाग में किया गया है।

## 10. फसल अवशेषों से फसल सुरक्षा

पचास से ज्यादा ऐसे पौधे हैं जिनकी पत्तियों, तथा बीजों के तेल से हम बीमारी एवं कीटों की रोकथाम कर सकते हैं। इनमें तम्बाकू, लहसुन, तुलसी, करंज, मंहुआ,नीम, बौगेनविलिया आदि पौधे आते हैं। नीम की पत्तियाँ, बीजों के तेल एवं खली से हम फसलों की बीमारी व कीटों पर नियंत्रण कर सकते हैं। बहुत से जीवाणु रोग, जो पौधों पर लगते हैं, का नियंत्रण नीम छाल के द्वारा किया जा सकता है। नीम मिश्रित युरिया के प्रयोग से धान में लगने वाले बैक्टीरियल ब्लाइट में काफी कमी आ जाती है। खेत में नीम के तेल या खली के प्रयोग से नाइट्रोसोमोनास एवं नाइट्रोबैक्टर नामक बैक्टीरिया द्वारा की जाने वाली युरिया का ह्रास रुक जाता है। नीम तेल के प्रयोग से पौध में लगने वाले वाइरस जनित रोगों का नियंत्रण भी किया जा सकता है, क्योंकि नीम तेल के प्रयोग से वाइरस को प्रसारित करने वाले कीटों का भी नियंत्रण कर सकते हैं।

किसानों का सरकारी कृषि विभाग एवं सम्बन्धित संस्थाओं द्वारा इस बारे में समझाने के प्रयास किये जा रहे हैं कि किसान अपने खेतों में फसल के अवशेषों में आग न लगा कर इन्हें खेतों में प्रयोग करके कार्बनिक पदार्थ की मात्रा बढ़ाकर मृदा स्वास्थ्य में सुधार करें। इसके अलावा किसान उपरोक्त फसल अवशेषों के उपयोग पढ़कर एवं अपनाकर उसके पिंड, ठोस, ब्लॉक व कोल ब्रिकेट अदि बनाने की तकनीक सीखकर गाँव में ही अपनी इकाई लगा सकते हैं और गंदगी पर लगाम लगा सकते हैं। साथ ही खेती के कचरे को कमाई का स्रोत बनाकर आर्थिक लाभ कमा सकते हैं।

## धान–गेहूँ फसल चक्र में फसल अवशेष प्रबंधन

### फसल अवशेष की उपलब्धता

भारत में प्रति वर्ष लगभग 500 मिट्रिक टन फसल अवशेष का उत्पादन होता है। फसल अवशेष का पशुचारा, कम्पोस्टिंग, घर बनाने तथा ईधन के रूप में घरेलू एवं औद्योगिक उपयोग होता है। फसल अवशेष का अधिकतम उत्पादन उत्तर प्रदेश (60 मिलियन टन), पंजाब (51 मिलियन टन), महाराष्ट्र (46 मिलियन टन), में होता है। अनाज फसलों (धान,

गेहूँ, मक्का, मिलेटस) का 70 प्रतिशत है जबकि इन फसलों में धान फसल का हिस्सा 34 प्रतिशत है। अनाज फसल अवशेष का उत्पादन लगभग 352 मिलियन टन है जिसमें धान अवशेष का उत्पादन 119 मिट्रिक टन प्रतिवर्ष होता है। 140 मिलियन टन अवशेष को भूमि में जला दिया जाता है। फसल अवशेष को जलाने का मुख्य कारण मजदूरों की अनुपलब्धता एवं अवशेष को हटाने में अधिक धन का खर्च होना है। धान–गेहूँ फसल पद्धति के अन्तर्गत कम्बाईन मशीन का उपयोग गंगा के मैदानी क्षेत्रों में होता है। उत्तर–पश्चिमी भारत में अधिकतम धान का पुआल खेत में जला दिया जाता है।

### फसल अवशेष को जलाने से हानियाँ

- वायु प्रदूषण में वृद्धि जिससे मानव स्वास्थ्य पर कुप्रभाव पड़ता है।
- ग्रीन हाउस गैसों का उत्सर्जन होना, (जैसे; कार्बन डाई ऑक्साइड, मीथेन तथा नाइट्रस ऑक्साइड आदि) जिसके कारण ग्लोबल वार्मिंग होती है।
- मृदा से नाइट्रोजन, फॉस्फोरस, पोटाश तथा सल्फर आदि की हानि होती है।
- मृदा संरचना में ऋणात्मक प्रभाव।

## फसल अवशेष प्रबंधन की आवश्यकता

देश में खाद्यान्न के संबंध में आत्मनिर्भरता प्राप्त करने में धान–गेहूँ सघन फसल प्रणाली का महत्वपूर्ण योगदान है। धान–गेहूँ फसल चक्र के अन्तर्गत गंगा के मैदानी भागों पर लगभग 11.5 मिलियन हेक्टेयर क्षेत्र आता है। भारत में गेहूँ एक मुख्य फसल है। धान–गेहूँ फसल चक्र में पानी व लागत की बढ़ती मांग को ध्यान में रखते हुए संसाधन संरक्षण अत्यंत आवश्यक है। खरीफ फसलों की कटाई के बाद फसल अवशेषों को खेत में जलाने से मृदा में लाभ की जगह नुकसान ही होता है एवं वायु प्रदुषण भी होता है। अतः फसल अवशेषों को जलाने से मृदा के सूक्ष्म एवं वृहद जीवों के अलावा कुछ अन्य तत्वों की भी हानि होती है। विशेषतः धान आधारित फसल चक्र में धान की अधिक उपज वाली देर से बोई गई किस्मों के बाद, रबी फसल लेने में देरी हो जाती है। हैप्पी–टर्बो सीडर (शून्य कर्षण तकनीक) के द्वारा गेहूँ की बुवाई की जाती है। अतः फसल अवशेषों का अधिकांश भाग मृदा सतह पर छोड़ दिया जाता है। अतः ऐसी परिस्थितियों में हैप्पी–टर्बो सीडर द्वारा रबी फसलों जैसे; अनाज, दलहन एवं तिलहन की बुवाई, समय व संसाधन बचाते हुए की जा सकती है। वर्तमान समय में ऊर्जा संकट एवं बढ़ती हुई फसल लागत को कम करने में हैप्पी–टर्बो सीडर के द्वारा बुवाई बहुत लाभदायक है। आज किसानों को ऊर्जा संकट, विशेष आर्थिक क्षेत्र, कृषि मृदा की बढ़ती कीमतें और ग्लोबल वार्मिंग जैसी गंभीर समस्याओं का सामना करना पड़ रहा है। ये समस्याएं स्वतः ही विभिन्न समस्याओं को जन्म देती हैं। पिछले चार दशकों में खेती में बहुत सी समस्याएं आई हैं। इन समस्याओं को कम करने

के लिए भारत अब दूसरी हरित क्रांति की ओर अग्रसर है। शून्य कर्षण तकनीक में हैप्पी–टर्बो सीडर के द्वारा गेहूँ की खेती में लागत कम करने और प्राकृतिक संसाधनों के संरक्षण में महत्वपूर्ण योगदान आधुनिक खेती में संरक्षित कर्षण पर जोर दिया जा रहा है, जिसमें फसल अवशेषों का अधिकांश भाग सतह पर छोड़ दिया जाता है। इससे न केवल फसल उत्पादकता में सुधार होता है बल्कि धान–गेहूँ फसल प्रणाली में निवेश उपयोग की क्षमता एवं दक्षता भी बढ़ती है।

## धान–गेहूँ फसल चक्र में गेहूँ की बुवाई के लिए हैप्पी–टर्बो सीडर आवश्यकता क्यों?

धान की खेती जलमग्न दशा में की जाती है परन्तु गेहूँ की कदापि नहीं। यही कारण है कि धान के लिए खेती की तैयारी हेतु लेव लगाना पड़ता है जबकि गेहूँ के लिए भुरभुरी मृदा युक्त खेत तैयार करना पड़ता है। आमतौर पर गेहूँ की बुवाई हेतु खेत की तैयारी के बारम्बार जुताई लगभग 4–6 बार की जाती है। गेहूँ की बुवाई करने के लिए उपलब्ध मशीनों में से अत्यन्त आधुनिक हैप्पी–टर्बो सीडर के द्वारा लगभग 8 टन प्रति हेक्टेयर धान के फसल अवशेष में आसानी से बुवाई की जा सकती है। शून्य कर्षण मशीन के द्वारा गेहूँ की बुवाई के प्रचलन के साथ कम्बाईन द्वारा धान की कटाई करने के बाद फसल अवशेष के प्रबंधन की आवश्यकता प्रतीत होने लगी तथा भूमि की स्वास्थ्य संबंधी समस्या को ठीक करने के लिए कम्बाइन के द्वारा कटाई की गयी फसल अवशेष को मिट्टी में उपयोग के लिए उचित एवं उपयोगी बुवाई यंत्र की आवश्यकता पड़ने लगी। कम्बाइन द्वारा कटाई के उपरान्त धान की फसल के अवशेष में जीरो टिल ड्रिल से बुवाई करने से, खाद एवं बीज उचित गहराई में डालने में कुछ कठिनाई का सामना करना पड़ता है। शून्य कर्षण मशीन में बुवाई इन्वरटेड टी टाईप फरो ओपनर द्वारा की जाती है तो कम्बाईन द्वारा कटाई की गयी फसल की बिखरी अवशेष टाईन के सामने इकट्ठा हो जाने से गेहूँ की बुवाई ठीक प्रकार नहीं हो होती है, जिसके उपरान्त फसल उत्पादन में कमी आ जाती है। फसल अवशेष में बुवाई तब तक नहीं की जा सकती है जब तक उचित एवं अच्छी प्रकार से मशीन उपलब्ध न हो। कम्बाइन द्वारा कटे एवं बिखरे हुए पुआल व अवशेष में बुवाई के लिए विशेष प्रकार की मशीन की आवश्यकता होती है, जिससे संपूर्ण धान की फसल के अवशेष (6–8 टन / हेक्टेयर) में गेहूँ की बुवाई की जा सके। अतः फसल अवशेष वाले खेत में बुवाई के लिए विभिन्न यंत्रों का विकास किया गया है, जैसे; डबल डिस्क प्लान्टर, पंच प्लान्टर, स्ट्रिप सीड ड्रिल आदि।

**चित्र 1.** हैप्पी टर्बो सीडर

लेकिन इनका प्रचलन ठीक प्रकार से नहीं हो सका जबकि डबल डिस्क प्लान्टर अधिक फसल अवशेष होने पर डबल डिस्क फरो ओपनर के द्वारा फसल अवशेष कट करने के बाद भी बीज का सही प्रकार से स्थापन नहीं होने से फसल जमाव ठीक प्रकार से नहीं हो पाता है। तीन प्रकार के बुवाई यंत्र (रोटरी डिस्क ड्रिल, डबल डिस्क ड्रिल एवं पंच प्लांटर) द्वारा कम फसल अवशेष लोड (3–4 टन/हेक्टेयर) पर ही संभव है।

## हैप्पी–सीडर एवं हैप्पी–टर्बो सीडर

फसल अवशेष प्रबंधन के लिए दो मशीनों का विकास किया गया है उनमें शुरू में हैप्पी सीडर नाम से, बाद में उसका संशोधन कर हैप्पी–टर्बो का विकास किया गया है। इसमें दो इकाईयां होती हैं, एक फसल अवशेष प्रबंधन तथा दूसरी बुवाई के लिए।

हैप्पी–सीडर खड़े हुए धान के अवशेषों को काटकर एवं खड़े हुए अवशेष को उठाकर बुवाई वाले खेत में पीछे फैला देता है। जबकि हैप्पी–टर्बो सीडर बोई गई फसल की लाइनों के बीच में फैला देता है। इस मशीन द्वारा बिना जुते खेत में 22 सें.मी. लाईन से लाईन की दूरी पर 9 व 11 लाईनों में बुवाई, एक साथ की जाती है। हैप्पी–टर्बो सीडर द्वारा 6 से 8 टन प्रति हेक्टेयर फसल अवशेष में गेहूँ की बुवाई की जा सकती है। इस मशीन के द्वारा फसल अवशेष को आगे की तरफ लगे पी.टी.ओ. चालित रोटरी ब्लेड (गति/स्पीड 1500 आर.पी.एम.) के द्वारा शूट की सहायता से बुवाई वाले खेत में फसल अवशेष को पीछे की तरफ फैला दिया जाता है। इन मशीनों को उपयोग करने के लिए 45 से 55 हॉर्स पावर वाले ट्रैक्टर की आवश्यकता होती है।

हैप्पी–टर्बो सीडर द्वारा परंपरागत विधि की तुलना में 50–60 प्रतिशत कम लागत पर 5–10 प्रतिशत अधिक उत्पादन प्राप्त किया जा सकता है। हैप्पी–टर्बो सीडर के उपयोग करने पर 10–12 लीटर प्रति हेक्टेयर डीजल की खपत तथा 5–6 घन्टे समय की आवश्यकता होती है जिससे ऊर्जा की 60–70 प्रतिशत, समय में 70 प्रतिशत की बचत होती है। हैप्पी–टर्बो सीडर अधिक लोकप्रिय नहीं है क्योंकि फसल अवशेष का समान रूप से वितरण नहीं होना एवं फसल अवशेष अधिभार (लोड) अधिक व फसल अवशेष में अधिक नमी होने से शूट में फंस जाने के कारण पीछे की तरफ समान रूप से नहीं फेंक पाना, आदि कारण हैं।

फसल अवशेष अपने पोषक मान के अतिरिक्त भूमि के गुणों में सुधार और प्रदान किए गए उर्वरकों की क्षमता में वृद्धि करते हैं। इनके प्रयोग से मृदा से तत्वों का ह्रास लींचिग बोलेटीलाइजेशन और स्थिरीकरण जैसे रसायनिक प्रक्रमों द्वारा रुक जाता है। धान की पुआल, बाजरे का बूलर, सरसों की तूरी एवं डंठल, मूँग एवं उर्द के सूखे पौधे, सड़ा बेकार भूसा आदि को सड़ाकर खेतों में प्रयोग करना चाहिए।

❑❑❑

अध्याय 12

# जैविक विधियों द्वारा फसल सुरक्षा

भारत में जैविक खेती पहले भी की जाती थी पर तब फसल पोषण में गोबर की खाद तथा फसल सुरक्षा हेतु नीम और हल्दी प्रयोग किये जाते थे। जैविक खेती में खरपतवार कीट एवं रोग के नियंत्रण हेतु वनस्पति उत्पादों के प्रयोग करने की अनुमति प्रदान की गई है। जैविक खेती का उद्देश्य कीटों को पूर्णतः समाप्त करना नहीं है। इसका उद्देश्य कीटों का नियंत्रण है। फसलों पर लगने वाले रोगों के विषाणुओं को नष्ट करने हेतु रसायनों के उपयोग को हतोत्साहित करने के लिये जैविक कृषि के अन्तर्गत जैविक कीटनाशी के प्रयोग को बढ़ावा दिया जाता है। जैविक कीटनाशी का प्रभाव अधिक स्थायी होता है तथा ये पर्यावरण मित्र भी होते हैं। इसके लिये वनस्पति आधारित जैविक कीटनाशी का प्रयोग किया जाता है। पौधों से प्राप्त जैविक कीटनाशी एक से अधिक रसायनिक पदार्थों के समूह होते हैं जिनके द्वारा पौधों में प्रतिरोधक क्षमता उत्पन्न होती है। पौधों तथा वनस्पतियों से प्राप्त होने वाले कीटनाशी में नीम सर्वाधिक उल्लेखनीय नाम है। नीम की पत्तियों से बनी खाद, नीम की खली, नीम के बीजों को सड़ाकर प्राप्त किया गया पदार्थ आदि सभी पौधों को निरोगी रखने में सहायक होता है। नीम शब्द की उत्पत्ति निम्बा से हुई है, जिसका अर्थ बीमारी से छुटकारा पाना है। नीम की पत्ती, फूल, फल, जड़ व तने की छाल औषधि महत्व की होती है। पत्ती में निम्बिन, निम्बेनीन, निम्बेडिअल एवं क्वेर्सेटिन, बीज एवं फल में गेडमिन, एजाडेरोन, निम्बिओल, एजाडिरेक्टिन यौगिक होते हैं। नीम से प्राप्त रसायनों के द्वारा कीटों का नियंत्रण वैज्ञानिक दृष्टिकोण से उचित पाया गया है। व्यवसायिक तौर पर इसके विभिन्न उत्पाद बाजार में उपलब्ध हो रहे हैं, किन्तु किसान स्वयं भी इन रसायनों को तैयार कर कीड़ों के नियंत्रण हेतु प्रयोग कर सकते हैं।

## नीम आधारित कीटनाशक बनाने की विधि

एक हेक्टेयर के लिए नीम का घोल बनाने के लिए 34 कि.ग्रा. नीम के बीज को पीसकर 100 लीटर जल में मिलाकर घोल तैयार करते हैं तथा 12 घंटे बाद इसे कपड़े में छानकर फसलों में छिड़काव करते हैं। इस घोल से सफेद मक्खियों, भृंग, फुदका (जैसिड), कटुआ कीट, टहनी तथा फल छेदक सूंडी आदि का जैविक नियंत्रण हो जाता है। निम्बौली सत बनाने की विधि निम्न प्रकार है, जैसे;

- निम्बौली को बारीकी से कूट लें।
- कपड़े में बांधकर रातभर जल में भिगों दें।
- सुबह इस घोल को बारीक कपड़े से छान लें।
- इस घोल का 5 प्रतिशत की दर से छिड़काव करें।
- एक हेक्टेयर के लिए 25 कि.ग्रा. निम्बौली प्रयोग करें।
- 500 लीटर जल + 5 कि.ग्रा. साबुन या सर्फ उपयोग में लाये।

## नीम के बीज से तेल निकालने की घरेलू विधि

सुखाये हुए बीजों को दाल दलने की चक्की या सिल बट्टे पर दल लें। इसका छिलका अलग हो जायेगा। इसे सूप से फटक कर गिरी अलग कर लें। अब गिरी में थोड़ा–थोड़ा जल डालकर मिक्सी या सिलबट्टे पर पीसकर आटे की लोई जैसा बना लें। इस लोई को मलमल के कपड़ें या थैले में भरकर बाहर से दबाकर तेल निचोडें। दबाव पड़ने पर तेल बह कर निकल आयेगा। इस विधि से एक कि.ग्रा. गिरी से 100 मि.ली. मात्रा में ही तेल निकल पाता है, जो हल्के पीले रंग का होता है।

### नीम आधारित दवा नीमेक्स

खेती में नीमेक्स जैविक खाद एवं कीट निवारक पदार्थ भी प्रयोग होता है। जिससे मृदा की उत्पादन क्षमता में वृद्धि, विष रहित स्वास्थ्यवर्धक जैविक भोजन उत्पादित करता है। इसकी मात्रा अनाज, दलहनी, तिलहनी फसलों में 125 से 150 कि.ग्रा. प्रति हेक्टेयर की दर से बुवाई से पूर्व डालने से लाभ मिलता है।

इसके अतिरिक्त गुलदावदी, महुआ, करंज, शरीफा, कनेर, जिरेनियम आदि के पेड़ों से भी कीटनाशी प्राप्त किए जा सकते हैं। इन विभिन्न पौधों में प्राकृतिक रूप से पाए जाने वाले कीटनाशी जैसे; ट्राकोग्रामा, ब्रेकम बीब्रीशेनिस, बैसिलस थुरिनजिएनसिस, टाम्सिम इत्यादि तत्व पाए जाते हैं जो बड़ी मात्रा में कीटनाशी गुण रखते हैं। अतः जैविक विधि से कीटों को नियंत्रित करने की प्रमुख निम्नलिखित वनस्पतिक जैविक कीटनाशी उत्पादों का उपयोग कर सकते हैं, जैसे;

1. **नीम की पत्ती :** एक बर्तन में नीम की पत्ती डालकर जल से भर दें। इसे 4 दिनों के लिए छोड़ दें। पाँचवे दिन पत्तियों को अच्छी प्रकार मिलाकर छान लें। छाननें के बाद प्रति लीटर एक ग्राम साबुन मिलाकर छिड़काव करें। छिड़काव करने से पिल्लू, भृंग, फुनगा एवं दीमक का नियंत्रण होता है।

2. **नीम की फली :** एक कि.ग्रा. नीम की फली का महीन चूर्ण करें। इसे 20 लीटर जल में मिलाकर 12 घंटे रखें। इसे छान लें तथा 20 ग्राम साबुन मिला कर छिड़काव करें।
3. **नीम की गुठली का स्वरस :** एक एकड़ के लिए 8 कि.ग्रा. नीम के बीज पीस लें। इसको कपड़े की थैली में बांधकर 10–12 घंटे के लिए जल में घोलकर रखें, फिर थैली को दबाकर उसमें अर्क को जल में बाहर निकालें। इसे छानकर 100 ग्राम डिटर्जेंट मिला लें। 100 लीटर जल को मिलाकर घोल पतला करें और छिड़काव करें।
4. **तम्बाकू का काढ़ा :** एक कि.ग्रा तम्बाकू के पत्तों को 10 लीटर जल में आधे घंटे तक उबालें। घोल को लगातार हिलाते रहें। घोल को ठंड़ा करने के बाद उसे पतले कपड़े से छान लें। फिर उसमें 100 ग्राम साबुन का घोल (डिटर्जेट) मिलायें। घोल में 1000 लीटर जल मिलाएं और शाम के समय एक एकड़ खेत में छिड़काव करें।
5. **गाय का गोबर :** एक मिट्टी के बर्तन में 12.5 कि.ग्रा. गोबर लें। बर्तन के मुँह को ढक्कन से बंद कर भूमि में 20 दिन तक गाढ़ दें। 21 वें दिन कपड़े से छान लें एवं उसमें जल मिलाकर 500 लीटर बना लें। यह चूसने वाले कीडों की रोकथाम करता है।
6. **गोमूत्र :** गोमूत्र में 1.20 अनुपात में जल मिलाएं और पौधों पर छिड़काव करें। इसके प्रयोग से रोगों एवं कीड़ों से बचाव के साथ पौधों की वृद्धि होती है।
7. **गोबर और गोमूत्र का घोलः** एक मिट्टी के बर्तन में 5 कि.ग्रा. गोबर तथा 5 लीटर गौमूत्र को 5 लीटर जल में मिलायें और उसको चार दिन बाद इसे छान लें और 150 ग्राम चूना मिलायें। 100 लीटर जल मिलाकर एक एकड़ खेत में छिड़काव करें।
8. **गोबर + पुआल :** एक प्लास्टिक या ताँबे के बर्तन में 12.5 लीटर गोबर लें और इस 10 दिन के लिए पुआल के अन्दर रख दें। फिर इसे छान लें और 250 लीटर जल मिलाकर छिड़काव करें। यह टमाटर और मिर्च के कीड़ों के लिए प्रभावकारी है।
9. **नीम + गोमूत्र विधि :** 5 कि.ग्रा. नीम की पत्तियाँ लेकर जल में मसल दें। उसमें 5 लीटर गोमूत्र एवं 2 कि.ग्रा. गोबर डालकर 24 घंटे के लिए छोड़ दें। बीच में उसे मिलाएं। उसे छान लें तथा 100 जल लीटर मिलाकर छिड़काव करने से चूसने वाले कीड़ों एवं मिलीबग का नियंत्रण होता है।
10. **गोबर + नीम की पत्ती + लहसुन + गुड़ :** 10 लीटर गोमूत्र में 3 कि.ग्रा. नीम की पत्ती पीस कर 100 ग्राम लहसुन और 100 ग्राम गुड मिलायें। इसे 15 दिनों के

लिए छोड़ दें। इसे कपड़ें से छान लें और इसमें जल मिलाकर छिड़काव करें। इससे विभिन्न कीड़ों की रोकथाम की जा सकती है।

11. **नीम की पत्ती + आक की पत्तियाँ + धतुरे की पत्तियाँ + गोमूत्र** : 10 कि.ग्रा. नीम के पत्तों को पीस लें, उसमें 10 कि.ग्रा. आक के पत्ते एवं 10 कि.ग्रा. धतुरा के पत्तों को पीस कर मिला लें। इसमें 200 लीटर जल एवं 5 कि.ग्रा. गोमूत्र मिलायें। इस छानकर छिड़काव करने से विषाणु जनित रोगों एवं चूसने वाले कीड़ों की रोकथाम होती है।

12. **मिर्च + लहसुन का घोल** : तीन कि.ग्रा. हरी मिर्च को बारीक पीसकर इसमें 10 लीटर जल और आधा कि.ग्रा. लहसुन बारीक पीसकर 250 केरोसीन डालकर रातभर रखें। अब दोनों मिश्रणों को छान लें। फिर जल डालकर पतला करें और 75 ग्राम साबुन का घोल डालें। 4 घंटे बाद 100 लीटर जल मिलाकर छिड़काव करें।

13. **बेल का अर्क** : बेल की 5 कि.ग्रा. पत्तियाँ लें और उन्हें 10 लीटर जल में आधे घंटे तक उबालें। घोल को लगातार चलाते रहें। ठंडा होने पर 100 ग्राम डिटर्जेंट मिलायें। 100 लीटर जल मिलाकर एक एकड़ खेत में छिड़काव करें।

14. **दही जल** : दही जल या छाछ का उपयोग, एफिड, जैसिड एवं सफेद मक्खी से बचाव के लिए किया जाता है।

## जैविक नियंत्रण

हानिकारक कीटों व रोगों की संख्या को आर्थिक हानि स्तर से नीचे रखने के लिए जैव कारकों का प्रयोग में लाना, जैविक नियंत्रण कहलाता है। आजकल विभिन्न वैज्ञानिकों द्वारा जैवकारकों को प्रयोगशाला में तैयार किया जा रहा है जिन्हें आवश्यकतानुसार हानिप्रद कीट विशेष के विरूद्ध छोड़कर उन्हें नष्ट कर दिया जाता है। इन प्राकृतिक शत्रुओं (जैवकारकों) की तीन श्रेणियाँ हैं, जैसे;

## परजीवी कीट

परजीवी कीट अपना जीवन चक्र दूसरे कीड़ों के शरीर में पूरा करते हैं, जिसके परिणामस्वरूप दूसरे कीड़े मर जाते हैं। ये परजीवी कई प्रकार के होते हैं जैसे, अंड परजीवी, सूंडी परजीवी, प्युपा परजीवी, अंड सूंडी परजीवी, वयस्क परजीवी आदि। इनके उदाहरण हैं, ट्राइकोग्रामा, ब्रेकान, कोतेशिया, किलोंस, अंकाशिया आदि।

## परभक्षी

परभक्षी जीव कीट अपने भोजन के रूप में दूसरे कीड़ों का शिकार करते हैं। ये फसलनाशी कीटों को खा जाते हैं। इनके उदाहरण हैः मकड़ी, ड्रैगनफ्लाई, डेमसलफ्लाई,

बीटल, प्रेंइग मैटिस, क्रईसोपराला, सिरफिड, इअरविंग, वॉटर बग, वॉटर स्ट्राइडर, ततैया, चींटियां, चिड़िया, पक्षी, छिपकली आदि।

## रोगाणु

ये सूक्ष्मजीव होते हैं। हानिकारक कीटों में बीमारियां उत्पन्न करके रोगाणु उन्हें मार डालते हैं। रोगाणुओं की प्रमुख श्रेणियाँ हैं: फफूंद, जीवाणु तथा विषाणु। इसके अतिरिक्त कुछ सूत्रकृमि भी कीटों में बीमारियाँ उत्पन्न करके उन्हें मार डालते हैं। इसके उदाहरणार्थ:

### 1. परजीवी फफूंद

प्रकृति में 90 प्रतिशत कीट, उनकी विभिन्न अवस्थाएं (अंडे, सूंडी, प्युपा, वयस्क) फफूंद के आक्रमण से नष्ट हो जाते हैं। इनके नाम हैं: बिवेरिया वैसियाना, मेटारिजयम एनसोपली, हिरिस्टुला आदि।

### 2. परजीवी जीवाणु

प्रकृति में बैसिलस थुरिनजैंसिस और बैसिलस पोपिली नामक जीवाणु कीट नियंत्रण में प्रभावी हैं। तितली, श्रेणी के कीटों के नियंत्रण में बैसिलस थुरिनजैंसिस का उपयोग व्यापक रूप से किया जा रहा है।

### 3. परजीवी विषाणु

प्रकृति में न्युक्लोपोलीहेड्रिस वायरस तथा ग्रानुलोसिस वायरस नामक कीट नियंत्रण में लाभकारी हैं।

## अनुवांशिक विधि

इस विधि में अनुवांशिक रूप से प्रजनन में अक्षम कीटों को प्रकृति में छोड़ा जाता है। इसके संयोग से पैदा हुए कीटों के अंडों में या तो घातक जीन्स होते हैं या बच्चे पैदा नहीं होते।

**वानस्पतिक कीटनाशी** जैसे; नीम, लहसुन, अदरक, करंज, लैमन ग्रास, बांस, गैंदा, प्याज, बकायन, गुड चीनी, तम्बाकू, हल्दी व तुलसी आदि।

#### जैविक कीटनाशी औषधियाँ

जैविक खेती के अन्तर्गत कीटनाशी दवाओं का प्राकृतिक विधियों से किया जा सकता है। इसके प्रमुख उदाहरण निम्नलिखित हैं:

1. **नीमास्त्र** : इसे नीम या इसकी टहनियों, नीम फल, नीम खली, गौमूत्र, गाय का गोबर आदि के प्रयोग से बनाया जाता है। नीमास्त्र बनाने के लिये 5 कि.ग्रा. पत्तियों को जल में कुचलकर, इसमें 5 लीटर गोमूत्र व 2 कि.ग्रा. गोबर मिलाकर 24 घंटे तक रखें तथा बीच–बीच में हिलाते रहें। यह 48 घंटे में तैयार हो जाता है। छानकर द्रावण प्राप्त करें और 100 लीटर जल मिलाकर एक एकड़ क्षेत्र पर पर्णीय स्प्रे के रूप में प्रयोग करें। नीमास्त्र का प्रयोग छः माह तक कर सकते हैं। इसका प्रयोग रस चूसने वाले कीट, छोटी सूंडी एवं इल्लियों के नियंत्रण हेतु किया जा सकता है।
2. **ब्रह्मास्त्र** : इसे गौमूत्र, नीम की पत्तियों, करंज की पत्तियों, सीताफल के पत्ते, बेल के पत्ते, अंड़ी के पत्ते, धतुरा के पत्ते आदि की चटनी के मिश्रण से बनाया जाता है। इसका छःमाह तक प्रयोग कर सकते हैं। इसका प्रयोग बड़ी सूंडी के नियंत्रण हेतु किया जाता है। इसे बनाने के लिए 3 कि.ग्रा. नीम की पत्तियों को 3 लीटर गो मूत्र में कुचल कर एक अलग पात्र में 2 कि.ग्रा. शरीफा की पत्तियां, 2 कि.ग्रा. पपीता की पत्तियां, 2 कि.ग्रा. अनार की पत्तियां तथा 2 कि.ग्रा. अमरूद की पत्तियों को बारीक करके जल के साथ मिश्रण तैयार करें। फिर 5 से 6 बार तब तक उबालें जब तक कुल घोल आधा न हो जाये। 24 घंटे तक ठंडा होने दें और अच्छी प्रकार छान लें। इस छने हुए घोल को 6 माह तक भंडारित किया जा सकता है। 2 से 2.5 लीटर द्रावण को 100 लीटर जल में मिलकर एक एकड़ क्षेत्र में स्प्रे करें।
3. **अग्नि अस्त्र** : इसका निर्माण गौमूत्र, नीम के पत्ते, तम्बाकू का पाउडर, हरी तीखी मिर्च, देसी लहसुन की चटनी आदि के मिश्रण से तैयार किया जाता है। इसका प्रयोग फलों में होने वाली सूंड़ी एवं इल्लियों के नियंत्रण हेतु किया जाता है।इसे तैयार करने हेतु एक कि.ग्रा. बेशरम की पत्तियां, 500 ग्राम हरी मिर्च, 500 ग्राम लहसुन तथा 5 कि.ग्रा. नीम की पत्तियां 10 लीटर गो मूत्र में मिला लें। फिर मिश्रण को तब तक उबालें जब तक कि वह आधा न रह जाये। ठंडा कर छानें और कॉच या प्लास्टिक की बोतल में भंडारित करें। उक्त मिश्रण की 2 से 3 लीटर को 100 ली. जल में घोलकर एक एकड़ फसल पर छिड़कांव करें।

## फसल सुरक्षा हेतु जैविक संस्कार

### 1. जैविक खेती हेतु बीजामृत (बीजशोधन)

इसे गाय का गोबर, गौमूत्र, जल, चूना व मेंड़ की मिट्टी मिलाकर बनाया जाता है। बीजशोधन से बीज शीघ्र और अत्यधिक मात्रा में उगकर आते हैं। जड़ें गति से बढ़ती हैं और भूमि से पेड़ों पर जो बीमारियों का प्रादुर्भाव होता है, वह नहीं होता है। बुवाई के 24 घंटे पहले बीजशोधन करना चाहिए।

**चित्र 1.** जैविक खेती मे बीजामृत का उपयोग, **स्रोतः** गूगल के सौजन्य से

बीजामृत मिट्टी, सीमेंट य प्लास्टिक के बर्तनों में बनाया जा सकता है। इसके लिए 5 कि.ग्रा. गाय का ताजा गोबर एक कपड़े में बांधकर रातभर जल में रखते हैं। अगले सुबह गोबर में जल डालकर 3 बार धोते हैं। इसमें 5 लीटर गोमूत्र अच्छी प्रकार मिलाया जाता है। मिलाते समय 100 ग्राम अच्छी मिट्टी एवं 50 ग्राम चूना मिला लें। इसे 20 लीटर बनाकर बीज पर अच्छी प्रकार छिड़ककर थोड़ी देर छाया में सुखा कर बुवाई करें। बीज या पौध को उपचारित करने के लिए स्वच्छता से व्यवहार करें। बीजामृत उपचार से अंकुरण, रोग प्रतिरोधक क्षमता एवं पौधों का विकास अच्छा होता है।

## 2. जैविक खेती हेतु अमृत जल

अमृत जल भूमि की उर्वराशक्ति बढ़ाने के प्रयोग में आता है (सारणी 1)। अतः इसका छिड़काव मृदा पर होना चाहिए। छिड़काव करते समय यह ध्यान देना आवश्यक होता है कि उस समय मिट्टी में पर्याप्त नमी होनी चाहिए। सिंचाई करते समय नाली में बहते हुए जल में अमृतजल का घोल मिला देने से खेत में सर्वत्र इसका फैलाव हो जाता है या स्प्रेयर द्वारा भूमि सतह पर स्प्रे कर फैला दें। पहली बार बुवाई से पहले तथा दूसरी बार बुवाई के 30 दिन बाद प्रयोग करें।

**सारणी 1.** अमृत जल बनाने हेतु आवश्यक सामग्री

| क्रमांक | अवयव | मात्रा |
|---|---|---|
| 1. | देशी गाय का घी | 250 ग्राम |
| 2. | शहद या गुड़ | 500 ग्राम |
| 3. | गाय का ताजा गोबर | 10 कि.ग्रा. |
| 4. | जल | 200 लीटर |

## अमृत जल बनाने की विधि एवं अनुप्रयोग

एक प्लास्टिक ड्रम में गाय का ताजा गोबर 10 कि.ग्रा. लेकर उसमें देशी गाय का घी 250 ग्राम अच्छी प्रकार मिलाकर फिर उसमें शहद या गुड़ 500 ग्राम मिलाने के बाद 200 लीटर जल मिला लें। उक्त मिश्रण को एक सप्ताह तक रख कर सुबह या शाम अच्छी प्रकार

मिश्रित करते रहें। इसका उपयोग बीज संस्कार एवं भूमि संस्कार में किया जाता है। बीज संस्कार हेतु 500 ग्राम अमृत जल एवं बीज को मिट्‌टी के बर्तन में मिलाकर सूखने के उपरान्त बुवाई करें तथा भूमि संस्कार हेतु 10 लीटर अमृतजल को 200 लीटर जल में मिलाकर एक एकड़ क्षेत्र की बुवाई के बाद प्रथम सिंचाई के समय प्रयोग करें।

## 1. जैविक खेती हेतु पंचगव्य

पंचगव्य गाय के विभिन्न उत्पादों से बना एक ऐसा प्राकृतिक आदान है जिसमें पौधों की बढ़वार सुनिश्चित करने एवं रोग रोधक क्षमता है। यह नौ प्रकार के पदार्थों का मिश्रण है जिसमें गाय का गोबर, गौमूत्र, दही, गाय का दूध, घी, गुड, केला, नारियल और जल इत्यादि उत्पादों का प्रयोग होता है। अगर उक्त पदार्थों का सही मिश्रण तैयार किया जाये तो यह एक अद्‌भुत पादप औषधि का काम करता है। इसे बनाने के लिए गोबर तथा घी को अच्छी प्रकार से मिलाया जाता है और इस मिश्रण को तीन दिन के लिए रख देते हैं। इसके बाद अन्य सामग्रियों को भी मिश्रण में डाला जाता है और अगले 30 दिनों के लिए मिश्रण को छोड़ दिया जाता है। पंचगव्य को खुले स्थान पर मिट्‌टी के बर्तन या कंकरीट के टैंक जिनका मुंह चौडा हो, उसमें रखना चाहिए। पंचगव्य का प्रयोग जैविक कीटनाशी तथा पौधों के विकास के लिए अत्यधिक लाभदायक पाया गया है। इसके अतिरिक्त प्राचीनकाल से मानव, पौधों एवं पशुओं के कल्याण के रूप में किया जाता रहा है।

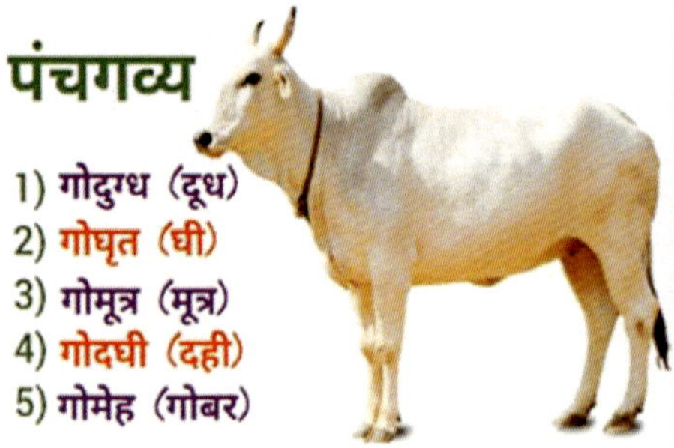

**चित्र क व खः** पंचगव्य खाद

**सारणी 2.** पंचगव्य बनाने हेतु आवश्यक घटकों की मात्राएं

| क्रमांक | अवयव | मात्रा |
|---|---|---|
| 1. | गोमूत्र | 3 लीटर |
| 2. | गाय का गोबर | 5 कि.ग्रा. |
| 3. | गाय का दूध | 2 लीटर |
| 4. | गाय दूध का दही | 2 लीटर |
| 5. | गाय का घी | 1 कि.ग्रा. |
| 6. | जल | 5 लीटर |
| 7. | शहद या गुड़ | 500 ग्राम / 1 कि.ग्रा. |

## पंचगव्य की अनुमोदित मात्राएं

1. **छिड़काव माध्यम** : परीक्षणों से पता चला है कि 3 प्रतिशत पंचगव्य का घोल सबसे प्रभावी होता है। 3 लीटर पंचगव्य लगभग 100 लीटर जल में मिलाकर सभी प्रकार की फसलों पर प्रयोग किया जा सकता है। हाथ के द्वारा चलने वाली स्प्रे मशीन का पोर आकार सामान्य से अधिक होना चाहिए ताकि नॉजल बंद न होने पाये।
2. **सिंचाई जल के साथ** : 50 लीटर पंचगव्य प्रति हेक्टेयर की मात्रा से सिंचाई जल के साथ या ड्रिप सिंचाई जल के साथ भी प्रयोग किया जा सकता है।
3. **बीज/पौध उपचार** : 3 प्रतिशत पंचगव्य के घोल में बीजों को लगभग 20 मिनट तक भिगोयें, तत्पश्चात छाया में सुखाकर बुवाई करें। सब्जियों की पौध जैसे; टमाटर, हरी मिर्च, गोभी आदि को भी उपरोक्त विधि से उपचारित किया जा सकता है। हल्दी, अदरक के राइजोम एवं गन्ना के सैट्स को लगभग 30 मिनट तक भिगोने के पश्चात बुवाई करें।
4. **बीज भंडारण** : 3 प्रतिशत पंचगव्य के घोल में भंडारित किये जाने वाले बीजों को भिगोकर एवं अच्छी प्रकार से सुखाकर भंडारित करने से बीज सुरक्षित रहते हैं।

## पंचगव्य का प्रयोग अन्तराल

1. **फूल आने से पूर्व**–15 दिन में एक या दो बार स्प्रे फसल अनुसार।
2. **फली बनने के समय**–10 दिन में एक से दो बार स्प्रे।
3. **फल पकते समय**–फली पकते समय।

**सारणी 3.** विभिन्न फसलों में पंचगव्य का प्रयोग

| फसल का नाम | प्रयोग का समय |
|---|---|
| धान | पौध रोपण के 10, 15, 30 एवं 50 दिन पश्चात |
| सूरजमुखी | बुवाई के 30, 45, एवं 60 दिन पश्चात |
| उड़द | वर्षा आधारित–पहला स्प्रे फूल आते समय दोबारा 15 दिन पश्चात |
| मूँग | सिंचित–15, 25 एवं 40 दिन पश्चात |
| अरण्डी | बुवाई के 30 एवं 45 दिन पश्चात |
| मूँगफली | बुवाई के 25 एवं 30 दिन पश्चात |
| भिंडी | बुवाई के 30, 45, 60 एवं 75 दिन पश्चात |
| टमाटर | नर्सरी और पौध रोपाई के 40 दिन पश्चातः बीज उपचार 1 प्रतिशत घोल 12 घंटे तक |
| प्याज | पौध रोपण के 0, 45 एवं 60 दिन पश्चात |

| गुलाब | छंटाई एवं कली बनते समय |
|---|---|
| चमेली | कली बनते समय |
| वनीला | रोपाई से पहले वनीला सैट्स को भिगोकर रखना |

**स्रोतः** जैविक कृषि आदान उत्पादन एवं उपयोग द्वारा भारत सरकार, विज्ञान और प्रौ. मंत्रालय विभाग, नई दिल्ली–3

## पंचगव्य के लाभ

**पत्तीः** पौधों के ऊपर यदि पंचगव्य के 3 प्रतिशत घोल का स्प्रे किया जाये तो पत्तियों का आकार बड़ा होगा जिससे प्रकाश संश्लेषण की क्रिया तेज होगी एवं अधिक कार्बोहाइड्रेट्स का निर्माण होगा।

**तनाः** पंचगव्य के उपयोग से तने अधिक मजबूत होते हैं एवं अधिक संख्या में शाखाएं निकलती हैं जिससे फलों की मात्रा में वृद्धि होती है।

**जड़ः** ऐसा देखा गया है कि पंचगव्य उपचारित पौधों की जड़ें अधिक तेजी से फैलती है जिससे पौधों को सभी पोषक तत्व आसानी से उपलब्ध हो जाते हैं।

**उपजः** यह देखा गया है कि साधारणतया जब खेतों को रसायनिक खेती से जैविक खेती में बदला जाता है तो उपज कम हो जाती है। लेकिन पंचगव्य के उपयोग से उपज स्थिर एवं फसल लगभग 15 दिन पहले पकती है और सब्जियों, फलों एवं अनाजों के स्वाद में भी वृद्धि होती है। पंचगव्य के प्रयोग से रसायनिक आदानों से बचा जा सकता है।

**सूखा वहन क्षमताः** पंचगव्य के प्रयोग से पत्तियों के ऊपर एक पतली परत जम जाती है जिससे पौधों द्वारा वाष्पीकरण क्रिया द्वारा होने वाले जल के ह्रास में कमी आती है। पौधों की जड़ का अधिक फैलाव होने से पौधों में सूखा वहन करने की क्षमता बढ़ जाती है। इस प्रकार से सिंचाई जल की लगभग 30 प्रतिशत आवश्यकता कम की जा सकती है।

### 3. जैविक खेती हेतु जीवामृत

**चित्र 3.** जीवामृत, स्रोत गूगल के सौजन्य से

गाय का गोबर, गुड़/फलों के गूदा की चटनी, बेसन (चना, उड़द, मूँग) मेंड या जंगल की मिट्टी, गौमूत्र मिलाकर इसे तैयार किया जाता है। इस घन जीवामृत का प्रयोग छः माह तक कर सकते हैं। इसके लिए सात दिन तक छाया में रखे हुए गोबर का प्रयोग करें। गौमूत्र किसी धातु के बर्तन में न रखें। एक बार खेत

जुताई के बाद घन जीवामृत का छिड़काव कर खेत तैयार करें। यह एक आसानी से बनाया जाने वाला द्रव है जिससे भूमि में जीवाणुओं की संख्या में वृद्धि होती है एवं पौधों का विकास होता है।

## जीवामृत बनाने हेतु सामग्री एवं विधि

- 200 लीटर क्षमता के ड्रम या टंकी में 10 कि.ग्रा. गाय का गोबर, गोमूत्र (5 से 10 लीटर) एवं अच्छी मिट्टी (1 किलोग्राम) लेकर अच्छी प्रकार से मिलाएं। इसमें 2 कि.ग्रा. गुड़ एवं 1 कि.ग्रा. दाल की भूसी भी मिला दें।
- उपरोक्त सामग्री को एक प्लास्टिक या सीमेंट के बड़े बर्तन में 200 लीटर जल मिलाकर मिश्रण तैयार करें तथा उक्त मिश्रण को 3 से 4 दिन तक छोड़ दें एवं हर दिन 3 से 4 बार मिश्रित करें एवं इसे छानकर पौधों पर छिड़काव करें।

**चित्र 4.** फसल हेतु जीवामृत टैंक विधि

- इसे सिंचाई, स्प्रिंकलर द्वारा पौधों या पेड़ में भी छिड़क सकते हैं। एक एकड़ हेतु लगभग 200 लीटर जीवामृत घोल की आवश्यकता होती है।

**चित्र 5.** जीवामृत बनाने की विधि

## सूक्ष्मजीवों द्वारा कीटों का नियंत्रण

1. **बी.टी. फसलें** : आज की सर्वाधिक चर्चित ये फसलें, जैव प्रौद्योगिकी का वरदान है। इन पर कीट–पतंगों का कोई असर नहीं होता है। इन फसलों के जीनोम में बैसिलस थुरिनजैंसिस (बी.टी.) नामक जीवाणु के जीन्स प्रत्यारोपित का दिए जाते हैं। क्योंकि ये पौधे बी. टी. जीवाणु के जीन्स धारण किए रहते हैं, अतः इन्हें बी.टी. पौधे भी कहते हैं। यह बी.टी. जीन्स क्रिस्टल प्रोटीन का निर्माण करता है जोकि अनेक प्रकार की फसलों को नुकसान पहुँचाने वाले कीटों के लिए जहरीला होता है। जैसे ही कोई कीट इन पौधों को खाता है, वह प्रोटीन उसके गले में अवशोषित हो जाती है। अवशोषित होते ही यह वहाँ की कोशिकाओं को तेजी से नष्ट करना शुरू का देता है। शुरुआत में यह बी.टी. जीन्स कपास के पौधे में प्रत्यारोपित किया गया था। इसकी सफलता को देखकर आज इसे अनेकानेक पौधों में प्रत्यारोपित करके कीट संक्रमणमुक्त पौधों को विकसित किया जा चुका है। बी.टी. बैंगन, बी. टी.सोयाबीन एवं बी.टी.मक्का इसके प्रमुख उदाहरण हैं।
2. **जैविक खेती में उपयोगी कवकःट्राइकोडर्मा** : यह एक जैविक कवक है जो कि बड़े स्तर पर विभिन्न भूमि जनित तथा पत्ती जनित रोग कारकों की रोकथाम करता है। यह सभी प्रकार की कृषि योग्य भूमि में पाया जाता है। जैव नियंत्रक ट्राईकोडर्मा हर्जियानम एवं ट्राईकोडर्मा विरिडी की उन्नत प्रजाति के द्वारा बनाये गये उत्पाद से मृदा जनित पादप रोगों का जैविक नियंत्रण उचित विधि से किया जा सकता है। सभी फसलों की जड़, तना गलन, उक्ठा, सूखा, कॉर्न सड़न, अंगमारी आदि रोग नियंत्रण के लिए ट्राइकोडर्मा कवक प्रयोग में लाया जाता है तथा इसके द्वारा बीज उपचार अधिक प्रभावी है।

यह एक प्रकार का जैविक फफूंदनाशक मित्र फफूंद है। इसका प्रयोग बीजोपचार व खड़ी फसलों पर छिड़काव के लिए किया जाता है। इससे कपास, चना, मटर, मसूर, मूँग, अरहर, सोयाबीन, उड़द, मूँगफली, तिल, और सूरजमुखी के उक्ठा, जड़ गलन व तना विगलन आदि बीमारियों की रोकथाम होती है। ट्राईकोडर्मा प्राकृतिक रूप से उत्पन्न होने वाले फफूंद से जनित एक जैविक फफूंदनाशक है। आलू, हल्दी, अदरक, प्याज, लहसुन आदि फसलों के जड़ सड़न, तना गलन, झुलसा आदि के रोग जो फफूंद से पनपते हैं, के प्रबंधन में ट्राइकोडर्मा अत्यधिक प्रभावी है। साथ ही साथ टमाटर एवं बैंगन के जीवाणु मुरझान रोग की रोकथाम के लिए भी यह उपयुक्त पाया गया है। इसे जैविक खादों के साथ प्रयोग में लाया जा सकता है। ट्राइकोडर्मा के कवक तंतु फसलों के नुकसान पहुँचाने वाली फफूंद के कवक तंतुओं को लपेट कर या सीधे अंदर घुस कर, उस का रस चूस कर उन्हें खत्म कर देते हैं। इसका प्रयोग फसल बुवाई के समय 2 से 4 ग्राम/कि.ग्रा. बीज उपचार हेतु पौधशाला में करना चाहिए या 1.5 से 2.0 कि.ग्रा. प्रति एकड़ खेत में अन्तिम जुताई के समय 10 से 15 कि.ग्रा. सड़े गोबर की खाद में मिलाकर छिड़कांव करना चाहिए।

### ट्राईकोडर्मा का उपयोग

- ट्राईकोडर्मा के जैविक पदार्थो का उपयोग रोगों के नियंत्रण हेतु शाकीय, दलहनी, मसालों, अनाज, फलों तथा तिलहनी फसलों में किया जाता है।
- पौधशाला का उपचार।
- फसलों की बुवाई हेतु भूमि तैयार करने के दौरान भूमि में मिलायें।
- अँकुरण एवं कटिंग का उपचार।

## ट्राइकोडर्मा बनाने की विधि

ट्राइकोडर्मा तैयार करने की घरेलू व ग्रामीण विधि में हम उपलों का प्रयोग करते हैं। किसी छायादार स्थान पर उपलों को कूट–कूट कर उसमें उसी अनुपात में जल मिला लिया जाता है। 1 कि.ग्रा. जैव नियंत्रक को 50 कि.ग्रा. गोबर की खाद में मिलाकर छाये वाले स्थान पर ढेर बना लें। 3 से 4 दिन बाद मिश्रित गोबर की खाद को प्रति एकड़ की दर से मृदा पर फैलाएं, उसके बाद उसे हाथों से भली–भांति मिला लें, जिससे उपले का ढेर गाढ़ा भूरा दिखाई पड़ने लगता है। इसके बाद ढेर को पुराने जूट के बोरे से अच्छी प्रकार से ढक दें और बोरे को जल से भिगोते रहें। समय–समय पर जल का छिड़काव बोरे के ऊपर करते रहें जिससे कि ढेर में नमी बनी रहें। 7–10 दिन बाद ढेर को फावडे या हाथ से नीचे तक अच्छी प्रकार से मिलाते हैं और पुनः बोरे से ढक कर, ऊपर से जल का छिड़काव करते रहते हैं, जिससे कि उचित नमी बनी रहे। लगभग 15 दिन में भूरे रंग के ढेर पर हरे रंग का फंफूद दिखाई पडने लगता है। अब इस ढेर को खेतों में प्रयोग कर सकते हैं।

## ट्राईकोडर्मा का वृहद उत्पादन

ट्राईकोडर्मा के वृहद उत्पादन हेतु विभिन्न विधियां निम्नलिखित हैं:

### 1. गेहूँ चौकर माध्यम (हेनिस तथा साथी–1978)

- 100 ग्रा. गेहूँ चोकर तथा 20 मि.ली. जल को 15 पोण्ड भाप के दाब पर एक घंटे तक निर्जीवीकरण करें।
- एण्टागोनिस्टिक फंगस का कोनीडियल सरपेन्शन इसमें मिला दें और प्रकाश की उपस्थिति में एक सप्ताह तक इन्कयूवेट करें।
- इस कल्चर का 150 ग्रा. 1 वर्ग मीटर भूमि में मिलायें।

### 2. गेहूँ चौकर–बुरादा माध्यम (एलाड तथा साथी–1980)

- 3 भाग गेहूँ चौकर, एक भाग बुरादा तथा 4 भाग जल एक पॉलीप्रोपेलिन बैग में लें।
- इसको लगातार दो दिन तक, एक–एक घंटे के लिए निर्जीवीकरण करें।
- अब एन्टागोनिस्टिक फंजाई से संरोपित करें।
- इसे 14 दिन तक 30 डिग्री सेंन्टीग्रेड पर प्रकाश की उपस्थिति में इनक्युवेट करें।
- इस कल्चर का 150 ग्रा. प्रति वर्ग मीटर भूमि पर प्रयोग करें।

### 3. द्रव किण्वीकरण विधि

- 30 ग्रा. शीरा, 5 ग्रा. बेवरी की बाल तथा 1 लीटर जल मिलाकर 121 डिग्री सें.ग्रे. तापमान पर एक घंटे तक निर्जीवीकरण करें।
- एन्टागोनिस्टक फंगस की माईसेलियम डिस्क से इनोकुलेट करें।
- 10 दिन तक इनक्युबेट करें।
- 500 मि.ली. फंगस को एक कि.ग्रा. टेलकम चूर्ण के साथ मिश्रित करें।
- हवा में सुखायें और कार्बोक्सिल मैथिल सेल्युलॉज स्टीकर के रूप में 5 ग्रा./कि. ग्रा. उत्पाद की दर से मिलायें।
- इस उत्पाद को बीजोपचार हेतु 4 ग्रा. प्रति कि.ग्रा. प्रयोग करें। यह उत्पाद 4 माह तक भंडारित किया जा सकता है। इस उत्पाद में कम से कम बीजाणु 2 गुणा $10^6$ सीएफयू/जी होने चाहिएं।
- यदि फरमेंटर उपलब्ध न हो तो माध्यम को 100 मि.ली. से कम भरे, कोनीकल फ्लास्कों में इनोकुलेट करें।
- टेलकम चूर्ण आधारित ट्राईकोडर्मा सूत्रण का प्रयोग बीज उपचार हेतु दलहन, तिलहन, कपास इत्यादि में जड़ विगलन बीमारी हेतु प्रयोग किया जाता है।

## ट्राईकोडर्मा की उपचार विधि

बीजोपचार हेतु 5 ग्राम ट्राईकोडर्मा को थोड़ा सा स्वच्छ जल मिलाकर उसका गाढ़ा घोल बनायें तथा इसे प्रति कि.ग्रा. बीज दर से उसमें अच्छी तरह मिलायें। भूमि शोधन हेतु एक कि.ग्रा. फफूंद पाउडर को 25 कि.ग्रा. कम्पोस्ट में मिलाकर एक सप्ताह तक छायादार स्थान पर रख कर उसे गीले बोरे से ढका जाता है ताकि इसके बीजाणु अंकुरित हो जाएं। इस कम्पोस्ट को एक एकड़ खेती में छिड़ककर भूमि में मिला दें, फिर बुवाई करें।

## रोगों के नियंत्रण पर ट्राईकोडर्मा का प्रभाव

- ट्राईकोडर्मा के माइसीलियम अंकुरित होकर जड़ों के चारों ओर कालोनियां बना लेते हैं एवं जीवाश, शर्करा तथा पौधे की जड़ों से उत्सर्जित पदार्थो पर रहते हैं, जो कि रोगी फफूंद से पौधों की रक्षा करते हैं जिससे पौधे तेजी से वृद्धि करते हैं।
- यह पौधों की प्रतिरोधी क्षमता में वृद्धि कर उन्हें मजबूती प्रदान करता है, जिसस पौधे रोगों से मुकाबला करते हुए स्वस्थ रहते हैं।

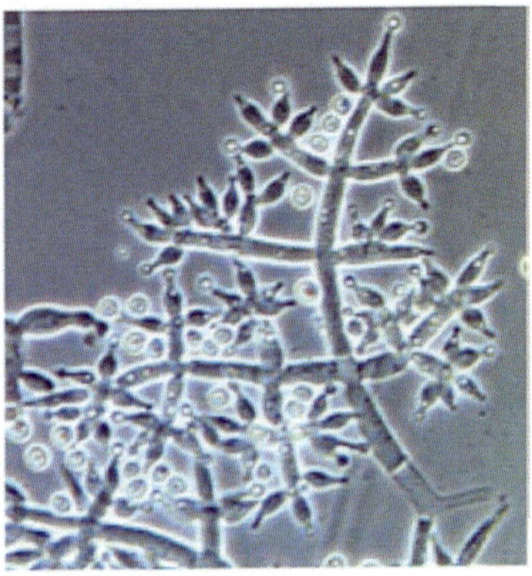

**चित्र 6**. ट्राईकोडर्मा का कवकजाले

## ट्राईकोडर्मा जैव नियंत्रक के लाभ

- यह मानव स्वास्थ्य एवं पर्यावरण पर कोई प्रतिकूल प्रभाव नहीं डालता है।
- इसका प्रयोग सरल एवं सुरक्षित है।
- मृदा में रहने वाले अन्य लाभदायक सूक्ष्म जीवों पर कोई दुष्प्रभाव नहीं होता है।
- सूत्रकृमि की क्रियाशीलता रोकने में सहायक है।
- पादप वृद्धि में सहायक है तथा पादप तंत्र में प्रतिरोधक क्षमता प्रदान करता है।
- यह रोगकारक जीवों की वृद्धि को रोकता है।
- यह मृदा में कार्बनिक पदार्थों के अपघटन की दर को बढ़ाता है।
- यह पौधों की वृद्धि को बढ़ाता है।
- यह कीटनाशकों, वनस्पतिनाशकों से दूषित भूमि के जैविक उपचार (बॉयोरिमेडिएशन) में महत्वपूर्ण भूमिका निभाता है।

## ट्राईकोडर्मा के प्रयोग में सावधानियाँ

- ट्राईकोडर्मा कल्चर/फार्मुलेशन को उचित एवं प्रमाणित संस्था से ही खरीदें।
- ट्राईकोडर्मा 6 महीनों से अधिक पुराना न हो।
- बीज/पौधे उपचार का कार्य छायादार एवं शुष्क स्थान पर करें।
- ट्राईकोडर्मा के साथ अन्य रसायन का प्रयोग न करें।
- ट्राईकोडर्मा को सूखी मिट्टी में न प्रयोग करें।

- ट्राईकोडर्मा उपचारित बीज को सूर्य की धूप न लगने दें।
- ट्राईकोडर्मा के प्रयोग के 4 से 5 दिनों के पश्चात् तक रसायनिक कवकनाशी का प्रयोग न करें।

**ट्राईकोडर्मा की लागतः** 125 रुपये प्रति कि.ग्रा.

## 3. बिवेरिया बेसियाना

यह एक प्रकार का मित्र कवक है जो कि फसलों को नुकसान पहुंचाने वाले विभिन्न कीटों के नियंत्रण हेतु प्रयोग किया जाता है। यह चने और अरहर का फली छेदक, सफेद मक्खी, माहू, थ्रिप्स, आलू का कटुआ, दीमक, आम का भुनगा, धान का भूरा फुदका, छाल खाने वाले कीट, पायरिला और अन्य लेपीडोप्टेरा गण के कीटों के नियंत्रण हेतु प्रयोग किया जाता है। यह दीमक के नियंत्रण के लिए भी प्रभावशाली है। इस फफूंद के बीजाणु स्पर्श द्वारा फसलों को हानि पहुंचाने वाले विभिन्न कीटों के क्युटिल में प्रवेश कर कीट के आंतरिक तंत्र को नष्ट कर देता है जिसके परिणाम स्वरूप कीट नियंत्रण हो जाता है।

### बिवेरिया बैसियाना का उपयोग करने की विधि

- **मृदा में प्रयोगः** मृदा की तैयारी के समय 50 कि.ग्रा. अच्छी सड़ी गोबर की खाद में एक कि.ग्रा. बिवेरिया पाउडर अच्छी प्रकार मिलाकर 15 दिन तक पॉलिथीन से ढक देते हैं और तैयार मिश्रण को 1 एकड़ खेत में छिड़क देते हैं, ताकि मृदा में पड़े हुए लार्वे समाप्त हो जाएं।
- **छिड़काव हेतुः** 2.5 कि.ग्रा. बिवेरिया पाउडर 800–1000 ली. जल में मिलाकर प्रति हेक्टेयर की दर से छिड़काव करें।

लागतः 125 रुपये प्रति कि.ग्रा.।

## 4. न्युक्लियर पॉलीहायड्रोसिस वायरस (एन.पी.वी.)

न्युक्लिर पॉलीहायड्रोसिस द्रव रूप में मिलते हैं। आवश्यक कीट के लिए एन.पी.वी. को जल में मिलाकर शाम के समय पौधों पर छिड़काव करते हैं। कीट के पेट में जाकर इनकी पॉलीहैड्रेल दीवार प्रोटियोलिटिक एंजाइम के द्वारा घुल जाती है। जिसमें ये वायरॉन निकलते हैं। ग्रसित सूंडियां पीली पड़ जाती है और पेट के पैरों द्वारा उल्टी लटक जाती है। एक एकड़ में एन.पी.वी. के 100 एल.ई. का प्रयोग होता है। इनको अन्धेरे एवं ठंडी जगह पर लम्बे समय तक सुरक्षित रखा जा सकता है। सूंडियों की प्रारम्भिक अवस्था के लिए यह अधिक लाभदायक है। विभिन्न फसलों में लगने वाले प्रमुख कीट उदाहरणार्थ चने की इल्ली, तम्बाकू की इल्ली, रोयेंदार इल्ली, कमला कीट, गोभी की इल्ली आदि एन.पी.वी. द्वारा

जैविक विधि नियंत्रित किये जा सकते हैं। इसे बनाने के लिए पहले खेत में लगने वाली विभिन्न प्रकार की इल्लियों को एकत्र करके कांच की शीशियों में भर कर ऊपर से ढ़क्कन में छेद करके बन्द कर दें। इन इल्लियों को 48 घंटे भूखा रखें। उसके बाद पूर्व से वायरस के घोल में डूबे हुए चने लेकर एक–एक चना शीशियों में डाल दें। जब ये इल्लियां वायरस से भीगे चने को खाती हैं तो वायरस इल्लियों के पेट में जाकर रोग उत्पन्न कर देता है जिससे इल्ली काली पड़ जाती है। इन इल्लियों को बाद में पीसकर, इनसे निकले हुए द्रव को अपकेद्रित सेंट्रीफ्यूज यंत्र में घुमाया जाता है ताकि वायरस इल्ली के शरीर की कोशिकाओं से बाहर निकल आये। इस प्रकार एन.पी.वी. का घोल तैयार कर शाम के समय फसल पर छिड़काव करने से इल्लियों का नियंत्रण हो जाता है। एन.पी.वी. सूंड़ियों के नियंत्रण के लिए अत्यन्त प्रभावी सूक्ष्मजीवी जैवनाशी के रूप में प्रयोग किया जाता है। यह उदर विष के रूप में कार्य करता है तथा केवल लक्ष्य कीटों पर इसका कोई प्रभाव नहीं पड़ता है। एन.पी.वी. से संक्रमित लार्वे धुंधले और द्रवित होकर पौधे से उल्टे लटकते दिखाई देते हैं।

### एन.पी.वी का खेत में प्रयोग

- एन.पी.वी. / एस.एल.एन.पी.वी. की 250 सूंडी अर्क प्रति हेक्टेयर की दर से 3 से 4 छिड़काव एक सप्ताह के अन्तराल पर करते हैं।
- उपरोक्त जैविक कीटनाशी को 300 ग्राम गुड़, 60 मि.ली. तरल साबुन और 600 ली. जल के घोल के साथ प्रति हेक्टेयर खेत में छिड़काव करना चाहिए।

### एन.पी.वी. के प्रयोग में सावधानियाँ

- लक्षित हानिकारक कीटों के अतिरिक्त अन्य कीटों के नियंत्रण हेतु इसका प्रयोग नहीं करना चाहिए।
- सूर्य के सीधे प्रकाश से वायरस की क्षमता कम हो जाती है, अतः सूर्य के सीधे प्रकाश से बचाने के लिए छिड़काव शाम के समय करना चाहिए।
- छिड़काव तभी करें जब कीटों की ग्रहणशील दशायें, उपलब्ध हों। जब लार्वे छोटे हों तभी इसका छिड़काव करें, क्योंकि इस दशा में लार्वे एन.पी.वी. के प्रति अधिक ग्रहणशील होते हैं।

**एन.पी.वी की लागतः** 170 रुपये प्रति 100 सूंड़ीअर्क

## यांत्रिकी विधियों द्वारा कीटों का नियंत्रण

### 1. फेरोमोन ट्रैप / पिंजड़े (गंधपाश)

फेरोमोन ट्रेप को गंधपास नाम से भी जाना जाता है। यह एक प्रकार का साधारण बना हुआ उपकरण है। इसमें कीप के आकार के मुख्य भाग पर लगे ढक्कन पर मादा कीट

की गंध का ल्युर लगाया जाता है, इससे नर कीट आकर्षित होते हैं। इस प्रकार हर प्रकार के कीटों का ल्युर अलग–अलग आता है। जिस कीट की मादा का ल्युर लगाया जाता है उस कीट का नर आर्टिफीशियल गंध के कारण आकर्षित होकर फेरोमोन ट्रैप की कीप में गिर जाता है जो नीचे लगे हुए थैले से निकल नहीं पाता है। इसका उपयोग मूँगफली, दलहनी व सब्जी फसलों एवं तम्बाकू, अरण्डी, फल वृक्षों आदि फसलों में विभिन्न नर कीटों को पकड़ कर जैविक नियंत्रण किया जाता है।

**फेरोमोन क्या है?** यह एक प्रकार का 'कार्बनिक' पदार्थ है जो किसी मादा माँथ द्वारा प्रकृति में उनके नर कीट को मैथुन क्रिया के लिए आकर्षित करने हेतु निष्कासित किया जाता है। विभिन्न कीटों की मादा द्वारा निष्कासित विभिन्न प्रकार के 'कार्बनिक' पदार्थो की पहचान कर ली जाती है और इन्हें प्रयोगशाला में सिन्थेसाइज करके बड़े पैमाने पर उपयोग में लाया जा रहा है। देश की विभिन्न संस्थाएं इस पर कार्य कर रहीं हैं, जिसके द्वारा खेतों में विभिन्न कीटों की सघनता का आंकलन करने एवं उनको बड़े पैमाने पर पकड़कर नष्ट करने के लिए फेरोमोन तकनीक का विकास किया गया है।

## फेरोमोन का उपयोग कैसे करें?

खेतों में ट्रैप को सहारा देने के लिए एक डण्डा गाढ़ना होता है। इस डण्डे के सहारे छल्ले को बांधकर इसे लटका दिया जाता है। ऊपर के ढक्कन में बने स्थान पर ल्युर को फंसा दिया जाता है तथा बाद में छल्लों में बने पैरों पर इसे कस दिया जाता है। कीट एकत्र करने की थैली को छल्ले में विधिवत लगाकर इसके निचले सिरे को डण्डे के सहारे एक छोर पर बांध दिया जाता है। इस ट्रैप की ऊँचाई इस प्रकार से रखनी चाहिए कि ट्रैप का ऊपरी भाग फसल की ऊँचाई से 1 से 2 मी. ऊपर रहे। प्रति एकड़ 2 से 3 ट्रैप पर्याप्त होते हैं तथा ट्रैप की दूरी 30 से 40 मीटर रखनी चाहिए।

**चित्र 7.** खेतों में फेरामोन का प्रयोग

### फैरोमोन ट्रैप की विशेषताएं

- जैविक नियंत्रण के लिए उपयोगी परभक्षी एवं परजीवी कीटों के लिए सुरक्षित है।
- कीटनाशकों के कम उपयोग से वातावरण को सुरक्षित रखने में मद्द मिलती है।
- इसके उपयोग से कृषि रक्षा उपचार हेतु रसायनों के अनावश्यक छिड़काव एवं उस पर होने वाले खर्चों से किसान बच सकते हैं।
- फेरोमोन ल्युर को एक माह में एक बार अवश्य बदल दें।
- ल्युर को ठण्डे एवं सूखे स्थान पर भंडारित करें तथा उपयोग किये हुए ल्युर को नष्ट कर दें।

### फेरोमोन ट्रैप के लाभ

- फेरोमोन ट्रैप में नर कीट फंस जाते हैं जिससे कीड़ों में प्रजनन क्रिया नहीं हो पाती है जिससे उनकी संख्या कम हो जाती है या नियंत्रित हो जाती है।
- फेरोमोन ट्रैप मित्र कीटों के लिए हानिकारक नहीं होता है और न ही इसमें कोई हानिकारक रसायन पाये जाते हैं। यह पूर्ण रूप से वातावरण के अनुरूप सुरक्षित होता है।

## 2. प्रकाश प्रपंच (ट्रैप)

लाइट ट्रैप में सौ या दो सौ वाट का बल्ब लगा रहता है। खेतों में लाइट ट्रैप का उपयोग शाम सात बजे से रात नौ बजे तक करना चाहिए। बल्ब की रोशनी से फसलों को हानि पहुँचाने वाले कीड़े आकर्षित होकर आते हैं और ट्रैप में नीचे की ओर लगे डिब्बे के नीचे बंधे कपड़े में एकत्र होकर मर जाते हैं।

**चित्र 8.** प्रकाश प्रपंच

## 3. पीले चिपचिपे ट्रैप

पीले रंग के कार्डबोर्ड पर ग्रीस या जला हुआ तेल लगाकर फसल के बीच में अलग–अलग स्थान पर लकड़ी की सहायता से ये ट्रेप लगा दें। जिससे हरा मच्छर एवं सफेद मक्खी जैसे रस चूसने वाले कीट इस पर चिपक जाते हैं। इसके अतिरिक्त यदि दो लकड़ी पर पीला कपड़ा जिस पर ग्रीस या तेल लगाकर फसल के बीच में चलाते हैं तो रस चूसने वाले कीट इस पर चिपक जाते हैं जिससे प्रभावी नियंत्रण होता है।

## 4. हाथ से चुनाई

कीटों को जैसे इल्लियों को फसलों से हाथ से चुनाई करके नष्ट करने से कीटों पर प्रभावी नियंत्रण होता है।

## 5. रस्सी से पौधों को हिलाना

रस्सी के दोनों सिरों को पकड़कर धीरे–धीरे फसल के ऊपर से सटाकर चलाने से इल्लियां मृदा पर गिर जाती हैं जो पुनः पौधों पर चढ़कर नुकसान पहुँचाने में समर्थ नहीं होती हैं।

### जैविक कीट प्रबंधन हेतु कृषि मित्र जीव–जन्तुओं का संरक्षण

विश्व में अनेक जीव–जन्तु देखने में डरावने और दुश्मन जैसे प्रतीत होते हैं लेकिन ये पशुओं एवं फसल की सुरक्षा में विभिन प्रकार की सहायता भी करते हैं। अतः इन्हें जैविक खेती में संरक्षण देना हितकर है। ऐसे ही कुछ जीव जन्तुओं के विषय में जानकारी निम्नलिखित हैः

# किसानों के मित्र कीट

**चित्र 9.** जैविक खेती में लाभदायक जीव–जन्तु

- **गोरैया चिडियाः** यह कीड़े–मकोड़ों को खाती है। रबी दलहनी फसलों में फलीबेधक कीट का प्रकोप अधिक होता है जिससे फसल को अधिक क्षति पहुँचाती है। यह चिड़िया इस कीट की गिडार को चाव से खाती है।
- **बगुलाः** यह मांसाहारी पक्षी है, जो जल और मृदा में पाये जाने वाले कीड़े–मकोड़ों का खाता है। जब खेत में जुताई होती है या सिंचाई की जाती है तो उससे मृदा में छिपे कीट बाहर निकलते हैं तब यह पक्षी उनको खाता है जिससे फसलों में उनका प्रकोप कम हो जाता है। अतः इनको बढ़ावा देना चाहिए।
- **तीतरः** यह जंगलों और खेतों में पाया जाता है। दीमक उसका प्रिय भोजन होता है। दीमक फसलों और काष्ठीय पेड़ों को अधिक क्षति पहुँचाती है। अतः तीतर न मारें, ये मारे मित्र हैं।
- **शहद की मक्खीः** यह फसलों के फूलों से पराग एकत्र करती है जिससे इनमें सेंचन हो जाता है और फसलों की उपज में वृद्धि होती है। इसके साथ ही साथ यह शहद अपने छत्तों में एकत्रित करती है जिससे बाद में निकाल लिया जाता है। अतः खेतों और बागों में शहद के लिए मौन बाक्स रखें। इनको व्यवसाय की दृष्टि से पालना चाहिए।
- **केंचुआः** यह मृदा में निवास करता है। यह मृदा व फसलों के अवशेषों को खाकर उनको जैविक खाद में परिवर्तित कर देता है। घरों का कूड़ा–कचरा, फसलों के अवशेष व पशुशाला के अवशेष को एकत्र करके इन जीवों को उसमें छोड़ने से ये उन्हें अच्छी खाद में परिवर्तित कर देते हैं। अतः केंचुओं को बढ़ावा देकर संरक्षण करें।
- **मेंढकः** यह उभयचर जन्तु है जो थल व जल दोनों में निवास करता है। मच्छर व इसके अंडे और फसलों में प्रकोप करने वाले कीड़े–मकोड़े इसके प्रिय भोजन हैं। इस प्रकार से यह मानव को मच्छरों और फसलों की कीटों से सुरक्षा करता है। अतः इसे नुकसान न पहुँचाकर संरक्षण दें।

## जैविक कीट हेतु सस्य क्रियाएं

1. **ग्रीष्मकालीन गहरी जुताई :** मई–जून के महीनों में खाली पड़े खेतों की ट्रैक्टर चालित चीजल हल से जुताई करने पर मृदा में सुषुप्तावस्था में पड़े कीट बाहर आ जाते हैं जिन्हें पक्षी चुनकर खा जाते हैं तथा जो शेष बचते हैं वे तेज धूप में नष्ट हो जाते हैं।
2. **अन्तर्वर्तीय सस्य क्रियाएं :** फसलों में समय–समय पर पंक्तियों के बीच में खुर्पी या कसोले से निराई–गुड़ाई करते रहने से कीट नष्ट होते रहते हैं।
3. **अन्तर्वतीय फसल :** मुख्य फसलों के बीच में कम अवधि की फसल उगाने से भी कीटों का कम प्रभाव होता है।

4. **स्वच्छता** : फसलों में समय–समय पर निरिक्षण करके अवांछित पौधों को निकालते रहना चाहिए ताकि ये पौधे कीटों को शरण न दे सकें।

5. **फसल चक्र** : खेती में कीटों का जीवन चक्र समाप्त करने का यह आसान तरीका है। इसमें सघन खेती के अन्दर अनाज, दलहनी, तिलहनी, रेशा, चारा, सब्जियों को क्रमानुसार उगाते रहने से कीट नियंत्रण स्वतः होता रहता है। कभी भी किसान को एकल फसल नहीं उगानी चाहिए।

6. **बुवाई समय में परिवर्तन** : किसानों हमेशा ध्यान रखना चाहिए कि देर से बोई गई फसलों में कीटों का अधिक प्रकोप होता है, इसलिए सरसों व कपास आदि को अगेती बुवाई करनी चाहिए।

7. **बीजोपचार** : फसलों के बीजों को जैविक फफूंदनाशी जैसे ट्राइकोडर्मा से ही बीजों को उपचारित करके बुवाई करें, तो निश्चित ही फसल पर कीटों का प्रकोप कम होगा।

### अनाज भण्डारण में लगने वाले कीटों की जैविक रोकथाम

- नमी रहित व सूखे भंडार ग्रहों में ही अनाज भंडार करें।
- भंडारण से पहले अनाज को तेज धूप में सूखा लें, ताकि उनमें नमी की मात्रा 10 प्रतिशत रह जाये।
- नमी रहित बर्तनों में ही भंडार करें।
- भंडारग्रहों में हवा का आवागमन नहीं होना चाहिए।
- अनाज में नीम की पत्तियां डाल कर भंडारण करें।
- चावल में लहसुन की गांठें डालकर भंडारण करें।
- अनाज में नीम की निंबोली चूर्ण मिलाकर भंडारण करें।
- दालों को भंडारण से पूर्व दाल पर अरंडी या मूँगफली के तेल से परत चढ़ाने से दाल भृंग कीट का प्रकोप कम होता है।

## जैविक नियंत्रकों में ट्राइकोग्रामा का जैविक खेती में प्रयोग

ट्राइकोग्रामा हरे रंग का छोटा ततैया कीट है, जो लूपीडापटेरा कुल के लगभग 2 सौ प्रकार के नुकसानदेह कीटों के अंडों को खा कर जीवित रहता है। यह कीट गन्ना, कपास, धान, सूरजमुखी, फसलों और सब्जियों को नुकसान पहुँचाने वाले तना बेधक, फल बेधक व पत्ती मोड़क कीटों को नष्ट करता है। मादा ट्राइकोग्रामा ततैया फसलों को नुकसान पहुँचाने वाले कीटों के अंड़ों में अपने अंडे देती है। इन अंडों से ट्राइकोग्रामा ततैया निकलता है। एक ट्राइकोग्रामा सौ अंडों को मार देता है। ट्राइकोग्रामा को कार्ड के रूप में दिया जाता

है। कार्ड पर अंडे चिपके होते हैं। एक ट्राइकोग्रामा कार्ड में 18 से 20 हजार परजीवी ग्रसित अंडे होते हैं। ट्राइकोग्रामा कार्ड को छोटे–छोटे टुकड़ों में काट लेते हैं और पौधों की पत्तियों पर स्टेपल कर देते हैं। ट्राइकोग्रामा कार्ड को पौधों की पत्तियों की निचली सतह पर लगाया जाता है। खेतों में जैसे ही नुकसानदेह कीटों के अंडे दिखाई दें, तो तुरन्त ही कार्ड को छोटे–छोटे टुकडों में फाड़ कर खेत के कई भागों में बीचों बीज पत्तियों की निचली सतह पर या जोड़ पर लगा दें। यह एक परभक्षी कीट है। इसे 8–10 कार्ड प्रति हेक्टेयर की दर से 10–15 दिनों के अंतराल पर 3 से 4 बार फसल में शाम के समय लगा दिये जाते हैं। फूलगोभी एवं पत्तागोभी में ट्राइकोग्रामा जीवाणु तथा अन्य सब्जियों में ट्राइकोग्रामा किलोनिस का प्रयोग किया जाता है। गन्ने के खेत में 50 हजार अण्डे प्रति हेक्टेयर 10 से 15 दिन के अन्तराल पर मार्च से अक्टूबर तक लगाने चाहिएं।

## ट्राइकोग्रामा की कार्य विधि

ट्राइकोग्रामा का वयस्क कीट शत्रु कीट के अण्डे के ऊपर अपना अण्डा दे देता है जिससे उसके अण्डे काले पड़ जाते हैं और फिर ट्राइकोग्रामा का मित्र कीट 7 से 8 दिनों में शत्रु कीट के अण्डे से बाहर निकलता है और एक ट्राइकोग्रामा कीट का जीवन चक्र 8 से 10 दिन का होता है। एक ट्राइकोग्रामा वयस्क कीट लगभग शत्रु कीट के 100 अण्डों को पैरासिटाइज कर सकता है।

## जैविक विधियों द्वारा खरपतवारों का प्रबंधन

खरपतवार फसलों के साथ उगकर स्थान, जल, पोषक तत्व, प्रकाश व कार्बन डाईआक्साइड के लिए प्रतिस्पर्धा करते हैं तथा खेत की मिट्टी से 11 से 48 कि.ग्रा. नाइट्रोजन, 2 से 14 कि.ग्रा. फॉस्फोरस व 15 से 82 कि.ग्रा. पोटाश से प्रति हेक्टेयर फसलों के पौधों को वंचित कर देते हैं। इसके अतिरिक्त सत्यानाशी नाम के खरपतवार का बीज राई, सरसों के बीज के साथ मिलकर तेल की क्वालिटी कम कर देता है।

**चित्र 10.** फसलों में जैविक खरपतवार नियंत्रण

यदि खरपतवारों को समय से नहीं निकाला जाता है तो पैदावार में भारी कमी के साथ–साथ उत्पाद की गुणवत्ता पर भी बुरा असर पड़ता है। अगर खरपतवारों की रोकथाम प्रतिस्पर्धा की ठीक समय पर न की गई, तो भरपूर लाभ नहीं मिल पाता इसलिए फसलों को हमेशा खरपतवार मुक्त रखना आवश्यक है। जिसके लिए अनेक यांत्रिक, सस्य एवं जैविक विधियाँ उपयोगी हैं।

## खरपतवार नियंत्रण की जैविक विधि

खरपतवारों को नष्ट करने के लिए इस विधि में कीट पतंगों, जीवाणु, कवक, तथा अनेक प्रकार की वनस्पतियों का प्रयोग किया जाता है, जैसे;

### (क) जैव शाकनाशी (बायो हर्बिसाइड–Bio Herbicides)

वे सूक्ष्मजीव जो खरपतवारों को नष्ट कर देते हैं, बायो हर्बिसाइड कहलाते हैं। सर्वप्रथम सन् 1980 में तीन बायो खरपतवारनाशी डिवाइन, कोलिगो, बायोमाल, यू.एस.ए. में लांच किये गये थे। प्रायः इस उद्देश्य के लिए निम्न कवकों का प्रयोग किया जाता है क्योंकि

1. ये परपोषी विशिष्ट होते हैं।
2. इनका बड़े पैमाने पर उत्पादन एवं खेतों में रोपण अधिक सरल है।
3. एक बार सरोपित करने के बाद ये स्वंय फैलते रहते हैं जैसे फाइटोप्थोरा पामीवोरा, कोलेटोट्राइकम ग्लेओस्पोरिओडेस आदि कवकों का जैव शाकनाशी के रूप में प्रयोग किया जाता है

1980 में तीन बायो हर्बिसाइड यू. एस. ए. में लांच किये गये उनका वर्णन निम्न प्रकार है:

1. **डिवाइन (Devine)** :यह फाइटोफ्थोरा पामीवोरा कवक के बीजोर/स्पोर का तरल मिश्रण है जो खरपतवारों पर छिड़कने से उनमें जड़ गलन रोग पैदा करके खरपतवारों को नष्ट करता है। यह माइक्रोनाशी नींबू में मोरेनिया ओडोराटा हेतु उपयोग में लाया जाता है।
2. **कोलेगो (Collego)** : यह कोलेटोट्राइकम ग्लेओस्पोरिओडेस नामक कवक के जीवाणु या स्पोर का पॉउडर मिश्रण है जो खरपतवारों पर छिड़काव करने पर तना एवं पत्तियों पर झुलसा रोग पैदा करता है।
3. **बायोपोलारिस (Biopolaris)** : यह बायोपोलारिस सोर्घिकोला नामक कवक के स्पोर का घोल है, जिसको बरु या जॉन्सन घास को नष्ट करने के काम में लेते हैं।
4. **बायोपोस (Biophos)** : यह स्ट्रेप्टोमाइसेज हाइग्रोस्कोपिक्स नामक जीवाणु या स्पोर का किण्वित पदार्थ है, जिस खरपतवारों को नष्ट करने के काम में लेते हैं।
5. **बायोमल (Biomal)**: इसमें ग्लेओस्पोरिओडेस फंगस के जीवाणु शामिल हैं। यह कपास में मालवा पुसिला के नियंत्रण के लिए उपयोग किया जाता है।

### (ख) कीटों द्वारा खरपतवार नियंत्रण

कीटों द्वारा खरपतवारों का जैविक नियंत्रण पेराबायोलोजिक नियंत्रण कहलाता है। विश्व में कीटों द्वारा खरपतवारों का जैविक नियंत्रण का पहला उदाहरण लैन्टाना कैमरा है। इस विधि में ऐसे कीटों को जो फसलों की अपेक्षा खरपतवारों को खाना ज्यादा पसन्द करते हैं और उनकी पहचान कर आयात करते हैं, जैसे;

| मित्र कीट का नाम | खरपतवार का नाम | आयात |
|---|---|---|
| क्रोसीडोसिमा लेन्टाना–1921 में एवं टेलियोनेसिया स्क्रोपुलोसा | लैन्टाना केमरा | मेक्सिको से |
| डेक्टोलोपियस ओपन्स | नागफनी | श्री लंका से |
| केक्टोब्लास्टीक केक्ट्रम | नागफनी | अर्जेन्टीना से |
| जाइगोग्रामा बाइकोलेराटा | गाजर घास | मैक्सिको से |
| नियोचेटिना इर्कोनी | जलकुम्भी | अर्जेन्टीना से |
| आर्थोगलुमेना टेरेब्रान्टिस | जलकुम्भी | फ्लोरिडा से |
| क्रिप्टोबेगस सॉन्विनी | वाटर फर्न | आस्ट्रलिया से |

### (ग) पशु तथा पक्षियों द्वारा

चरने वाले पशु जैसे; बकरी, भेड, ऊँट, सूअर, नीलगाय, खरगोश, हिरन आदि जानवर विभिन्न प्रकार के खरपतवारों को खाकर नष्ट कर देते हैं। इनके अतिरिक्त जैसे;

- हंस–कपास के खरपतवार
- बत्तख–धान के जलीय खरपतवार केरल में
- कार्प मछलियाँ–जलीय खरपतवार
- घोंघे–जलीय खरपतवार जैसे–एल्गी, जलकुम्भी
- घरेलू चिड़िया–एक वर्षीय खरपतवार–समशीतोष्ण क्षेत्र।

### (घ) वनस्पतियों द्वारा

सनई की फसल से काँस की रोकथाम तथा तिल की फसल से मोथा का प्रकोप कम होता है। इसके अलावा बास्केट घास द्वारा कांस प्रकन्दों को नष्ट किया जा सकता है। ज्वार के साथ लोबिया बोने से खरपतवार में कमी आती है।

### (ङ) फफूँदी द्वारा

राइजोक्टोनिया ब्लाइट नामक फफूँदी के द्वारा जलकुंभी का नियंत्रण किया जाता है।

### खरपतवार नियंत्रण की जैविक विधि के लाभ

1. इस विधि द्वारा वे भी खरपतवार नियंत्रित हो जाते हैं जो रसायनिक अथवा अन्य विधियों द्वारा नियंत्रित नहीं किये जा सकते हैं।
2. यह विधि एक वर्षीय खरपतवारों की अपेक्षा बहुवर्षीय खरपतवारों का प्रभावी नियंत्रित करती है।
3. यह एक स्थाई विधि है अन्य विधियों की भाँति इसका पुनः प्रयोग करने की आवश्यकता नहीं होती है।
4. कृष्य भूमियों की अपेक्षा अकृष्य भूमियों में इस विधि का प्रयोग अत्यन्त प्रभावी है।

### भारत में जैविक खरपतवार नियंत्रण का भविष्य

भारत में इस दिशा में किये गये प्रयासों में सफलता का प्रतिशत कम है, जैसे;

1. कई देशों में खरपतवार के रोगाणु शत्रुओं का उपयोग किया जा रहा है, पर भारत में यह काम अभी भी नगण्य ही है।
2. भारत में ऐसे कई खरपतवार भक्षी कीटों को आयात करने की काफी संभवानायें हैं, जो दूसरे देशों में खरपतवार को नष्ट करने में सक्षम सिद्ध हो चुके हैं। इन कीटों के आयात से पहले कीट और खरपतवार के सभी पहलुओं का ज्ञान आवश्यक होगा ताकि आयातित कीट शत्रुओं से दूसरे लाभदायक पौधों के नष्ट करने के खतरे को कम किया जा सके।
3. अभी तक खरपतवारों के उन्मूलन के लिए समेकित प्रबंधन पर कोई खास कार्य नहीं हुआ है।
4. वनों के खरपतवार जैसे आजाम लता और नेफा लता पर काम नगण्य है।

## खरपतवार नियंत्रण की सस्य एवं कृषि क्रियायें (Cultural and Agrotechniques of Weed Control)

अनेक कृषि क्रियाओं एवं सस्योत्पादन विधियों द्वारा खरपतवारों की वृद्धि एवं प्रजनन की रोकथाम करके नियंत्रित किया जाता है। इस विधि में भूमि की तैयारी से लेकर फसल की कटाई तक सभी क्रियायें फसलोत्पादन हेतु की जाती है। कृषि में शामिल बहुत सी सस्य क्रियायें खरपतवारों के नियंत्रण में काफी सहयोग करती हैं, भले ही वह प्रत्यक्ष रूप से हमें दिखाई नहीं पड़ती हैं। कुछ सस्य क्रियायें जो कि खरपतवारों के प्रबंधन में सहायक होती हैं, जैसे;

## 1. फसलों एवं जातियों का चुनाव

ऐसी फसलों का चुनाव करना चाहिए जो खरपतवारों से प्रतिस्पर्धा करने में पूर्ण क्षमता रखती हों जैसे; सनई, अरहर, चरी, बरसीम, ज्वार, लोबिया, रिजका आदि। इस प्रकार उन प्रजातियों को ही उगाना चाहिए जो कम उर्वरा–शक्ति में भी अच्छी प्रकार बढ़ने वाली, सूखा, पाला, अत्यधिक नमी तथा कीटों एवं बीमारियों को सहन करने की क्षमता रखती हों जैसे; मँडूसी के लिए गेहूँ की एच.डी. 2687, पी. बी. डब्ल्यू–343, डब्ल्यू. एच. 542 अन्य किस्मों के मुकाबले अधिक प्रतिस्पर्धी हैं।

## 2. फसल चक्र

विभिन्न प्रकार की फसलों को फसल चक्र में शामिल करने से खरपतवारों का चक्र टूटता है। अधिक जल चाहने वाली फसल को कम पानी चाहने वाली फसल के बदले, घास जाति की फसल को दलहन/तिलहन से बदलने पर खरपतवारों की प्रजातियाँ बदल जाती हैं। फसलों के बदलने से उनकी सस्य क्रियायें बदलती हैं व उनमें प्रयोग होने वाले शाकनाशी बदलते हैं। इस प्रकार ये खरपतवार हावी नहीं हो पाते हैं। जैसे; धान–गेहूँ फसल चक्र में मडूँसी व सांवक खरपतवारों की समस्या होती है। फसल चक्र में बरसीम, गन्ना, सूर्यमुखी, तोरिया, मक्का, सब्जियाँ आदि लगाकर मँडूसी का प्रकोप कम कर सकते हैं। फसल चक्र में दलहनी फसलों जैसे; मूँग, मटर, उड़द, अरहर आदि शामिल करने से खरपतवारों का प्रभाव कम कर सकते हैं।

## 3. बुवाई का समय

विभिन्न प्रकार की फसलें तथा खरपतवारों के पौधे विभिन्न समय तथा तापक्रम पर उगते हैं। फसल को हम अवधि से कुछ पहले या बाद में बुवाई करने से शुरुआती खरपतवार प्रतिस्पर्धा से बचा जा सकता है। किसी भी वातावरण में अधिकांश मौसम खरपतवारों के जमने का एक निश्चित समय होता है, यही समय फसलों के बोने का भी होता है, जैसे गेहूँ की अगेती बुवाई (25 अक्टूबर से 10 नवम्बर) करने से मँडूसी का जमाव नहीं हो पाता है क्योंकि तापमान इसके अनुकूल नहीं होता। मँडूसी का जमाव आमतौर पर 20 नवम्बर के आस–पास शुरू होता है। अगेती बुवाई गेहूँ में पहली सिंचाई के बाद ही खरपतवार का जमाव होगा। इसलिए समय से पूर्व बुवाई करने पर खरपतवारों की सघनता को कम किया जा सकता है।

## 4. उचित पौध संख्या

फसल का समान जमाव व अच्छी बढ़वार की वजह से खरपतवारों के लिए कम स्थान बचता है। फसलों की शीघ्र वृद्धि होने पर खरपतवार कम जमते हैं। इसके लिए अच्छा बीज

उपचार उत्प्रेरक रसायनों का प्रयोग, उचित बीज मात्रा, उचित विधि द्वारा बुवाई करने से हमें अच्छा जमाव मिलता है, जिससे खरपतवारों के मुकाबले फसल की वृद्धि अधिक होती है। उदाहरणार्थ गेहूँ की जीरो–टिल ड्रिल मशीन से बुवाई करने से पौधों की संख्या में वृद्धि होती है। धान में 33 पौधे प्रति वर्ग मीटर की दर से रोपाई किए जाने चाहिएं।

## 5. अन्तर्वती फसलें

ऐसी फसलें जो कि पंक्तियों में बोई जाती हैं तथा उनकी पंक्ति की दूरी अधिक होती है, उनमें अन्तर्वती फसलों को उगाकर रिक्त पडे स्थान पर खरपतवारों की वृद्धि को रोका जा सकता है जैसे; मक्का की फसल के साथ लोबिया लगाने से मक्का में खरपतवारों की वृद्धि को रोकने के साथ–साथ कुल उत्पादकता में भी वृद्धि होती है। गन्ना, अरहर की फसल में फासला अधिक होता है। इनमें मूँग, उड़द, लोबिया या सब्जियां आदि अंतः फसल के रूप में लगाने से अतिरिक्त आय के साथ–साथ खरपतवार भी कम उगते हैं।

## 6. जल प्रबंधन

धान की रोपाई करने के समय खेत की पडलिंग करके 3–4 दिनों तक जल भरा रहने से खरपतवारों का प्रकोप कम हो जाता है। फसलों की प्रथम सिंचाई जब पौधे 10–15 सेन्टीमीटर ऊँचे हो जाएं, तभी करनी चाहिए। इस समय सिंचाई करने से खरपतवारों के पौधे अंकुरित होने के बाद भी फसलों द्वारा दबा दिये जाते हैं। परती पड़ी भूमियों में भी इस विधि द्वारा खरपतवार नष्ट किये जाते हैं। जलीय तथा नम क्षेत्रों जैसे धान के खेत, सिंचाई की नालियों, नहरों, पोखरों व तालाबों में जल–निकास करके सूखा रखकर खरपतवारों को नष्ट कर सकते हैं। धान के खेत में पडलिंग तथा जल–निकासी एकान्तरित समान्तर पर करने से अधिकतर खरपतवार नष्ट हो जाते हैं।

## 7. खादों एवं उर्वरकों का प्रयोग

गोबर की खाद, कम्पोस्ट, हरी खाद आदि का प्रयोग करने से ये सड़ने–गलने के समय विभिन्न प्रकार के कार्बनिक अम्ल छोड़ती हैं, जिसके प्रभाव से खरपतवारों के बीजांकुर तथा भूमिगत भाग प्रभावित होते हैं, जिससे इनकी वृद्धि रुक जाती है। उचित मात्रा में खादों एवं उर्वरकों क़े प्रयोग से फसलों की वृद्धि अच्छी होकर खरपतवारों को दबा देती है।

## 8. खेत में मेंड़ों तथा नालियों को कम करना

मेंड़ें तथा नालियाँ बनाते समय भूमि की उपरी परत के समस्त खरपतवार मेंड़ों पर एकत्रित हो जाते हैं जिससे इनका प्रकोप अधिक होने से खेतों में फैलते हैं। एक समान सिंचाई करने के लिए कम संख्या में मेंड़ बनानी चाहिए। कम मेंड़ बनाने से कुल क्षेत्र में भी बढ़ोत्तरी हो जाती है।

## 9. गर्मी में जुताई

रबी फसल की कटाई के बाद खेत की गहरी जुताई कर देनी चाहिए तथा इसे ढेलों की शक्ल में छोड़ देना चाहिए। इस प्रकार धूप में आने से खरपतवारों की जड़ें व राइजोबियम सूख जाते हैं। खरपतवारों के छिपे प्रजनकों को सुखाने के लिए खेत को एक या दो बार 15 दिन के अन्तराल पर हैरो से जोतना चाहिए, जैसे; मोथा का नियंत्रण इस विधि द्वारा किया जा सकता है।

## 10. निस्तेज बीज क्यारी (स्टेल सीड बेड - Stale seed bed)

फसल की बुवाई से पूर्व खेत में पानी देते हैं जिससे फसल बुवाई पूर्व जो खरपतवार उगते हैं उन्हें नष्ट करना ही स्टेल सीड बेड कहलाता है अथवा फसल की बुवाई या रोपाई से पहले खरपतवार को उगाकर खेत की जुताई करके खरपतवारों का नष्ट कर देना, स्टेल सीड बेड कहलाता है। अगर समय हो तो यही प्रक्रिया दोहराई जा सकती है। जैसे; धान के लिए नर्सरी क्षेत्र को इस विधि द्वारा खरपतवार मुक्त किया जा सकता है। बरसीम, लुसर्न आदि फसलों में यह विधि उपयुक्त है।

## 11. हरी खाद

हरी खाद उगाने से भी फसलों में खरपतवारों की समस्या कम होती है। फसल से पूर्व हरी खाद के कर्षण की अवधि में ही खरपतवारों का जमाव हो जाता है जो कि जुताई के समय नष्ट हो जाते हैं। दूसरी बात यह है कि हरी खाद के जैव रसायनिक प्रभाव के वजह से भी खरपतवारों के जमाव पर असर पड़ता है। दीर्घकालीन शोध में हरी खाद की वजह से धान–गेहूँ खरपतवारों की संख्या में भी कमी पाई गयी है, साथ ही फसल को पोषण मिलने की वजह से उपज भी बढ़ती है।

## 12. फसल अवशेष पलवार (मल्चिंग)

फसल अवशेषों को फसल के बीच में पलवार के रुप में बिछाकर खरपतवारों को नियंत्रित किया जा सकता है। इसके अलावा यह फसलों को पोषण प्रदान करती है जैसे; गन्ने में पत्तियाँ बिछाकर खरपतवार नियंत्रण।

### मल्चिंग करने की विधि

धान का पुआल बिछाने के लिए पुआल इकट्ठा करके चना, सरसों, गोभी एवं टमाटर इत्यादि की लाइनों के बीच में इस प्रकार से बिछाते हैं कि जमीन न दिखाई दे। यह लगभग 5–6 टन एक हेक्टेयर के लिए पर्याप्त रहता है।

**पलवार का प्रभाव एवं लाभ**

1. पलवार मृदा तापमान के उतार–चढ़ाव को नियंत्रित करती है। किसी विशेष सीजन में यह मृदा तापमान की वृद्धि में सहायक होती है जिससे फसल के अंकुरण एवं वृद्धि ठीक ढ़ंग से होती है।
2. कार्बनिक पलवार से मृदा संरचना एवं उपजाऊ शक्ति में वृद्धि होती है, किन्तु शुरुआत में जैविक अवशिष्टों के सड़ने से पहले मृदा नत्रजन की उपलब्धता कम देखी गई है। अतः किसी भी नत्रजन वाली रसायनिक खाद के उपयोग से समस्या का समाधान हो जाता है।
3. कार्बनिक पलवार से मृदा में ऑक्सीजन के आवागमन एवं सूक्ष्म जीवों के क्रियाशीलता पर अनुकूल प्रभाव पड़ता है। प्लास्टिक की पन्नी (सीट) से पलवार करने पर जड़ों एवं सूक्ष्म जीवों की क्रियाशीलता में वृद्धि होने पर कार्बन डाई ऑक्साइड की मात्रा में वृद्धि हो जाती है, जिसका असर प्रकाश–संश्लेषण पर पड़ता है।
4. पलवार नाइट्रेट–नाइट्रोजन के लीचिंग को कम करती है जिससे फसलों के जड़ प्रभाग में इसकी उपलब्धता बढ़ जाती है, जो कि फसल के बढ़वार के लिए उपयोगी होती है।
5. सभी प्रकार के पलवार मृदा नमी का संरक्षण एवं वर्षा ऋतु में जल द्वारा भूमि कटाव को रोकने या कम करने में सहायक होते हैं।

## 13. मृदा सौर्यकरण

मृदा की सतह पर प्लास्टिक की पतली पन्नी (आज बाजार में विभिन्न मोटाई और रंगों की पन्नियां उपलब्ध हैं) डालकर सूर्य की किरणों की ऊर्जा को समेटते हैं। इस प्रकार भूमि की ऊपरी सतह गर्म हो जाती है। ऐसे में अधिकतर वार्षिक एवं बहुवर्षीय खरपतवारों के बीज नष्ट हो जाते हैं। चूंकि भूमि में नमी बनाए रखी जाती है अतः बीज जमने लगते हैं तथा गर्मी में झुलस जाते हैं। बाकी बचे बीज कमजोर हो जाते हैं तथा उन पर फफूंद/जीवाणु हमला कर देते हैं।

## 14. जीरो–टिलेज तकनीक द्वारा गेहूँ की बुवाई

जीरो–टिलेज सीड ड्रिल मशीन से बुवाई करने से खरपतवारों को कम किया जा सकता है। जीरो–टिलेज द्वारा बुवाई करने से गेहूँ का जमाव जल्दी होता है। ऊपरी सतह को न छेड़ने की वजह से मंडूसी का जमाव कम होता है। दीर्घकालीन प्रयोगों में पाया गया है कि जीरो–टिलेज के समय खरपतवार कम उगते हैं। इस तकनीक से लगभग 30 प्रतिशत जमाव कम होता है।

**सारणी 5**. कर्षण क्रियाओं का खरपतवारों पर प्रभाव

| खरपतवार | खरपतवारों की सघनता (संख्या/मी.$^2$) | |
|---|---|---|
| | बिना जुताई विधि | पारम्पारिक विधि |
| गेहूँसा | 24 | 113 |
| बथुआ | 2 | 17 |
| सेजी | 9 | 26 |
| तरातेज | 37 | 0 |
| अन्य | 1 | 3 |

## 15. बेड प्लान्टिंग तकनीक

बेड प्लान्टिंग विधि से बुवाई करके भी खरपतवारों का उचित प्रबंधन किया जा सकता है, जैसे; गेहूँ में बेड पर गेहूँ की बुवाई कम अन्तर पर की जाती है तथा नाली में अधिक फासला होता है। अतः बेड पर कम स्थान की वजह से मडूंसी कम जमती है तथा नाली में उगी मडूंसी का यांत्रिक विधि से नियंत्रण किया जा सकता है।

## 16. रिज–फरो विधि

इस विधि में जमीन की ऊपरी सतह सूखी रहती है। उसमें खरपतवारों का जमाव व शुरुआती बढ़वार कम होती है। रिज फरो में जल चूंकि नालियों में दिया जाता है तथा रिज पर नमी नहीं होने की वजह से खरपतवार नहीं उगते हैं।

## 17. आच्छादन फसलें (कवर क्रॉप)

आच्छादन फसलें बीच में लगाने से खरपतवारों की बढ़वार रुकती है। इसमें लोबिया, शकरकन्द, मूँग आदि जैसी आच्छादन फसलों का प्रयोग किया जा सकता है। गन्ने में धान या चौलाई व पत्तेदार सब्जियाँ भी उगाई जा सकती हैं।

## 18. धान की सीधी बुवाई एवं ढैंचा सहफसली तकनीक

यदि धान की बुवाई तकनीक के अंतर्गत धान की जैविक खेती की जाती है तो खरपतवारों की सघनता, रोपित धान के अपेक्षाकृत बहुत अधिक होती है। साथ ही रसायनिक शाकनाशियों का प्रयोग वर्जित होने के कारण फसल पूर्णतः दुष्प्रभावित होती है। अनुसंधान द्वारा यह पाया गया है कि कुछ फसलों जैसे धान की सीधी बुवाई तकनीक में यदि ढैंचा बीज के साथ में बुवाई की जाये तो खरपतवारों की सघनता अधिक स्तर तक कम हो जाती है। इस तकनीक में धान एवं ढैंचा फसल को साथ–साथ सीड–ड्रिल द्वारा

उगाया जाता है। लगभग 25–30 दिन बाद ढैंचा की कटाई करके भूमि की सतह पर पलवार के रूप में छोड़ दिया जाता है। इस तकनीक द्वारा खरपतवारों की संख्या लगभग आधी रह जाती है ढैंचा की जड़ों से कुछ ऐसे रसायन भी श्रवित होते है जो कुछ खरपतवारों के बीजों को अंकुरित नही होने देते, साथ ही धान की उपज पर भी कोई बुरा प्रभाव नही पड़ता है। ढैंचा शुरूआती दिनों में तेजी से बढ़ता है जिससे किसानों को हाथ से एक निराई कम करनी पडती है क्योंकि ढैंचा की कटाई करते समय जो अन्य खरपतवार उगे रहते हैं उनकी भी कटाई हो जाती है।

## जैविक खेती में खरपतवार निरोध

खरपतवारों का नये क्षेत्रों में विस्तार एवं वितरण को रोकना ही खरपतवार निरोधात्मक कहलाता है। खरपतवार निरोधात्मक के उपाय हैं, जैसे;

- स्वच्छ बीजों का प्रयोग
- पूर्ण से सड़ी हुई खाद का प्रयोग
- कृषि यंत्रों की सफाई
- खेतों के आस–पास सफाई
- पशुओं को खरपतवार बीज रहित चारा खिलाना
- जल निकास, सिंचाई, सड़कों के किनारे खरपतवारों को नष्ट करना।

## जैविक खेती में यांत्रिक खरपतवार नियंत्रण उपाय

- हाथों से उखाड़ना
- गुड़ाई करना
- निराई करना
- जलाना
- टिलेज
- जलमग्न करना
- पलवार
- कटाई करना
- दबाना आदि।

### जैविक खेती में खरपतवारों से बचाव की विधियां

- जैविक योग्य भूमि में खरपतवारों की नई प्रजातियों के प्रवेश को वर्जित रखना।
- जैविक खेती में बुवाई एवं कटाई के लिए प्रयोग किए जाने वाले उपकरणों का साफ होना।
- जैविक खेती के लिए शुद्ध बीजों का उपयोग।

## रोगों का जैव नियंत्रण

मृदा में ऐसे लाभकारी सूक्ष्म जीव पाये जाते हैं, जो किसी न किसी प्रकार से रोग पैदा करने वाले रोग जनकों की संख्या, घनत्व एवं क्रियाशीलता को प्रभावित करते हैं, जिससे हमें जीवों के जनित रोगों के प्रबंधन में सहायता मिलती है। इन लाभकारी सूक्ष्म जीवों की संख्या कृत्रिम विधि द्वारा मृदा में बढ़ाना एवं रोगजनक सूक्ष्म जीवों की संख्या घनत्व एवं क्रियाशीलता को कम करना, जैव नियंत्रण कहलाता है। ट्राइकोडर्मा हर्जियानस, ट्राइकोडर्मा विरिडी, स्यूडोमोनास फ्ल्युरोसेन्स, बैसिलस सबटिलिस, बैसिलस एमाइलालिक्युफेसिएन्स आदि जैविक नियंत्रणों का प्रयोग बीजोपचार के लिए किया जा सकता है। बीज उपचार के लिए 10 ग्राम जैव नियंत्रण को प्रति कि.ग्रा. बीज की दर से प्रयोग करना चाहिए।

### जैविक विधियों द्वारा फसल सुरक्षा के लाभ

- रोग की तीव्रता को कम करती है तथा उपज में वृद्धि करती हैं।
- रसायनिक फफूंदनाशक के उपयोग को कम करती हैं।
- किसानों के लिए सुरक्षित होती हैं।
- रसायनों के अवांछित प्रभावों जैसे वातावरण प्रदूषण को कम से कम किया जा सकता है।
- भूमि की उर्वरा–शक्ति में वृद्धि होती है।

❑❑❑

अध्याय 13

# भारत में जैविक खेती पर आधारित सरकारी प्रयास

भारत में ग्रामीण अर्थव्यवस्था का मुख्य आधार कृषि है और किसानों की आय का मुख्य साधन भी खेती है। बढ़ती हुई जनसंख्या एवं आय की दृष्टि से उत्पादन बढ़ाना बहुत ही आवश्यक है। अधिक उत्पादन के लिए खेती में अधिक मात्रा में रसायनिक उर्वरकों एवं कीटनाशक का उपयोग करना पड़ता है, जिससे जल, भूमि, वायु और वातावरण भी प्रदूषित होने के साथ ही खाद्य पदार्थ भी जहरीले हो रहें हैं। इसलिए इस प्रकार की सभी समस्याओं के निवारण के लिए जैविक खेती को बढ़ावा दिया जा रहा है। हमारे देश में कुछ वर्षो से जैविक खेती के महत्व को ध्यान में रखकर भारत सरकार ने अनेक जैविक खेती के आन्दोलन के कारणों का अत्यधिक सक्रिय रूप में समर्थन किया है। इसके लिए नए अनुसंधान तथा विकास केन्द्र खोले हैं। सरकार ने जैविक खेती को लोकप्रिय बनाने के लिए और किसानों को इस क्षेत्र में नवीनतम विकास से अवगत कराने के लिए अनेक नई योजनाएं चलाई हैं।

**चित्र 1.** भारत में बढ़ती जैविक खेती

भारत सरकार विभिन्न योजनाओं/कार्यक्रमों के माध्यमों से जैविक खेती को बढ़ावा दे रही है। स्थायी कृषि के लिए राष्ट्रीय मिशन, परम्परागत कृषि विकास योजना, राष्ट्रीय कृषि विकास योजना, बागवानी के समन्वित विकास के लिए मिशन, तिलहन एवं पाम तेल पर राष्ट्रीय मिशन एवं भारतीय कृषि अनुसंधान परिषद द्वारा संचालित जैविक खेती पर नेटवर्क कार्यक्रम आदि प्रमुख योजनाएं, जैविक खेती को बढ़ावा दे रही हैं। भारत सरकार द्वारा इस संबंध में उठाया गया पहला बड़ा कदम वर्ष 2001 में राष्ट्रीय जैविक उत्पाद कार्यक्रम का कार्यान्वयन था। इसमें प्रमाणन एजेंसियों का प्रत्यायन कार्यक्रम, जैविक उत्पादन के मानदण्ड और देश में जैविक खेती का संवर्धन करना शामिल है। देश जैविक खेती को प्रोत्साहित करने हेतु अनुसंधान विकास केन्द्र व योजनाएं निम्नलिखित हैं:

## 1. परम्परागत कृषि विकास योजना (पीकेवीवाई)

भारत सरकार ने कृषि एवं सहकारिता विभाग द्वारा वर्ष 2015 से नई परम्परागत कृषि योजना का शुभारम्भ किया था। इस योजना का उद्देश्य जैविक उत्पादों के प्रमाणीकरण और विपणन को प्रोत्साहन करना है। योजनान्तर्गत सम्मिलित घटक सहभागिता जैविक प्रतिभूति प्रणाली को सुदृढ़ता प्रदान करने के लिये प्रयासरत हैं। इसी दिशा में भारत सरकार कृषि एवं सहकारिता विभाग द्वारा क्षेत्रीय परिषद के रूप में राष्ट्रीय जैविक खेती केन्द्र, गाजियाबाद से पंजीयन करवाकर, पीजीएस लागू करने संबंधी कार्यवाही के लिये जिला आत्मा समितियों को अधिकृत किया गया है। इसके लिए वर्ष 2015–18 की अवधि के लिए 947 करोड़ रुपये का आवंटन किया गया है। योजना के क्रियान्वयन की जिम्मेदारी राज्य सरकारों की है। पीकेवीवाई के द्वारा किसानों को आर्थिक सहायता देकर देशभर में बड़ी संख्या में क्लस्टर विकसित किए जा रहे हैं। अभी तक 9,186 क्लस्टर बनाए जा चुके हैं।

## योजना का उद्देश्य

जैविक कृषि पर्यावरण हितेशी कम लागत प्रौद्योगिकियों को अपनाकर, रसायनिक और कीटनाशी अवशेषों से मुक्त उत्पादन की एक उत्पादन प्रणाली तैयार करना।

### प्रमुख योजनाएं

- क्लस्टर निर्माण, किसानों को संगठित करते हेतु पीजीएम प्रमाणीकरण, जैविक कृषि में भूमि का अंतरण, वर्मीकम्पोस्ट इकाइयों की स्थापना, जैविक उत्पादों की लेबलिंग अथवा ब्रांडिंग।
- प्रत्येक क्लस्टर के लिए 1,20,000 रुपये अधिकतम सहायता पर विपणन के लिए जैविक उत्पाद के संग्रहण और परिवहन के लिए वित्तीय सहायता प्रदान करना।
- क्लस्टर के प्रत्येक किसान को 3 वर्ष की अवधि के दौरान 50,000 रुपये प्रति हेक्टेयर की वित्तीय सहायता प्रदान की जायेगी।
- 20 हेक्टेयर के 10,000 जैविक क्लस्टरों को विकसित किया जायेगा ताकि 3 वर्षो के दौरान 2 लाख हेक्टेयर तक प्रमाणित क्षेत्र को कवर किया जा सके।
- वर्ष 2011–14 के दौरान जैविक खेती के अन्तर्गत संचयी क्षेत्र 7.23 लाख हेक्टेयर से बढ़कर वर्ष 2014–17 के दौरान 20 लाख हेक्टेयर हो गया है।

### कार्यक्रम का कार्यान्वयन

- किसानों के समूहों को परम्परागत कृषि विकास योजना के अन्तर्गत खेती प्रारम्भ करने के लिए प्रेरित किया जाएगा।

- फसलों की पैदावार के लिए, बीज खरीदने और उपज को बाजार में पहुँचाने के लिए हर किसान को तीन वर्षों में प्रति एकड़ 20 हजार रुपये दिए जायेंगे।
- परम्परागत संसाधनों का उपयोग करके जैविक खेती को प्रोत्साहित किया जाएगा और जैविक उत्पादों को बाजार के साथ जोड़ा जाएगा।
- यह किसानों को शामिल करके घरेलू उत्पादन और जैविक उत्पादों के प्रमाणीकरण को बढ़ाएगा।

## 2. गंगा किनारे जैविक खेती

जल संसाधन, नदी विकास एवं गंगा संरक्षण और कृषि एवं किसान कल्याण मंत्रालय ने गंगा किनारे जैविक खेती को प्रोत्साहन देने के लिए एक समझौता ज्ञापन पर हस्ताक्षर किया। इस समझौते के अनुसार गंगा किनारे के गांवों में लोगों को जैविक खेती के लिए प्रोत्साहन दिया जाएगा। समझौते के अनुसार उत्तराखण्ड में गंगा की धारा से लेकर पश्चिमी बंगाल तक 1657 ग्राम पंचायतों में ''नमामि गंगे'' परियोजना द्वारा परम्परागत कृषि विकास योजना के अन्तर्गत 1657 कलस्टर में जैविक खेती को विकसित किया जाएगा। गंगा किनारे जैविक खेती को बढ़ावा देने के लिए ग्राम पंचायत का क्लस्टर बनाकर प्रतिनिधित्व किया जाएगा, जागरुकता अभियान चलाया जाएगा और मंत्रालय द्वारा स्वयं सहायता समूह बनाया जाएगा। इस परियोजना के अन्तर्गत कृषि मंत्रालय क्लस्टर निर्माण के साथ एकीकृत पोषण तत्व प्रबंधन और माइक्रो सिंचाई तकनीकियों पर प्रशिक्षण उपलब्ध कराएगा। इसके अतिरिक्त मोबाइल एप के द्वारा सम्बंधित जानकारी उपलब्ध करायी जाएगी, रसायनों, उर्वरकों और कीटनाशकों से खेती को होने वाले दुष्प्रभावों के बारे में लोगों को जागरूक किया जाएगा। गंगा घाटी में जल संरक्षण के लिए सिंचाई की उन्नत विधियों को बढ़ावा देने की पहल की जाएगी और गंगा किनारे पशुधन पर आधारित आजीविका और प्राकृतिक खेती को प्रोत्साहित किया जाएगा। कृषि मंत्रालय परम्परागत कृषि विकास योजना के अन्तर्गत देश भर में जैविक खेती को बढ़ावा दिया जा रहा है एवं पूर्वोत्तर राज्यों में विशेष रूप से यह कार्यक्रम चलाया जा रहा है।

## 3. राष्ट्रीय जैविक खेती केन्द्र, हापुड रोड़, गाजियाबाद

वर्ष 2004 में राष्ट्रीय जैविक खेती केन्द्र की गाजियाबाद में स्थापना की गई थी। यह जैविक खेती पर नेशनल प्रोजेक्ट ऑन ऑर्गेनिक फार्मिंग केन्द्र, सरकार की ओर से एक राष्ट्रीय परियोजना है जो 10 वीं पंचवर्षीय योजना से सतत रूप से जारी है। इस परियोजना के छह क्षेत्रीय केन्द्र, बंगलुरु, भुवनेश्वर, पंचकुला, इम्फाल, जबलपुर और नागपुर में स्थापित हैं। इस केन्द्र का उद्देश्य मानव संसाधन विकास, प्रौद्योगिकी का विकास और हस्तांतरण तथा गुणवत्ता सहित जैविक और जैविक आदानों के उत्पादन सहित सभी हितधारकों की

तकनीकी क्षमता निर्माण के माध्यम से देश में जैविक खेती को बढ़ावा देना है। यह केन्द्र कृषि–अपशिष्ट खाद उत्पादन इकाइयों, जैव उर्वरक, जैव कीटनाशकों की उत्पादन इकाइयों, गुणवत्ता नियंत्रण व्यवस्था के विकास और कार्यान्वयन तथा मानव संसाधन विकास आदि के लिए वित्तीय सहायता भी प्रदान करता है। इसकी वेबसाईटः ncof.dacnet.in है।

## 4. सिक्किम में राष्ट्रीय जैविक खेती अनुसंधान संस्थान

भारतीय कृषि अनुसंधान परिषद ने वर्ष 2016 के दौरान गंगटोक (सिक्किम) में राष्ट्रीय जैविक खेती अनुसंधान संस्थान नामक एक नये अनुसंधान संस्थान की भी स्थापना की है। यह संस्थान देश में सामान्य विधियों पर और विशेषकर पूर्वोत्तर पर्वतीय क्षेत्र में जैविक उत्पादन प्रणाली की पृष्ठभूमि में अनुसंधान और तकनीकी सहायता प्रदान कर रहा है। संस्थान पैदावार बढ़ाने, संसाधन के प्रयोग की क्षमताएं, उत्पाद की गुणवत्ता को उत्तम बनाने के लिए आर्थिक रूप से व्यवहार्य एवं पर्यावरण की दृष्टि से दीर्घकाल तक चलने वाली जैविक खेती प्रणालियों के लिए आधारशील, कार्यनीति संबंधी और अनुकूलक अनुसंधान कर रहा है। इसके अतिरिक्त यह संस्थान देश में जैविक खेती को बढ़ावा देने के लिए हितधारकों को व्यवसायिक एवं उन्नत प्रशिक्षण प्रदान कर रहा है। इसके लिए आवश्यक वित्तीय संसाधन, मानव शक्ति और आधारशील सुविधाएं उपलब्ध कराई जा रही हैं।

## 5. देश में पहला जैविक कृषि विश्वविद्यालय स्थापित करेगी गुजरात सरकार

गुजरात सरकार जैविक खेती पर केन्द्रित विशेष विश्वविद्यालय प्रदेश में स्थापित करेगी जो कि देश में अपनी तरह का पहला विश्वविद्यालय होगा। प्रस्तावित वि.वि. का उद्देश्य किसानों को खेती के नई तकनीकियों को अपनाने में सहायता मिलेगी। उपरोक्त अनुसंधान केन्द्रों व परियोजनाओं के अतिरिक्त भारत सरकार विभिन्न योजनाओं अथवा कार्यक्रमों जैसे राष्ट्रीय धारणीय कृषि मिशन, राष्ट्रीय कृषि विकास योजना, समेकित बागवानी विकास मिशन, राष्ट्रीय तिलहन एवं ऑयल पॉम मिशन और आईसीएआर की जैविक कृषि नेटवर्क परियोजना आदि के माध्यम से भी जैविक खेती को बढ़ावा दे रही है। कृषि एवं किसान कल्याण मंत्रालय के एक उप–मिशन एनएमएसए के अन्तर्गत यंत्रीकृत फल एवं सब्जी मंडी कूड़ा, कृषि कूडा कम्पोस्ट एककों को स्थापना करने और लिक्विड कैरियर–बैस्ड जैव उर्वरकों एवं बायोपेस्टीसाइड उत्पादन एककों की स्थापना के लिए वित्तीय सहायता दी जाती है। अपने संबंधित निर्वाचन क्षेत्रों माननीय सांसदों द्वारा अंगीकार व चुने हुए गांवों में सांसद आदर्श ग्राम योजना के अन्तर्गत भी जैविक खेती को बढ़ावा दिया जा रहा है।

□□□

अध्याय 14

# जैविक प्रमाणीकरण एवं विपणन

वर्तमान खेती में रसायनिक उर्वरकों, खरपतवारनाशकों व कीटनाशकों के बढ़ते उपयोग के कारण भूमि एवं पर्यावरण में हानिकारक तत्वों की मात्रा में वृद्धि हो रही है। जिसके कारण पर्यावरण मृदा–उर्वरकता तथा मानव स्वास्थ्य पर बुरा प्रभाव पड़ रहा है। पर्यावरण व उपभोक्ता के स्वास्थ्य की रक्षा के लिये कृषि में रसायनिक उर्वरकों तथा कीटनाशकों के अंधाधुंध प्रयोग को हतोत्साहित करने के लिये जैविक खेती को बढ़ावा दिया जाना आवश्यक है। इस प्रकार की खेती में उत्पाद से प्राप्त मूल्य प्राप्त करने हेतु प्रमाणीकरण करना आवश्यक एवं अनिवार्य होता है। जिसके लिए कुछ मानकों को पूरा करना परम आवश्यक है। जैविक प्रमाणीकरण एक सतत प्रक्रिया है जिसमें जैविक उत्पाद की विभिन्न अवस्थाओं जैसे;किसान फसल उत्पादन, बीज उत्पादन, पशुपालन, खाद्य प्रसंस्करण, भंड़ारण, हैंडलिंग, लैवलिंग, परिवहन, खरीद एवं बिक्री आदि जैविक मानकों के आधार पर संधारित अभिलेख के निरीक्षण उपरान्त दिया जाता है। जैविक मानक ही जैविक खेती एवं प्रमाणीकरण में महत्वपूर्ण है।

**चित्र 1.** जैविक चिन्ह

## जैविक खेती के आधारभूत मानक

- रसायन रहित खेती करें।
- रसायन रहित पौध संरक्षण उपाय करें।

- पौध सुरक्षा के रूप में चिन्हित वनस्पतियों के उत्पाद, सड़ा हुआ मटठा और गौ–मूत्र का प्रयोग करना है।
- जेनेटिक इंजीनियरिंग विधि से उपचारित बीजों का प्रयोग न करें।
- फसल कटने के उपरान्त अवशेषों को न जलायें।
- जैविक बीज व पौध का ही उपयोग करें।
- फसल चक्र को अपनाएं।
- हरी खाद के प्रयोग से पोषक तत्व प्रबंधन करें।
- गोबर से तैयार जैविक खाद, बायोगैस स्लरी, नाडेप कम्पोस्ट, वर्मी कम्पोस्ट का उपयोग खाद बनाकर करें।

**जैविक खेती**

**चित्र 2.** रसायन रहित जैविक खेती

- बीज उपचार में जैविक औषधियों का प्रयोग करें।
- जैविक प्रक्षेत्र में निरन्तर जैविक कार्यक्रम ही लिया जाये।
- जैव विविधता का पालन किया जाये क्योंकि जैव विविधता मानव जाति, पशुधन और पौधों की सेहत की सुरक्षा हेतु जैविक कीटनाशक और जैव उर्वरकों के द्वारा होती है।
- मित्र कीट एवं जन्तुओं को क्षति न पहुंचायें।
- उद्योगों से प्रदूषित जल एवं सीवेज जल से सिंचाई न करें।
- पर्यावरण प्रदूषित करने वाली पद्धतियों को न अपनायें।
- बिना मार्गदर्शन के नया जैविक उत्पाद प्रयोग न करें।

## जैविक खेती में प्रमाणीकरण

जैविक प्रमाणीकरण वह प्रक्रिया है जिसके द्वारा प्रमाणीकरण एजेंसी द्वारा लिखित आश्वासन दिया जाता है कि एक स्पष्ट रूप से अभिनिर्धारित उत्पादन अथवा प्रसंस्करण प्रणाली की विधिवत ढंग से मूल्यांकन किया गया है। विभिन्न राज्यों में अनेक संस्थाएं जैविक प्रमाणीकरण का कार्य कर रही हैं। यद्यपि देश के कई क्षेत्रों के किसान मान्यता प्राप्त संस्थाओं से अनभिज्ञ है जिनके माध्यम से पैदावार को उपभोक्ता तक पहुँचा सकें या उनका निर्यात कर सकें। इनकी सूची एवं जानकारी के लिए कृषि एवं प्रसंस्कृत खाद्य उत्पाद निर्यात विकास प्राधिकरण (एपीडा) नई दिल्ली की वेबसाइट (www.apeda.gov.in) और राष्ट्रीय जैविक खेती केन्द्र hhtap:/ncof. dacnt.nic.inij देख सकते हैं।

## जैविक प्रमाणीकरण के आधारभूत सिद्धांत

### 1. भूमि उर्वरता

- भूमि की उर्वरता का संतुलन बनाये रखने के लिए प्रमाणित जैविक खाद नील हरित शैवाल, एजोला, जीवाणु खाद, हरी खाद का प्रयोग सुनिश्चित हो।
- पोषक तत्व प्रबंधन की दृष्टि से फसल चक्र तथा मिश्रित खेती, जिसमें दलहनी फसल, आवश्यक रूप से सम्मिलित हो।
- फसल काटने के उपरान्त अवशेषों (जड़, तना, पत्ते आदि) एवं खरपतवारों को जलाया न जाए, अपितु इसको आवश्यक सूक्ष्म तत्व की पूर्ति हेतु कम्पोस्ट के रूप में प्रयोग किया जा सकता है।

### 2. मृदा एवं जल संरक्षण

- मृदा कटाव रोकने व जल संरक्षण के लिये मेंड़ों पर बहुपयोगी घास का रोपण एवं जहाँ आवश्यक हो, पलवार का उपयोग किया जाना चाहिए।
- क्षेत्र में ऐसे पौधे व वृक्षों का रोपण किया जाये जो मृदा कटाव रोकते हों तथा जल संरक्षण में सहायक हों।
- प्राकृतिक जल स्रोत एवं भूमिगत जल का अनावश्यक दोहन एवं प्रदूषित होने से बचाया जाये।

### 3. बीज एवं पौध संरक्षण

- बीज व पौध संरक्षण में सूक्ष्म जीव पदार्थ, चिन्हित वनस्पतियों का तरल/अर्क, गौ–मूत्र, वर्मीवाश का प्रयोग किया जा सकता है।
- आवश्यकतानुसार मिश्रित खेती एवं फसल विविधीकरण एवं स्थानीय प्रजाति को प्राथमिकता दी जाये।
- पौधों में कीट व रोग प्रतिरोधक क्षमता विकसित होने के लिये खरपतवार एवं फसल अवशेष की कम्पोस्टिंग आवश्यक है।
- पौध संरक्षण के लिए प्रतिदिन अग्निहोत्र भी किया जा सकता है।

### 4. पशुपालन

- जैविक खेती में पशुपालन महत्वपूर्ण घटक है।
- पशुओं को समय पर प्रमाणीकरण एजेन्सी द्वारा अनुमोदित चारा, दाना व जल आदि की उपलब्धता सुनिश्चित हो।

- पशुओं के शारीरिक स्वभावानुसार पशु बाड़ा, स्वतंत्र विचरण एवं नियमित सफाई आवश्यक है।
- बीमार व वृद्ध पशुओं हेतु उचित प्रबंध करना एवं पशुओं से मानवता पूर्ण व्यवहार किया जाना आवश्यक है।
- पशु चिकित्सा हेतु आयुर्वेदिक/होम्योपैथिक, प्राकृतिक दवाईयां तथा स्थानीय विधियों का प्रोत्साहन दिया जाना आवश्यक है।

### 5. वन एवं पर्यावरण सुरक्षा प्रबंधन

- स्थानीय एवं बहुपयोगी प्रजातियों के पौधों को बढ़ावा दें जो वन्य जीवों एवं पक्षियों के संरक्षण एवं भोजन में सहायक हों।
- जल संरक्षण एवं वायु शुद्ध करने में सहायक वृक्षों का अधिक से अधिक रोपण किया जाए।
- जीव संरक्षण के लिए जैव विविधता को बढ़ावा दिया जाये।
- प्लास्टिक/पॉलिथीन तथा इनसे निर्मित वस्तुओं का प्रयोग कम से कम करें। इन्हें नष्ट करने हेतु सुरक्षित प्रबंधन आवश्यक है।

## जैविक प्रमाणीकरण की आवश्यकता

जैविक प्रमाणीकरण पूरे विश्व में जैविक खाद्यों की बढ़ती मांग में गुणवत्ता सुनिश्चित करने तथा धोखाधड़ी व बेइमानी की रोकथाम में सहायक है। उत्पादकों के लिए जहाँ प्रमाणीकरण स्वीकृत उपादानों व उनके विपणन कर्ताओं की पहचान करता है, वहीं उपभोक्ताओं को उत्पाद की गुणवत्ता की गारंटी देता है। जैविक प्रमाणीकरण उत्पाद की विशिष्ट जैविक गुणवत्ता का वैसा ही आश्वासन है कि अन्य प्रमाणीकरण जैसे "कम वसायुक्त" 100 प्रतिशत गेहूँ उत्पाद या रसायनिक योजकों से मुक्त इत्यादि प्रदान करते हैं। हमारे देश के विभिन्न राज्यों में जैविक खेती के द्वारा विभिन्न फसलें जैसे; फल, सब्जी एवं औषधीय उगायी जा रही हैं तथा धीरे–धीरे इनका विस्तार भी हो रहा है। किसानों को जैविक उत्पादन का उचित मूल्य मिल सके, इसलिए जैविक विधि से उत्पादित उत्पाद के प्रमाणीकृत किया जाना आवश्यक है। खाद्य एवं कृषि संगठन (एफ.ए.ओ.) का मानना है कि विकासशील देशों जैसे कि भारत के लिए जैविक खाद्य उत्पादों को प्रमाणित करना महत्पूर्ण है, ताकि वे तीव्र गति से बढ़ते अंतर्राष्ट्रीय बाजार में प्रतिस्पर्धा कर सकें।

## जैविक प्रमाणीकरण की प्रक्रिया

जैविक प्रमाणीकरण प्रक्रिया में जैविक खाद्य उत्पादकों, प्रसंस्करण इकाइयों तथा जैविक कृषि उत्पादन क्रिया–कलापों का एक निश्चित कार्यक्रम के द्वारा निश्चित मानकों

की अनुपालना सुनिश्चित कर उत्पाद का प्रमाणीकरण किया जाता है। इस प्रक्रिया के अन्तर्गत कोई भी व्यवसाय जो जैविक खाद्य उत्पादन व उसके विपणन से जुड़ा हो, का प्रमाणीकरण किया जा सकता है। जैविक प्रमाणीकरण हेतु किसान जो विगत समय से जैविक खेती कर रहा हो अथवा जैविक विधि से खेती करने का इच्छुक व कृत संकल्प हो तथा सभी जैविक कृषि गतिविधियों का क्रमबद्ध विधियों से दस्तावेजीकरण कर सकें, रसायनिक उर्वरकों व कीटनाशकों का उपयोग पूर्ण रूप से त्याग सकें तथा जहाँ तक सम्भव हो पोषण हेतु किसान के फार्म पर ही उपलब्ध फसल अवशेषों तथा बीमारियों व शत्रुकीटों से बचाव हेतु जड़ी–बुटियों, गो–मूत्र आदि घरेलू पारम्पारिक विधियों को प्रयोग कर सकें, उस किसान को जैविक प्रमाणीकरण हेतु आवेदन करना चाहिए।

जैविक प्रमाणीकरण प्रक्रिया की शुरूआत में यह सुनिश्चित किया जाता है कि मृदा में किसी भी प्रकार के प्रतिबंधित रसायनों का अवशेष न हो। एक पारंपारिक खेत को जैविक में बदलने में लगभग तीन वर्ष का समय लगता है। खेतों के अतिरिक्त अन्य कार्यक्रम जैसे भंड़ारण, प्रसंस्करण इत्यादि का भी प्रमाणीकरण ऐसी ही प्रक्रिया अपनाकर किया जा सकता है। इन प्रक्रियाओं में योजकों व परीक्षी उपादानों का प्रयोग, भंड़ारण सुरक्षा उपाय, रखरखाव की विधि, यंत्रों व मशीनों का रसायन मुक्त होना, जैविक उत्पादों व प्रक्रिया का अजैविक उत्पाद व प्रक्रिया से अलगाव तथा परिवहन की अवस्था की जांच प्रमुख है।

## किसान समूहजैविक प्रणाणीकरण

राष्ट्रीय जैविक उत्पादन कार्यक्रम के अन्तर्गत छोटे एवं सीमान्त किसानों के लिये किसान समूह जैविक प्रमाणीकरण योजना लागू की गयी है। विभिन्न जैविक संस्थाओं द्वारा निम्न वैधानिक रूप से पंजीकृत समूहों को जैविक प्रमाणीकरण की सुविधायें प्रदान की जाती हैं:

1. किसान समूह 2. स्वयं सहायता समूह परियोजना 3. सरकारी/गैर सरकारी किसान संगठन 4. निर्यातक 5. ट्रस्ट 6. कम्पनी 7. सोसायटी।

उपरोक्त समूहों द्वारा आन्तरिक नियंत्रण प्रणाली के अन्तर्गत राष्ट्रीय जैविक उत्पादन कार्यक्रम के नियमानुसार एवं कार्य प्रणाली का विवेचन करते हुए आन्तरिक जैविक उत्पादन मानकों, घटकों तथा आन्तरिक निरीक्षण एवं समूह के कार्मिकों एवं किसानों हेतु प्रशिक्षण कार्यक्रम को विधिवत रूप से लागू करना होता है। इस विधि से कम लागत में सम्पूर्ण किसान समूह का प्रमाणीकरण सम्भव हो पाता है तथा समूह के किसानों के उत्पादों का परिवहन, प्रसंस्करण एवं विपणन में भी सुविधा होती है।

### जैविक उत्पादों का प्रमाणीकरण क्यों?

- उपभोक्ता को जैविक उत्पाद की गुणवत्ता की गारंटी।

- विश्व व्यापार में जैविक उत्पाद की स्वीकार्यता।
- प्राकृतिक पर्यावरण का सन्तुलन बनाये रखने हेतु।
- मृदा एवं जल सजीवता व गुणवत्ता बनाये रखने हेतु।
- अंतर्राष्ट्रीय स्तर पर किसान विश्व व्यापार में कलस्टर समूह की पहचान एवं स्वयं की आर्थिक स्थिति के सुधार हेतु।

## जैविक प्रणाणीकरण हेतु पंजीयन के चरण

**प्रथम** : किसान द्वारा आवेदन

**द्वितीय** : आवेदन पत्र की जांच एवं प्रारम्भिक परीक्षण

**तभतीय** : पंजीकरण

**चतुर्थ** : क्षेत्र परीक्षण

**पंचम** : मूल्यांकन

**भाष्टम** : प्रमाणीकरण की सिफारिश

**सम्तम** : प्रमाणीकरण की स्वीकृति

**अष्टम** : प्रमाण पत्र जारी करना।

## जैविक पंजीयन प्रक्रिया एवं शुल्क

किसान को अनुबंध एवं आवेदन पत्र निर्धारित जैविक किसान डायरी के प्रारूप में आवश्यक जानकारी भरकर प्रारूप की छाया प्रति के साथ ग्राम सभा को दो प्रतियों में प्रस्तुत करना होगा। इसकी एक प्रति ग्राम सभा की कृषि समिति की अनुशंसा सहित वरिष्ठ कृषि विकास अधिकारी को दी जाती है। उत्पादक समूह प्रमाणीकरण प्रक्रिया के अंतर्गत किसान को अब 100 से 150 रुपये का शुल्क देना होता है।

### जैविक किसान डायरी का प्रारूप

1. किसान का नामः
2. किसान का कोड नं.:
3. किसान का पताः

   ग्रामः——————

   पोस्ट ऑफिस————

विकास खंड———————

जिला————————

राज्य————————

पिनकोड——————

मोबाइल नम्बर——————

किसान के पास उपलब्ध पशुधन की संख्या———छोटे——बड़े———

4. उप समूह का नाम जिसका किसान सदस्य है——————————

5. उप समूह के मुखिया का नाम———————————— एवं मो. नं.———

6. उप समूह का पता——————————

7. किसान द्वारा जैविक उत्पादन प्रारम्भ की तिथि——————————

8. किसान का कलस्टर/समूह में पंजीकरण की तिथि——————————

9. जैविक पद्धति के अन्तर्गत चयनित खेत नं.———

10. किसान के पास उपलब्ध सम्पूर्ण भूमि का क्षेत्रफल——————————

11. जैविक पद्धति के अंतर्गत चयनित खेत में उगाई गई फसलों का विवरण विगत 3 वर्षों का।

12. फसल चक्र——————

13. आगामी फसल योजना——————

14. जैविक खेतों में उगाई गई फसलों का विवरण—————

15. जैविक क्षेत्रों में फसल सुरक्षा हेतु प्रयास एवं फार्म पर किये गये दैनिक कृषि कार्यों का विवरण————————

16. जैविक प्रक्षेत्र पर अधो संरचना विकास इकाइयों का विवरण जैसेः जैविक कम्पोस्ट निर्माण इकाई (वर्मी कम्पोस्ट, नाडेप, बायोगैस, हरी खाद)———

## जैविक खेती में वर्जित

- संश्लेषित रसायन।
- रसायन उपचारित बीज।
- जी.एम. फसलें एवं उत्पाद।
- मानव मल एवं सीवेज का जल।
- फसल अवशेषों को जलाना।

## बाजार में प्रचलित जैविक ब्रांड

वर्तमान में कई ब्रांड के जैविक खाद्य पदार्थ उपलब्ध हैं, उदाहरणार्थ जैविक ब्रांडों के नामों में जैविक इंडिया, प्योर एंड श्योर, फैब इंडिया, नवधान्य, डाउन टू अर्थ, 24 मंत्रा, ग्रीन सेस, सात्विक, सन ऑगेनोंफूडस, सनराइज, ऑर्गेनिक तत्व इत्यादि सम्मिलित हैं। उपरोक्त के अतिरिक्त भी बाजार में कई बडे ब्रांड उपलब्ध हैं। इंटरनेट पर इनका नाम खोज करके इनकी वेबसाइट से अपने स्थानीय स्टोर का पता लगा सकते हैं। Organicfact.net.in और Organicship.in आदि पर देश के जाने–माने जैविक फूड स्टाल्स की जानकारी मिल सकती है जिनका हम अपनी आवश्यकतानुसार चुनाव कर सकते हैं। देश के कई बडे रिटेल स्टोर्स जैसे रिलायंस, हाइपर, सिटी, बिग बाजार स्पेंसर्स और ईजी डे पर भी जैविक खाद्य पदार्थ मिलते हैं।

## जैविक उत्पाद बेचने के सिद्धांत

अपने जैविक उत्पाद को बेचने के लिये विक्रेता को निम्नलिखित आधारभूत सिद्धांतों का पालन करना परम आवश्यक होता है:

- अपने ग्राहकों की पसन्द का ध्यान रखें कि वे क्या चाहते हैं, उसी के अनुसार योजना बना लें।
- अपने निकटतम बाजार में यदि जैविक उत्पाद का प्रचलन तथा मांग है तो आप जैविक उत्पाद का उत्पादन करें, तो आप का उत्पाद बिक्री हो जायेगा।
- ग्राहकों की पसन्द को ध्यान में रख कर ही उसकी मात्रा का निर्धारण करें, तो आपकों समय पर अधिक लाभ होगा।
- यदि आप अपने जैविक उत्पादों का जैविक प्रमाणीकरण करा लेंगे, तो यह प्रमाणित हो जायेगा कि आप का उत्पाद जैविक है।
- जैविक प्रमाण पत्र आपके पास होगा तो आपकों अपने उत्पाद को बेचने में आपको समस्याओं का सामना नहीं करना पड़ेगा।
- लंबे समय तक अपने ग्राहकों के साथ संबंध बनाएं रखें, ताकि आपका जैविक उत्पाद बिक्री होता रहे।

## जैविक उत्पाद को बेचने के स्थान

आप अपने जैविक उत्पाद को वितरक या खुदरा विक्रेताओं को बेच सकते हैं या स्वयं भी सीधे ग्राहकों को बेच सकते हैं। आजकल रेस्तरां में जैविक उत्पादों की मांग अधिक होती है, इसलिए आप निकटतम बाजार के रेस्तरां में सीधे सम्पर्क करके जैविक उत्पाद बेच सकते हैं।

## भारत में जैविक निरीक्षण एवं प्रमाणीकरण संस्थाएं

हमारे देश में कुल 18 प्रमाणीकरण संस्थाएं एपिडा से प्रमाणित हैं जिनका विवरण सारणी 1 में दिया गया है।

| संस्थाएं | सम्पर्क | AGENCIES |
|---|---|---|
| बीवीक्यूआई (इंडिया) प्रा. लि. मारवाह सेन्टर, छठी मंजिल अंसा औद्योगिक इस्टेट के सामने, अंधेरी (पूर्वी), मुम्बई (महाराष्ट्र) | Contact Person: Mr.R. K. Sharma Phone No.:022-56956300, 56956311Fax No. 022-56956302/10Email: scsinfo@in.bureauveritas.com | BVQI (India) Pvt. Ltd. Marwah Centre, 6th FloorOpp. Ansa Industrial Estate Krishanlal Marwah MargOff Saki-Vihar RoadAndheri (East) Mumbai-400 072(Maharashtra) |
| इकोसर्ट एस.ए. सेक्टर–3, एस 6/3 एवं 4, गेट न. 102, हिन्दुस्तान आवास लि., वाल्मी –वालुज रोड, नक्षत्र वाड़ी, औरंगाबाद (महाराष्ट्र) | Contact Person: Dr. Alexander Daniel Phone No.: 0240-2377120, 2376949 Fax No.: 0240-2376866 Email:ecocert @sancharnet.in | Ecocert SA (India Branch Office) Sector-3, S-6/3 & 4, Gut No. 102, Hindustan Awas Ltd.Walmi-Waluj Road, Nakshatrawadi Aurangabad – 431 002(Maharashtra) |
| आईएमओ, कन्ट्रोल प्रा. लि. नं.1314, डबल रोड़, इन्द्रानगर, द्वितीय स्टेज, बेंगलुरू (कर्नाटक) | Contact Person: Mr.Umesh Chandrase-khar Phone No.: 080-25285883, 25201546 Fax: 080-25272185 Email: imoind@vsnl.com | IMO Control Private Limited No. 1314, Double Road Indira Nagar 2nd Stage Bangalore-560 038. (Karnataka) |
| इंडियन ऑर्गेनिक प्रमाणीकरण एजेंसी (इंडोसर्ट), थोटुमुघम, पोस्टः एलुवा, कोचीन (केरल) | Contact Person: Mr. Mathew SebastianTelefax :0484-2630908-09/ 2620943, Email:Mathew Sebastian@indocert.org | Indian Organic Certification Agency (INDOCERT), Thottu -mugham, P.O. Aluva-683 105Cochin, (Kerala) |
| इंटरनेशनल रिसोर्स फोर उद्योग, इकाई नं. 7, पारसी पैनधायात रोड़, अंधेरी पूर्वी मुम्बई (महाराष्ट्र) | Contact Person: Arun RastePhone No.: Tel: 022-28352811, 2823 5246 ext. 22Fax – 022-823 | International Research for Fairer Trade, Sona Udyog (Industrial Estate) |

| | | |
|---|---|---|
| | | Unit No. 7, Parsi Pandhayat-5245 Email: irft@vsnl.com RoadAndheri (E) Mumbai – 400072 (Maharashtra) |
| लैकोन क्वालिटी प्रमाणीकरण प्रा. लि. चेनाथ्रा, थीपानी, तिरूवाला (केरल) | Contact Person: Mr. Bobby Issac Telefax: 0469 2606447 Email: laconindia@ sancharnet.in | Lacon Quality Certification Pvt. Ltd, Chenathra, Theepany, Thiruvalla - 689 101 (Kerala) |
| प्राकृतिक जैविक प्रमाणीकरण संगठन, छत्रपति हाउस, भूमिगत तल, निकटः पीएन गाडगिल शोरूम के पास, पुणे (महाराष्ट्र) | Contact Person: Mr. Sanjay Deshmukh Phone No.: 020-25457869, 56218063Fax: 020-2539-0096 Email: contact@ nocaindia.com | Natural Organic Certification Association Chhatrapati House Ground Floor, Near P. N. Gadgil Show room, Pune-411038 (Maharashtra) |
| वनसर्ट एशिया एग्री प्रमाणीकरण प्रा.लि. अग्रसेन फार्म, वाटिका रोड़, वाटिका, पोस्टः टौंक, जयपुर 302005 (राजस्थान) | Contact Person: Mr. Sandeep Bhargava Phone No. : - 0141-2720202 to 0141-2770342 Telefax No: - 0141-2720202 Email: info@onecertasia.in | OneCert Asia Agri Certification Private Limited, Agrasen Farm, Vatika Road, Off Tonk,Jaipur-303 905, (Rajasthan) |
| एसजीएस, इंडिया प्रा. लि. उद्योग विहार, फेस–द्वितीय, गुडगांव (हरियाणा) | Contact Person: Mr. Sudarshan Sharma Phone No.95124-2399990 to 98FaxNo.95124-2399764Email:sudarshan _sharma@sgs.com | SGS India Pvt. Ltd. -250 Udyog Vihar Phase– IV, Gurgaon–122 015(Haryana) |
| स्काल इंटरनेशनल (भारत), सीयू संक्रमण संभाग भारत प्रा. लि. नं. 191, प्रथम मुख्य रोड, महालक्ष्मी लेआउट, बेंगलुरू (कर्नाटक) | Contact Person: Mr. Narayana Upadhyaya Phone No.: 080-23491928, 56966507Fax no.: 080 -23491935Email: skalindia@eth.net | Skal International (India)A Division of CU Inspections India Pvt. Ltd.No. 191, 1st Main Road Maha-laxmi Layout |

| | | |
|---|---|---|
| | | Bangalore – 560 086 (Karnataka) |
| उत्तरांचल स्टेट जैविक प्रमाणीकरण एजेंसी, 12/11, वसन्त विहार, देहरादून (उत्तराखंड) | Contact Person: Dr. S. K. Malik Phone No.: 0135-2760861Fax:0135-2760734Email:uss_opca@rediffmail.com | Uttaranchal State Organic Certification Agency (USOCA)12/ Vasant Vihar Dehradun-248 006 (Uttaranchal) |
| फूडसर्ट इंडिया प्रा. लि. क्वालिटी हाउस नं. 8–2–601/पी/6, रोड नं.10, बंजारा, हिल्स, पंचवटी कालोनी, हैदराबाद–500034 | Tel. No.: +91- 40-23301618, 23301554,23301582 Fax: +91-40-23301583 Email: foodcert@foodcert.in | Food Cert India Pvt. Ltd Quality House, H. No. 8- 2- 601/P/6, Road No. 10, Banjara Hills, Panchavati Colony, Hyderabad – 500 034 |
| तमिलनाडु जैविक प्रमाणीकरण विभाग, थाडागाम रोड,कोंयबटूर –13(तमिलनाडु) | Tel.: +91-422-2405080, Fax: +91-422-2457554. Email: tnocd@yahoo.co.in | Tamil Nadu Organic Certification Department (TNOCD) Coimbatore Thadagam Road, Coimbatore-641013, Tamil Nadu (India) |

***Source:*** http://ncof.dacnet.nic.in/Training_manuals/Training_manuals_in_English/Organic_Agriculture_in_India.pdf

□□□

अध्याय 15

# सन्दर्भ पुस्तक एवं तकनीकी बुलेटिन


1. वर्मी कम्पोस्ट एक सम्पूर्ण जैविक खाद, द्वारा राष्ट्रीय जैविक खेती केन्द्र, गाजियाबाद।
2. प्रतियोगिता दर्पण, उपकार प्रकाशन, आगरा।
3. खेती दुनिया' पटियाला।
4. प्रसार दूत, एटीक, पूसा संस्थान, नई दिल्ली।
5. खेती' भारतीय कृषि अनुसंधान परिषद, नई दिल्ली
6. आधुनिक सस्यविज्ञान द्वारा रणबीर सिंह एवं सी.बी. सिंह।
7. उद्यानिकी फसलों के लिए जैविक कृषि पद्धति, झारखण्ड जैविक कृषि प्राधिकार राँची।
8. गूगल के सौजन्य से आँकडें एवं चित्र।
9. फार्म एन फूड, दिल्ली प्रेस, नई दिल्ली।
10. धान का पैरा सड़ाने की तीन स्तरीय तकनीक, तकनीकी बुलेटिन, पौध रोग विभाग, इंदिरा गांधी कृषि वि.वि. रायपुर, छत्तीसगढ़।
11. एकीकृत नाशीजीव प्रबंधन प्रयोगशाला, इलाहाबाद कृषि संस्थान–मान्य विश्वविद्यालय, इलाहाबाद।
12. भारत की सहभागिता जैविक प्रतिभूति प्रणाली (पी.जी.एस.) सौजन्य सेः परियोजना संचालक आत्मा, जिला–दतिया (म.प्र.)।
13. प्रशिक्षण पुस्तिका एवं उत्पादन दिर्घदर्षिकाः जैविक कृषि आदान उत्पादन एवं उपयोग द्वारा श्री जगपाल सिंह एवं डॉ. मयंक कुमार राय, कृषि विज्ञान केन्द्र, गाजियाबाद।
14. प्रशिक्षण पुस्तिकाः भारत में जैविक खेती के निए प्रमाणीकरण एवं निरीक्षण पद्धति, द्वारा राष्ट्रीय जैविक खेती केन्द्र, गाजियाबाद।

15. जैविक फसलोत्पादन तकनीकी द्वारा डी.के. सिंह एवं के.पी. रावेरकर, जैविक परियोजना, गो.ब. प. कृ. एवं प्रौ. वि. वि. पन्तनगर

16. भारतीय कृषिः चुनोतियां एवं अकसर द्वारा सी.बी.सि. एवं रणबीर सिंह व साथी

17. किसानों की दोगुनी आयः नवीनतम प्रौद्योगिकिया एवं योजनाये, रणबीर सिंह व साथी।